国家科学技术学术著作出版基金资助出版

基于激光的高精度时间频率传递和测距技术

董瑞芳 刘　涛　张首刚　著

科学出版社

北　京

内 容 简 介

本书针对基于激光的高精度时间频率传递和测距技术进行系统介绍。全书主要内容：第 1 章绪论，主要介绍时间频率的基本概念、基本时间同步协议等；第 2～4 章，阐述光纤时间频率传递技术的基本原理、核心技术及发展概况，主要包括光纤时间同步技术、光纤微波频率传递技术和光纤光学频率传递技术；第 5 章，介绍星地激光时间传递及基于飞秒光频梳的测距技术；第 6～8 章讨论了前瞻性的量子时间同步技术，分别为基于频率纠缠光源到达时间测量的量子时间同步技术，基于平衡零拍探测和飞秒光频梳的量子优化时延测量技术。

本书在较强学术性的基础上，尽量保证内容易懂，可供从事时间频率研究的工程技术人员和对时间频率体系有浓厚兴趣且有一定基础的读者阅读。

图书在版编目(CIP)数据

基于激光的高精度时间频率传递和测距技术/董瑞芳，刘涛，张首刚著. —北京：科学出版社，2021.10
ISBN 978-7-03-067342-8

Ⅰ. ①基… Ⅱ. ①董… ②刘… ③张… Ⅲ. ①激光测距−研究 Ⅳ. ①P225.2

中国版本图书馆 CIP 数据核字（2020）第 268761 号

责任编辑：祝 洁 / 责任校对：杨 赛
责任印制：张 伟 / 封面设计：迷底书装

科 学 出 版 社 出版
北京东黄城根北街 16 号
邮政编码：100717
http://www.sciencep.com
北京凌奇印刷有限责任公司 印刷
科学出版社发行 各地新华书店经销

*

2021 年 10 月第 一 版 开本：720 × 1000 B5
2023 年 3 月第三次印刷 印张：15 1/4
字数：307 000
定价：128.00 元
（如有印装质量问题，我社负责调换）

前　言

众所周知，高精度时间频率已经成为国家科技、经济、军事和社会生活中至关重要的一个参量，关系着国家和社会的安全稳定。时间频率传递作为时间频率体系的重要组成部分，决定时间频率应用的最高精度。随着高精度时间频率在基础科学、卫星导航、载人航天、深空探测、海洋监测等领域发挥的作用越来越重要，对时间同步系统精度提出了更高需求。作为时间频率传递系统的直接拓展，精密测距决定了全球卫星导航系统、卫星编队、组网飞行等领域的应用精度。本书阐述了基于激光的高精度时间频率传递和测距技术，主要内容来自作者及团队于中国科学院国家授时中心在该领域开展的研究工作成果。

本书主要从以下技术进行系统介绍：

第一，基于光纤的时间频率传递技术。该技术已成为高精度时间频率传递的主要研究方向之一，也是目前传递精度最高的授时手段之一。目前，光纤时间频率传递技术正向着远距离、多节点和实用化发展，目标是建立一种与卫星授时系统相对独立、精度高于现有任何授时手段的、可靠运行的地基授时技术体系。

第二，自由空间激光时间传递和测距技术。利用激光脉冲进行测距和高精度时间传递是目前所有测距和星地时间比对方法中精度最高的一种。随着飞秒光频梳技术的发展和成熟，将该技术用于激光脉冲时间传递和测距，使得光学相干技术和脉冲飞行时间技术融合在一起，可以较好地解决光学长度度量中长距离和高精度之间的矛盾。

第三，量子时间同步技术。基于爱因斯坦时间同步原理，时间同步可能达到的精度由飞行脉冲时间延迟的测量精度决定，根据量子力学理论，最终受限于经典测量的散粒噪声极限。因此，量子时间同步技术被提出，以实现突破散粒噪声极限对同步精度的限制。

目前，国内外专门针对基于激光的高精度时间频率传递与测距进行系统介绍的专业书籍相对较少。本书的出版具有重要的学术价值。由于本书主要针对从事时间频率研究的工程技术人员和对时间频率体系有浓厚兴趣且有一定基础的读者，书籍内容将在较强学术性的基础上，尽量保证易懂。

本书的写作与整理离不开中国科学院国家授时中心量子频标研究室研究团队的许多同事及学生的辛勤工作与贡献。陈法喜副研究员完善了第 2 章的部分内容，薛文祥助理研究员、刘杰助理研究员、邓雪助理研究员、焦东东助理研究员和臧琦助理研究员丰富了第 3 章及第 4 章的部分内容，权润爱副研究员、项晓助理研究员补充了第 6～8 章中的部分内容，在此向他们表示感谢。同时，已毕业的王少锋博士、王盟盟博士、侯飞雁博士、翟艺伟博士、张羽硕士、张越硕士、周聪华硕士、曹群硕士等参与了本书涉及的相关研究工作，在此表示衷心感谢。此外，特别感谢中国科学院上海天文台孟文东副研究员编写了第 5 章中的星地激光测距和时间传递技术的内容。本书出版之际，对与作者一起从事研究的所有同事和学生给予的帮助表示感谢！

　　由于作者学术水平有限，加之高精度时间频率传递与测距手段和技术仍在不断发展，书中难免有不妥之处，敬请相关领域的专家、学者及参阅本书的各位读者不吝赐教，谢谢！

目 录

第1章 绪　　论

时间是表征物质运动最基本的物理量，高精度时间频率已经成为一个国家科技、经济、军事和社会生活中至关重要的参量。伴随着科技进步和原子钟技术的飞速发展，时间频率的研究也快速发展。时间频率已成为目前所有物理量中精度最高、应用最广的物理量，不仅广泛应用于导航定位、信息网络、空间飞行器测控、天文观测、大地测量等领域，还带动其他基本物理量定义、物理常数测量和物理定律检验精度的不断提高，在基础科学、工程技术和国防安全等领域发挥着越来越重要的作用。高精度时间频率技术和研发能力，是国家时间频率体系的基础。

高精度时间频率传递技术(又称"授时技术")就是利用各种手段和媒介将时间频率的量值传递给分布在不同地点的用户，从而在广域不同站点间建立统一的时间频率基准，是现代时间频率体系的基本技术支撑和重要组成部分，其性能的优劣将直接制约时间频率应用和科学研究水平。随着基础科研、重大工程、国防建设和空间技术等的发展，时间频率传递的精度要求越来越高。卫星授时是目前应用最广泛的时间同步手段，基于微波的双向卫星时间频率传递(two-way satellite time and frequency transfer, TWSTFT)技术实现准确度 500ps，稳定度 200ps/d(Jiang et al., 2017; Imae, 2006)。激光时间频率传递技术的准确度达到 100ps，稳定度达到 10ps/d(Samain et al., 2010)。受复杂大气环境和电磁干扰影响，星基时间频率传递的精度和可靠性存在一定的局限性。

伴随光纤通信网络大范围普及，光纤授时技术飞速发展，成为目前精度最高的地基授时手段。迄今为止，已在几百公里至千公里级实地光纤链路上实现时间频率传递准确度优于 100ps，长期稳定度达到几皮秒(陈法喜等，2017; Lopez et al., 2015，2013)。德国联邦物理技术研究院(Physikalisch-Technische Bundesanstalt, PTB)认为，基于光纤的时间同步技术已经没有根本的技术问题(Piester et al., 2009)。利用光纤传递也是实现微波频率信号高精度传递的新手段，法国巴黎十三大学(Université Paris 13)的激光物理实验室(Laboratoire de Physique des Lasers, LPL)与巴黎天文台时间空间参考实验室(Laboratoire National de métrologie et d'essais-Système de Références Temps-Espace, LNE-SYRTE)的联合研究组实现微波频率传递稳定度达到 $1\times10^{-15}\mathrm{s}^{-1}$，$2\times10^{-19}\mathrm{d}^{-1}$(Lopez et al., 2010a)。该研究组预计，即使将欧洲各国的光纤网络连接起来，形成 1000km 到 1500km 的超长光纤链路，仍然能够实现频率传递稳定度达到 $10^{-14}\mathrm{s}^{-1}$ 和 $10^{-17}\mathrm{d}^{-1}$ 量级。利用光纤传递光学频率信号是目前频率传递精度最高的技术手段。2016 年，法国 LNE-SYRTE 和德国 PTB 研究组利用全长 1415km 通信光纤链路开展了基于光学频率传递技术的锶光钟远程比对实验，在 3000s 内就实现光钟比对精度达到 3×10^{-17}(Lisdat et al., 2016)。

现有时间同步手段的精度提高受限于经典技术极限。受时间信号的调制/解调噪声、光纤散射及色散等影响，光纤时间传递准确度和稳定度的进一步提高受到限制。量子时间同步技术是最有潜力大幅提升授时精度，保障授时安全性的新一代时间同步技术。20 世纪初，量子时间同步技术被提出。利用具有频率纠缠特性的量子光脉冲及量子符合探测技术，量子时间同步将使现有时间同步精度突破经典散粒噪声极限，精度可提高 2～3 个量级(董瑞芳等, 2016; Giovannetti et al., 2011, 2001a)。量子脉冲的频率纠缠特性还可以消除传输介质色散对同步精度的不利影响(O'Donnell, 2011; Franson, 1992)。此外，频率纠缠双光子具有的量子特性——单光子传输的不定时性和双光子的时间关联性满足了物理层传递安全性的必要条件(Rubin et al., 1994)，进一步与量子保密通信相结合，即可保证安全的时间同步(Lamas-Linares et al., 2018; Giovannetti et al., 2002a)。通过方案和技术的不断提升和成熟，高精度的安全量子时间同步技术将在空间导航和定位等各领域获得广泛应用。

测距作为时间频率传递应用的直接拓展，决定了全球卫星导航系统、卫星编队、组网飞行等领域的精度。伴随科学技术的日益进步，人们对于测距精度的要求也在不断提高。

1.1 时间频率的基本概念

1.1.1 时间和频率

时间通常包含两层含义，时刻(time)和时间间隔(time interval)。时刻又称为时标，标注的是某件事在时间坐标轴上发生的位置。根据时刻，可以区分事件发生的先后顺序；时间间隔则标注的是某件事在时间坐标轴上的持续长度 (胡永辉等, 2000; 吴守贤等, 1983)。根据时间间隔，才能区分事件间隔或过程持续的长短。因此，通常需要从时刻和时间间隔两个维度描述或定义时间，在确定时间起点之后，可以用世纪、年、月、日、时、分、秒等单位来记录时刻和时间间隔。

频率是描述周期运动频繁程度的量值。随着时间计量方式的不断进步，频率也被作为刻画时间的物理量，定义为 1s 内经历的周期运动数量。给定一个频率为 f 的信号，其周期表示为 $T=1/f$。已知信号经历了 G 个周期，时间推移 τ 则可表示为 $\tau=G/f$。

由于频率和周期是导数关系，可以通过频率偏差的测量来衡量不同时钟间的时间偏差。图 1.1 所示为时间差与频率差之间的转换关系。设基准钟 A 和待同步钟 B 的初始时间差为 $x(t)$，两钟各经历 G 个周期(或时间推移 τ)后，时间差演化为 $x(t+\tau)$。假设在 $t \to t+\tau$ 的时间间隔内，两个时钟的平均振荡频率分别为 f_0 和 f_B，则有 $x(t+\tau)-x(t)=G(1/f_B-1/f_0)$，或者写为

$$y_A(t) = \frac{f_0-f_B}{f_B} = \frac{x(t+\tau)-x(t)}{\tau} \tag{1.1}$$

式中，$y_A(t)$ 表示相对平均频率偏差。因此，在取样时间 τ 的范围内，频率偏差也反映了平均时间偏差。

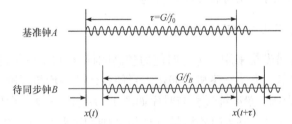

图 1.1　时间差与频率差之间的转换关系

1.1.2　时间频率的传递、比对与同步

时间频率的传递、比对和同步技术统称为时间频率技术。目前，时间频率技术已成为现代科技的重要支撑，应用于通信、电力、高速交通、物联网、金融证券，以及卫星导航、空间飞行器发射和制导、载人航天、深空探测等各个方面。时间频率同步系统作为时间频率体系的重要组成部分，不仅决定了时间频率应用的最高精度，而且事关国家安全和经济命脉，具有战略核心意义。

时间频率同步(简称"时频同步")首先依赖于时频信息的比对，比对的实现需要依赖于一定方式来传递具有特定尺度的时间信息，从而获取各时钟与标准时钟在比对时刻的钟差及其相对于标准钟的漂移修正参数。将时间频率从一点传递到另一点的过程，称为时间频率传递(简称"时频传递")(韩春好, 2017)。时频同步技术是指通过某种时间频率传递手段，将处于不同地理位置的时频信号进行比对，并形成统一时频基准的过程。时频信息包括时刻、时间间隔和频率。根据不同应用对时频同步的需求，通常将其分为频率同步、相位同步和时间同步。频率同步是指实现同步的时钟之间频率相同，但相位不一定相同；相位同步是指实现同步的时钟之间不仅频率相同，相位也是相同的，相位同步又称为相对时间同步；时间同步则是指实现同步的多个时钟具有相同的频率和相位信息。下面以时间同步为例，介绍时频同步的主要协议。

1.2　基本时间同步协议

最早的时间比对和同步方法采用直接搬运钟法，随后爱因斯坦提出了飞行时间同步法，即通过载体(长波、短波、微波、激光、卫星、电视、网络、电话等)进行传递，并被广泛使用(Einstein, 1905)。

1.2.1　搬运钟时间同步协议

搬运钟时间同步是最早用来实现异地钟之间时间比对和同步的方法，直到今天还用于高精度的时间比对和守时设备的校准。

1. 搬运钟时间比对和同步原理

搬运钟时间同步是采用一个守时能力较高的标准钟(铯原子钟或铷原子钟)作搬运钟，利用汽车、火车、飞机等搬运工具使各地的钟均与标准钟对准。以同步两地的 A、B 钟为例，搬运钟过程与时序如图 1.2 所示。选择一台便携式原子钟作为搬运钟，称为 p 钟。在 t_1 时刻测量 p 钟与 A 钟的钟差为 $\Delta t_{A,p}(t_1)$，然后将 p 钟搬运到 B 钟附近，在 t_2 时刻测量 p 钟与 B 钟的钟差为 $\Delta t_{B,p}(t_2)$，将 p 钟搬回 A 钟所在地，在 t_3 时刻测量搬运钟与 A 钟的钟差为 $\Delta t_{A,p}(t_3)$，完成搬运钟过程。

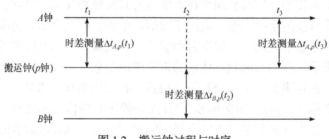

图 1.2　搬运钟过程与时序

2. 搬运钟时间比对数据的处理

t_1 时刻 A 钟与搬运钟钟差为

$$\Delta t_{A,p}(t_1) = t_A(t_1) - t_1 \tag{1.2}$$

t_2 时刻 B 钟与搬运钟钟差为

$$\Delta t_{B,p}(t_2) = t_B(t_2) - t_2 \tag{1.3}$$

t_3 时刻 A 钟与搬运钟钟差为

$$\Delta t_{A,p}(t_3) = t_A(t_3) - t_3 \tag{1.4}$$

假设 α 为 A 钟相对于搬运钟的频率偏差，$f_{0,A}$ 为 A 钟的标称频率，式(1.4)可改写为

$$\Delta t_{A,p}(t_3) = \Delta t_{A,p}(t_1) + \frac{1}{f_{0,A}}\int_{t_1}^{t_3}\alpha \mathrm{d}t = \Delta t_{A,p}(t_1) + \frac{\alpha}{f_{0,A}}(t_3 - t_1) \tag{1.5}$$

式中，$t_3 - t_1$ 为搬运钟经历一次搬运周期再返回到 A 地所经历的时间；$\dfrac{\alpha}{f_{0,A}}(t_3 - t_1)$ 表征了 A 钟相对于搬运钟初始频偏引起的钟差项。根据 t_1 和 t_3 时刻在 A 地的测量数据，可以通过内插法给出 t_2 时刻 A 钟与搬运钟的钟差表达式：

$$\frac{\Delta t_{A,p}(t_3) - \Delta t_{A,p}(t_1)}{t_3 - t_1} = \frac{\Delta t_{A,p}(t_2) - \Delta t_{A,p}(t_1)}{t_2 - t_1} \tag{1.6}$$

联立式(1.3)与式(1.6)，可以得到 A 钟与 B 钟在 t_2 时刻的钟差为

$$\begin{aligned}
\Delta t_{A,B}(t_2) &= \Delta t_{A,p}(t_2) - \Delta t_{B,p}(t_2) \\
&= \frac{\Delta t_{A,p}(t_3) - \Delta t_{A,p}(t_1)}{t_3 - t_1}(t_2 - t_1) + \Delta t_{A,p}(t_1) - \Delta t_{B,p}(t_2)
\end{aligned} \tag{1.7}$$

搬运钟同步就是要准确地估计 $\Delta t_{A,B}(t_2)$，然后进行修正。因此，同步精度取决于 $\Delta t_{A,B}(t_2)$ 的估计精度。在实际测量过程中，不测单点时刻的钟差，而是根据钟的参数选择合适的一段时间测量，以平滑噪声，提高测量精度。

3. 影响搬运钟时间同步精度的因素

搬运钟时间同步依靠的是在搬运过程中搬运钟与 A 钟钟差的可估计性，任何影响到钟差估计的因素都会影响时间同步的精度，主要有以下几种影响因素：

(1) 搬运钟性能。这是影响搬运钟时间同步的主要因素，搬运钟性能越好，即钟参数变化越小，$\Delta t_{A,B}(t_2)$ 的估计精度就越高。

(2) 钟参数估计方法。对中间时刻搬运钟与 A 钟的钟差 $\Delta t_{A,p}(t_2)$ 进行估计，需要根据开始与结束时刻钟差测量结果及钟的性能参数，依靠钟参数估计方法来对钟参数进行估计。

(3) 钟搬运的时间。搬运钟持续的时间越短，对中间时刻钟差的估计就越准确。

(4) 钟差测量精度。钟差测量精度与最终的时间同步精度直接相关。

(5) 环境因素。一般原子钟的性能受电压、温度、电磁场、振动等环境因素的影响比较大，在搬运过程中需要特别注意这些因素的变化。

实际操作过程中，提高搬运钟时间同步的精度并不限于以上几点，需要在各

方面进行详细研究，尽量减小引起搬运期间钟性能变化的各种因素。时间同步误差根据搬运钟性能、路途远近和持续时间的不同而不同，可达到的精度通常为十纳秒至几十微秒。

1.2.2　爱因斯坦时间同步协议

由于搬运钟法的实现过程费时费力，且受限于搬运钟的有限频率稳定性及不同地理位置引力势的差异，该方法在远程高精度时间比对应用中大为受限。由于时间信息可以直接通过电磁波信号传递，爱因斯坦时间同步协议被广泛应用。

1. 爱因斯坦时间同步原理

爱因斯坦时间同步协议的原理如图 1.3 所示。基准钟 A 在时间 $t_{A,0}$ 发送一时间脉冲信号到本地钟 B，该信号到达的时刻(t_B)被 B 钟记录并被原路返回 A 钟所在地，测定该信号在 A 地被接收到的时刻 $t_{A,1}$。

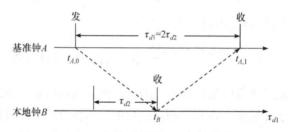

图 1.3　爱因斯坦时间同步协议原理

τ_{d1} 和 τ_{d2} 分别为基准钟 A 的定时脉冲信号往返本地钟 B 所在地的时延和从 A 地到 B 地的单向时延。往返时延 τ_{d1} 可由基准钟记录的时间脉冲出发和接收时刻给出：

$$\tau_{d1} = t_{A,1} - t_{A,0} \tag{1.8}$$

假设基准钟 A 和本地钟 B 的钟差为 $\Delta t_{A,B}$，则本地钟 B 在 t_B 时刻与 t_A 的关系为

$$t_B = t_{A,0} - \Delta t_{A,B} + \tau_{d2} \tag{1.9}$$

当时延满足往返对称性时，$\tau_{d1} = 2\tau_{d2}$，代入式(1.9)可以得到：

$$\Delta t_{A,B} = \frac{t_{A,0} + t_{A,1}}{2} - t_B \tag{1.10}$$

当两地钟同步时，应满足 $t_B = (t_{A,0} + t_{A,1})/2$。该方法主要是基于定时脉冲的往返传输，本书中统一称为环路(round-trip)法。

为确保同步真正实现，爱因斯坦时间同步协议需满足以下条件：

(1) 各时钟一旦同步，将一直保持同步。

(2) 同步是自反的，即任何时钟与自身同步(自动满足)。

(3) 同步是对称的，也就是说，如果 A 钟与 B 钟同步，那么 B 钟与 A 钟同步。

(4) 同步是可传递的，即如果 A 钟与 B 钟同步，B 钟与 C 钟同步，那么 A 钟与 C 钟同步。

当条件(1)成立，A 钟与 B 钟同步才是有意义的。给定条件(1)，如果条件(2)～(4)成立，则同步能够建立一个全球性的时间函数 t。经过发展，爱因斯坦时间同步协议满足上述条件的两个充分必要条件为：

(1) 无红移。即当利用 A 钟记录从 A 地发出的两个脉冲的时间间隔为 Δt 时，则它们到达 B 地，并通过 B 钟记录到的到达时间间隔也应该为 Δt。

(2) 往返路径不变性。光束沿着 $A \rightarrow B \rightarrow C \rightarrow A$ 方向传播所需要的时间与沿着 $A \rightarrow C \rightarrow B \rightarrow A$ 方向传播所需要的时间相同，与所选的传播方向无关。

然而，上述两个条件并未明确光束的单向传播速度在整个运动参考系中是否不变。假定往返路径长度为 L，根据条件(2)，光束的单向传播速度应为不依赖于路径的常量，也就是通常所说的光速不变性。

2. 时间同步基本方法介绍

从爱因斯坦时间同步基本原理出发，三种时间同步基本方法被演化出来，它们分别是单向法、共视法和双向法，其基本原理如图1.4所示。

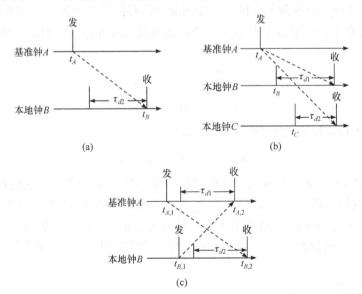

图1.4 单向法(a)、共视法(b)和双向法(c)的时间同步基本原理(张继荣，2008)

1) 单向法

图 1.4(a)是单向法的时间同步基本原理图，基准钟 A 的时间信号经传输后到达本地端，用于和本地钟 B 进行比对和同步。假设 τ_{d2} 为基准钟 A 的定时脉冲信号到达本地钟 B 的单向时延，基准钟 A 和本地钟 B 的钟差为 $\Delta t_{A,B}$，本地钟 B 接收定时脉冲的时间与基准钟 A 发射定时脉冲的时间关系可表示为

$$t_B = t_A + \Delta t_{A,B} + \tau_{d2} \tag{1.11}$$

因此，两地钟差可表示为 $\Delta t_{A,B} = (t_B - t_A) - \tau_{d2}$，基于单向传递的时钟比对精度不仅与接收定时脉冲的测量精度有关，还主要与单向时延 τ_{d2} 的估计精度相关。τ_{d2} 与传输路径长度及介质折射率等特性有关，由于传输长度及介质特性受温度和压力等因素的影响发生变化，该方法的同步精度不高。但由于实现简单，目前单向法在各种授时系统中有着广泛应用。

2) 共视法

共视法的时间同步基本原理如图 1.4(b)所示，两个不同位置的时间用户，在这里标识为本地钟 B 和本地钟 C，要通过与同一个基准钟 A 之间的时间传递和比对实现同步。这里假定基准钟 A 在同一时刻分别向本地钟 B 和本地钟 C 所在地发出定时脉冲信号，信号到达 B 地的时刻被本地钟 B 记录为 t_B，信号到达 C 地的时刻被本地钟 C 记录为 t_C。

假设基准钟 A 和本地钟 B 的钟差为 $\Delta t_{A,B}$，基准钟 A 和本地钟 C 的钟差为 $\Delta t_{A,C}$，τ_{d1} 和 τ_{d2} 分别为基准钟 A 的定时脉冲信号到达本地钟 B 和本地钟 C 所在地的时延，则本地钟 B 和 C 接收定时脉冲的时间与基准钟 A 发射定时脉冲的时间关系可表示为

$$t_B = t_A - \Delta t_{A,B} + \tau_{d1} \tag{1.12}$$

$$t_C = t_A - \Delta t_{A,C} + \tau_{d2} \tag{1.13}$$

由式(1.12)和式(1.13)可得两地的钟差为

$$\Delta t_{B,C} = t_B - t_C + \tau_{d1} - \tau_{d2} \tag{1.14}$$

由式(1.14)可知，共视法同步的精度主要取决于 B 地和 C 地接收定时脉冲的测量精度以及路径的时延差($\tau_{d1} - \tau_{d2}$)。当基准钟到 B 地和 C 地的时延完全相同时($\tau_{d1} - \tau_{d2} \approx 0$)，由路径引入的时延误差抵消，此时比对和同步精度最高。当两条路径有差异时，由于路径时延误差不能完全消除，是影响同步精度的主要因素。

3) 双向法

双向法指基于双向传输链路来进行两地时间比对和同步，其基本原理如图 1.4(c)

所示，A 地和 B 地分别在各自时刻 $t_{A,1}$ 和 $t_{B,1}$ 向对端发送自己的时间信息，并接收对端发送过来的时间信息。A 地的时间信号到达 B 地的时刻被本地钟 B 记录为 $t_{B,2}$，B 地的时间信号到达 A 地的时刻被钟 A 记录为 $t_{A,2}$。A 钟和 B 钟接收定时脉冲的时间与从对端发射定时脉冲的时间关系可表示为

$$t_{B,2} - t_{A,1} = -\Delta t_{A,B} + \tau_{d2} \tag{1.15}$$

$$t_{A,2} - t_{B,1} = \Delta t_{A,B} + \tau_{d1} \tag{1.16}$$

式中，τ_{d2} 为 A 地到 B 地的链路传输时延；τ_{d1} 为 B 地到 A 地的链路传输时延。由式(1.15)和式(1.16)可得两地的钟差为

$$\Delta t_{A,B} = \frac{\left(t_{A,2} - t_{B,1}\right) - \left(t_{B,2} - t_{A,1}\right) + \left(\tau_{d1} - \tau_{d2}\right)}{2} \tag{1.17}$$

由于双向传递的定时信号沿相同的路径相向传输，给定双向传输链路具有良好的对称性，可认为 $\tau_{d1} = \tau_{d2}$。式(1.17)可以写为

$$\Delta t_{A,B} = \frac{\left(t_{A,2} - t_{B,2}\right) + \left(t_{A,1} - t_{B,1}\right)}{2} \tag{1.18}$$

由式(1.18)可知，通过分别在两端测量本地时间信号与对端时钟传过来的时间信号的差，可以计算得到两地的时差。以 A 地的时钟为标准对 B 地的时钟进行同步或调整后即可实现两地同步。双向法有效抵消了路径引入的时延误差，因此可实现较高的时间同步精度。

1.3 时间和频率传递性能评估

1.1.1 小节介绍了时间和频率两个物理量之间的转换关系。由式(1.1)可知，通过高精度的时间同步可以实现高稳定的频率传递；同理，高稳定的频率信号传递也可以确定高精度的单位时间(李宗扬，2009)。在各种时频传递系统中，根据需求和应用不同，可以分为仅传递高精度的标准时间信号，仅传送高稳定的标准频率信号，同时传输时间信号和频率信号(丁玮，2010)。然而，作为传递信号，时间信号和频率信号的特性是不同的。频率信号是一种模拟连续信号，频率信号的带宽越窄，其频率稳定度越高。时间信号是不连续的脉冲信号，时间同步精度取决于测量信号脉冲传播时延的准确性。从传输特性来讲，所传输脉冲信号的前沿越陡，对应其频率带宽越宽，测量传播时延的准确度越高。由此可见，时间信号和频率信号的传递需要采取不同的技术来实现。

高精度远距离时频传递系统通常包含三个重要组成部分：①高频率稳定度的连续频率源/低时间抖动的脉冲源；②低噪声的传输路径；③高灵敏度的探测系统。

对于时频传递系统而言，评估传递性能一般是通过比较传递前后信号的相对差异来实现。通常使用稳定度和准确度来描述。频率传递的准确度是描述振荡器输出的实际频率与其理想频率吻合程度的物理量；频率传递的稳定度是描述振荡器在采样时间内输出的平均频率随时间变化起伏的物理量。

频率稳定度的表征通常包括傅里叶频域和时域两种方法(姚渊博, 2018; Rubiola, 2014, 2008, 2005)。在傅里叶频域表征为相位噪声，一般用功率谱密度表示；评估更长采样时间(通常 1s 以上)的频率稳定度就需要用时域表征方法——阿伦方差(Allan variance, AVAR)来评估频率随机起伏的过程(Allan, 1966)，AVAR 与功率谱密度 $S(f)$ 间的关系为

$$\sigma^2(\tau) = 4\int_0^\infty S(f)\frac{\sin^4(\pi f \tau)}{(\pi f \tau)^2}\mathrm{d}f \tag{1.19}$$

式中，f 为傅里叶频率；τ 为采样时间，它描述了相邻频率之间的相对相位起伏。实际使用中，频率稳定度的时域表征通常采用阿伦偏差(Allan deviation, ADEV)，即 AVAR 的平方根 $[\sigma(\tau)]$ 来表示。

时间稳定度的表征可通过引入时间方差(time variance, TVAR)来描述，它与修正阿伦方差(modified Allan variance, MVAR)之间满足关系(Allan et al., 1981)：

$$\mathrm{TVAR}(\tau) = \frac{\tau^2}{3}\mathrm{MVAR}(\tau) \tag{1.20}$$

相应地，时间偏差(time deviation, TDEV)由 TVAR 的平方根给出。

1.4　测距与定位原理

准确的时空定位已成为未来超长距离空间实验的一个至关重要的问题。时间同步是空间测距与定位的基础，利用时间同步协议实现时钟间同步后，根据已知的光束传播速度，即可实现测距。

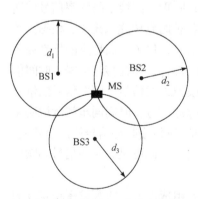

图 1.5　基于测距交会的定位原理

基于测距交会的原理，即可确定待测定用户的空间位置，其原理如图 1.5 所示。记录信号从三个已知位置的发射台(BS1、BS2、BS3)传播到用户接收机所经历的时间，再将其乘以光速 c，得到已知位置到用户之间的距离分别为 d_1、d_2、d_3，然后分别以三个发射台为圆心，以 d_1、d_2、d_3 为半径画圆，即可交会出用户接收机的空间位置。

假设用户和三个已知位置发射台同属一个参考系,用户所在位置坐标为
(x_0, y_0, z_0),三个已知位置发射台的坐标为(X_j, Y_j, Z_j),其中$j = 1,2,3$。用户位置
坐标可以通过式(1.21)计算得到:

$$\begin{cases} \sqrt{(X_1 - x_0)^2 + (Y_1 - y_0)^2 + (Z_1 - z_0)^2} = d_1 \\ \sqrt{(X_2 - x_0)^2 + (Y_2 - y_0)^2 + (Z_2 - z_0)^2} = d_2 \\ \sqrt{(X_3 - x_0)^2 + (Y_3 - y_0)^2 + (Z_3 - z_0)^2} = d_3 \end{cases} \tag{1.21}$$

由于距离 d_1、d_2、d_3 的确定取决于发射台(BS1、BS2、BS3)传播到用户接收
机所经历时间的精确测量,精确定位的基础是发射台与用户之间时钟的精确同步。

基于测距交会原理,迄今陆基导航定位系统仍用于飞机和轮船的定位。卫星
导航定位系统与陆基导航定位系统的工作原理相同,只是将地面无线电信号发射
台搬到卫星上。根据测距方法的不同,卫星导航定位系统的定位方法主要有伪距
法定位、载波相位测量定位和差分定位等,由于不属于本书讨论范围,不再赘述。

1.5 基于激光的高精度时频传递和测距技术

随着科学技术的进步,时频传递技术飞速发展,已成为国计民生中不可或缺
的基础工程,甚至关乎国家安全。基本物理理论检验、暗物质探测、国际原子时
(international atomic time, TAI)的建立、卫星导航、国防建设等诸多基础研究与高
精尖应用领域,都涉及高精度时频比对和传递技术(Huntemann et al., 2014;
Derevianko et al., 2014; Targat et al., 2013; Matveev et al., 2013; Chou et al., 2010;
Lopez et al., 2007)。

在高精度授时方面,卫星时间频率传递技术具有信号覆盖范围大、传送精度
高、传播衰减小等优点,是目前广泛采用的高精度授时方法。其中,TWSTFT 利
用地球同步轨道(geosynchronous earth orbit, GEO)通信卫星转发两个地面站的时
钟信号,实现地面站间的时频同步。由于信号传递路径对称,链路上所有传播路
径的时延几乎都可以抵消,TWSTFT 的一天内最高时间同步精度约为 100ps,对
应频率稳定度达到 $10^{-15}d^{-1}$ 量级(Liu et al., 2004)。目前,TWSTFT 技术已被用于
TAI 和协调世界时(universal time coordinated, UTC)的计算。

然而,包括基于 TWSTFT 的传统时频传递技术都是基于微波作为载波,已无
法满足现有最高精度光学频率原子钟间的时频比对精度要求。因此,各发达国家
积极投入研究更高精度的时频传递技术。由于激光信号具有更高载波频率和带宽
等优点,研究基于激光的高精度时频传递技术受到广泛关注。

1.5.1 基于光纤的时频传递技术

随着光纤制造技术的不断成熟以及光纤通信网络的大面积铺设，利用丰富的通信光纤实现高精度的时频传递和比对展现出明显的技术优势。20 世纪 80 年代，美国的喷气推进实验室(Jet Propulsion Laboratory, JPL)就已开始研究设计利用光缆网进行高精度时频传递,用于构建美国国家航空航天局(National Aeronautics and Space Administration, NASA)的航天测控导航网络(Logan et al., 1992; Primas et al., 1989, 1988)，该时频网络的授时性能达到纳秒量级，频率传递稳定度达到 $1 \times 10^{-14}\mathrm{d}^{-1}$，并已在美国"海盗计划"、"伽利略计划"、"卡西尼计划"、火星探测计划等重大航天工程及甚长基线干涉测量、相干阵列天线观测中得到重要应用(Holman et al., 2004; Sato et al., 2000)。NASA 已经开始研究开发能够替代当前深空探测网天线阵列的全光系统(Calhoun et al., 2007)。欧洲正在考虑利用光纤将所有的天文台互连，实施广域范围内时间和频率的高度统一。由于利用光纤传递时频信号具有结构简单、成本低廉、抗干扰能力强、抗毁性高和传输损耗低等优势，用光纤进行时频信号的传递成为高精度时频传递的主要研究方向，也是目前精度最高的授时手段之一。

由于时间信号和频率信号的形式截然不同,光纤时间和微波传递方案也不同。首先，频率信号呈正弦形式，而时间信号呈脉冲形式，为保证线性调制，时间信号和频率信号需要分别调制到一个激光器上。此外，由于光纤色散，时间信号和频率信号所经历的传输时延并不相同，需要采用不同的补偿方案。根据传递信号形式的不同，光纤时频传递可分为三种：光纤时间同步、光纤微波频率传递和光纤光学频率传递。通过波分复用技术，光纤时间和频率传递可实现在单光纤上同时传输。随着远距离和网络化的光纤时间频率传递技术的实用化，基于光纤的时频传递系统将可用于构建精度高于现有任何授时手段的地基授时体系。

1.5.2 自由空间激光时间传递和测距技术

利用激光脉冲进行高精度时间传递的研究受到广泛关注。利用激光脉冲在地面测距站和卫星或卫星间的传播，实现星地、地面上两个远距离钟甚至两个卫星钟之间的同步。目前，利用激光脉冲在星地间实现的双向时间传递技术可达到小于 50ps 的时间同步精度(Samain et al., 2010; Exertier et al., 2008; Vrancken, 2008)，已显现出比微波技术高至少 1～2 个量级的传递精度。上述星地激光时间传递均基于爱因斯坦时间同步法,通过测量激光脉冲的往返时间还将实现两地距离的测量。由于测量过程中需要对脉冲到达时间进行分辨，模糊范围受限于脉冲的重复周期。另外，受限于激光脉冲自身的时间抖动和测量设备自身的分辨率，目前基于激光脉冲的星地间时间传递精度达到 10ps 秒量级，测距精度达到厘米量级。

　　相对而言，激光干涉法可实现纳米级的测距精度，缺点是模糊范围受限于激光波长，一般比较小。飞秒光学频率梳(简称"飞秒光频梳")通过锁定飞秒锁模激光的重复频率和偏置频率至微波频率基准，在时域上得到重复频率稳定的飞秒脉冲激光，在频域上得到频率间隔稳定的激光频率梳。通过双光梳异步测量等方法，可使模糊范围从激光波长扩展到米量级，大大降低了激光干涉法测距的应用限制。由于在频率域和时间域上具有的独特优良特点，飞秒光频梳在绝对距离测量、精密光谱学、时间频率计量、空间应用、高精度距离测量、高精度时间频率传递等方面展现出巨大的优势和应用前景(Newbury, 2011; Wojtkowski et al., 2002)。

1.5.3　量子时间同步与定位技术

　　为了进一步提高时间同步精度，21 世纪初，研究人员提出了量子时间同步的概念(Giovannetti et al., 2001a)。根据量子力学理论，单个脉冲的光子数压缩和多通道间脉冲的频率纠缠会转化为到达时间(time of arrival, TOA)的聚集。在理想的光子数压缩和频率一致纠缠状态下，测量信号脉冲传播时延的准确度将突破散粒噪声极限的测量精度限制，达到自然物理原理所能达到的最根本限制——量子力学的海森堡极限，有望把时间同步精度提高到亚皮秒量级。虽然量子时间同步技术仍处在协议研究和技术验证的早期阶段，但有关量子测距定位的方案已被若干小组研讨。2004 年，星基量子定位系统(quantum positioning system, QPS)的设计方案最早由美国陆军研究实验室(Army Research Laboratory, ARL)的 Bahder 等(2004)结合传统卫星定位思想与光量子纠缠脉冲干涉式测距技术提出。仿真计算结果表明，在忽略其他外因影响的条件下，定位的标准偏差可低于 1cm，实质性研究至今尚未见报道。我国关于量子定位技术的研究报道主要为该方案的原理及基本实现方法性介绍。例如，2012 年，雒怡等详细介绍了 Bahder 基于纠缠量子对二阶量子相干的定位和时钟同步的基本原理，以及星基量子定位系统的初步方案。2018 年，中国科学技术大学丛爽等阐述了基于 3 颗卫星的星基量子定位系统的测距与定位方案，包括星地光链路的建立，量子纠缠光的发射与接收，到达时间差的获取，量子定位导航系统的测距，以及用户坐标的计算与导航。

　　随着光频梳技术的出现和成熟，激光脉冲时间传递的传播时延测量技术不再依赖于脉冲飞行时间(time of flight, TOF)(Hansch, 2006; Ma et al., 2004)。由于相位测量(phase measurement, PH)技术的采用，时间同步精度获得了革命性提高，从皮秒量级进入飞秒量级，极大增强了人们对实现更高时间传递精度的信心(Giorgetta et al., 2013; Coddington et al., 2009)。研究表明，基于量子优化的脉冲时间传递有望将精度进一步提高到阿秒量级(Lamine et al., 2008)。此外，测量精度还可免受传输路径中如温度、压强、湿度、色散等变化的影响(Jian et al., 2012)。鉴于其特有的高传递精度、抗干扰等优势，开展量子优化的脉冲时间传递研究已展现巨大的应用前景。

1.6　本书主要内容

本书阐述目前正在发展和前瞻性的基于激光技术的高精度时间传递和测距技术的基本原理和技术核心，主要包括：

(1) 系统阐述基于光纤的时间频率传递技术。针对光纤时间同步、光纤微波频率传递和光纤光学频率传递技术的发展概况、工作原理和涉及的关键技术进行详细介绍，同时探究光纤时间频率传递领域向远距离、多节点和实用化发展的技术方案。

(2) 概述自由空间激光测距和时间传递技术。介绍目前常用的激光测距方法，以及较为成熟的星地激光时间传递技术的研究进展及误差分析技术；同时介绍基于飞秒光频梳的飞秒级精度距离测量技术，对飞秒光频梳用于激光测距的主要方法和优缺点进行讨论。

(3) 介绍量子时间同步技术和量子优化时延测量技术。主要阐述基于频率纠缠源和到达时间测量的量子时间同步技术，基于平衡零拍探测和飞秒光频梳的量子优化时间延迟测量技术的基础理论，涉及的关键技术及目前的研究进展。

第2章　光纤时间同步技术

光纤时间同步技术是一种新兴的、以光纤作为传输信道，以激光作为信息载体的高精度时间频率信号传输手段。本章主要介绍三种基于光纤的时间同步技术：基于同步数字传输体系(synchronous digital hierarchy, SDH)的光网络时间同步技术、"大白兔"(white rabbit, WR)时间同步技术和基于波分复用(wavelength division multiplexing, WDM)的光纤时间同步技术。

2.1　基于 SDH 的光网络时间同步技术

SDH 是一种同步数字传输体系，它规范了数字信号的帧结构、复用方式、传输速率等级和接口码型等特性，1988 年被国际电报电话咨询委员会(Consultative Committee of International Telegraphy and Telephony, CCITT)接受，成为光通信网络的世界标准。STM-N 表示 SDH 的传输速率等级，基本速率定义为 155Mbit/s，N 表示速率为基本 STM 的 N 倍，4 倍依次递增，N=1、4、16、64、256，其基础速率分别是 155Mbit/s、622Mbit/s、2.5Gbit/s、10Gbit/s 和 40Gbit/s。

国际上在开始大规模建设光纤网络之初，就提出了基于 SDH 的光网络高精度时间信息传送想法。基于 SDH 的光网络时间同步技术就是利用现有的同步数字传输体制，在不影响正常通信的情况下，通过在数据包中加入时间信息，或者利用数据包的报头(header)作为同步信号来进行时间信号的传递。基于 SDH 的光网络时间同步技术具有占用资源少、易于与已有的通信网融合等优点，受到广泛关注(王翔等, 2015; Ebenhag et al., 2011; 张大元等, 2006; Kihara et al., 2001, 1996; Imaoka et al., 1997)。目前，SDH 光网络时间同步技术在同步精度上可满足通信、电力和国防等领域中大多数时间同步应用的需求，具有广泛的应用价值。本节主要介绍两种基于 SDH 光网络的时间同步方法：基于 SDH 业务的时间传递方法和基于 SDH 开销的时间传递方法。

1. 基于 SDH 业务的时间传递方法

基于 SDH 业务的时间传递方法资源占用最小，实用性较强。20 世纪 90 年代，日本电报电话公司(Nippon Telegraph & Telephone, NTT)的光网络系统实验室就对基于 SDH 业务的双向时间传递方法进行了研究(Imaoka et al., 1997)。他们将时间编码信息加入到 SDH 数据包中的虚容器(virtual container-3, VC-3)业务中，通过测试主站点和从站点之间的往返环路时延来估算时间信息传输的单程时延，进而通过扣除估算的时延，在相邻的两个节点实现时间传递。

该方案中假定光信号在光链路上来回传输时延是一样的，而实际上受码速调整、支路指针调整等因素限制，往返信道时延具有较大的不对称性，这种近似会带来较大的授时偏差。据 Imaoka 等(1992)报道，对 2400km 的光纤链路进行长达 1 年的观测实验表明，光纤长度因应力和温度变化导致的时延抖动量为 3μs；通过在授时过程中实时补偿，并进一步采用各类算法和滤波技术，误差仅能降至百纳秒量级。因此，利用 SDH 业务信道传送时钟信号的总体精度在亚微秒量级。

2. 基于 SDH 开销的时间传递方法

国外研究更多的是利用 SDH 的段开销(section overhead, SOH)字节传送时间信息。这种方法在不改变现有 SDH 传输设备的基础上，通过附加的时间同步设备，把时间编码信号嵌入到 SDH STM-N 的 SOH 的空闲字节中，只要不阻断 SOH 信息，就可以实现长距离传输。由于不受支路指针调整的影响，对抖动的过滤能力强，基于 SDH 开销的时间传递方法可在 STM-N 各端口之间实现时间信息的透明传输(张大元等, 2006)。

1999 年，日本中央电力工业研究院(Central Research Institute of Electric Power Industry, CRIEPI)在不改变现有 SDH 传输设备的基础上，通过附加的时间同步设备，实现了部分 SDH 网络时间同步和本地时间同步。该系统用 STM-1 的 SOH 字节中的数据通信通道(data communication channel, DCC)，经过 4 个链路的 155Mbit/s 光纤传送时间信号，时间同步精度约为 0.5μs(Serizawa, 1999)。2001 年，Kihara 等在连接日本国家信息与通信研究院(National Institute of Information and Communications Technology, NICT)的通信研究实验室(Communications Research Laboratory, CRL)和 NTT 实验室的 175km 长光纤上，使用 STM-16 的 SOH 中未定义字节传输时间同步信息，中间经过 7 个中继节点，通过对光纤线路温度变化进行补偿，时间同步精度在 32ns。美国国家标准与技术研究院(National Institute of Standards and Technology, NIST)基于同步光网络(synchronous optical network, SONET)未使用的字节也进行了类似的时间信息传输实验,并研究了传输过程中时延随环境、温度和承载时间频率信号字节位置的变化情况(Jefferts et al., 1997, 1996; Weiss et al., 1996)。他们在 30m 的短距离光纤上获得了优于 10ps 的时间同步精度和 $10^{-15}d^{-1}$ 的频率稳定度，但随着光纤链路加长，由于双向传输时延的不对称不能忽略，时间同步精度大幅降低。

基于 SDH 帧头监听的时间传递是一种改进的基于 SDH 开销的时间传递方法，该方法依据 STM-N 的标准帧结构，利用帧头脉冲的监听测量间接实现了时间比对。由于不需要向光网络中注入光信号，该方法也被称为无源双向比对法，具有占用资源少及授时精度较高的优势。2011 年，瑞典技术研究所 Ebenhag 等利用该方法在约 1200km 的 SDH 光网络上实现了两台原子钟的时间比对，时间比对误差峰峰值小于 5ns。2015 年，解放军理工大学(现陆军工程大学)搭建了 220km 的 4 节点 SDH 实验网，实现了比对误差峰峰值小于 1ns，均方差小于 118ps(王翔等, 2015)。

基于 SDH 开销的时间传递方法利用空闲开销字节加载时间编码信息，不占用 SDH 网络资源；同时，减少了 SDH 端设备对时间传递带来的影响，最终能够达到亚纳秒级的传递精度。但是，现有 SDH 网络中各端设备没有提供改写和提取开销字节的接口，导致时间信息无法随意通过 SDH 端设备加载到 SDH 网络上，同时不同厂商对未定义开销字节的利用协议不同，导致时间编码信息可能无法通过复用段，因此基于 SDH 开销的时间传递距离也是受限的。

2.2 WR 时间同步技术

以太网是目前应用最普遍的局域网技术，通过总线型拓扑结构实现网络上各个节点间的数据传输。为解决以太网的定时同步能力，2002 年，美国电气和电子工程师协会(Institute of Electrical and Electronics Engineers, IEEE)提出了 IEEE 1588v2 协议，全称为网络测量和控制系统的精密时钟同步协议(precision clock synchronization protocol for networked measurement and control systems)。该协议的作用是将时钟源提供的秒脉冲(1 pulse per second, 1PPS)和日时间(time of day, TOD)传送到各个节点，从而实现节点与时钟源 1PPS 和 TOD 的同步。精确时间协议(precision time protocol, PTP)作为 IEEE 1588v2 协议的重要组成部分被提出，依靠硬件时间戳机制显著改善了时间同步的精度，可以使分布式网络内的所有节点与时钟源的同步准确度达到亚微秒级。

WR 时间同步技术是综合同步以太网(synchronous ethernet, SyncE)、IEEE 1588v2 协议和数字相位测量技术而发展的分布式同步授时技术，能够实现数公里范围内多节点亚纳秒精度的时钟分发、频率锁相及纳秒级时间同步。该技术最早由欧洲核子研究组织(Conseil Européenn pour la Recherche Nucléaire, CERN)联合其他高能物理实验室于 2008 年提出，其设计初衷是解决 CERN 加速器复合体的数千个独立装置的同步控制问题(Moreira et al., 2009)。该技术以光纤以太网为基础，整合大量机制，优化了位于以太网扩展框架内的时序精度，可实现传输准确度优于 1ns，传输精度优于 50ps。此外，WR 时间同步技术还具有模块化、可自动校准、可扩展等特性，不仅能够将时间基准从中央位置向多个节点传输，同时为 1000 多个节点服务，时间同步距离超过 10km，还同时满足可靠、低延迟数据传输等要求(龚光华等, 2017; Serrano et al., 2009)。

WR 同步网络主要包含三部分，外部参考时钟源、WR 交换机和 WR 节点。基于 WR 协议的时钟同步网络拓扑结构及时钟同步流程如图 2.1 所示(李成, 2012; Serrano et al., 2009)。其中，最上层通常最少有一个 WR 主端，通过 WR 交换机接收外部参考时钟源输入的 PPS 秒脉冲、10MHz/125MHz 频率信号及用于初始化其内部基准时间的 UTC 时间码。

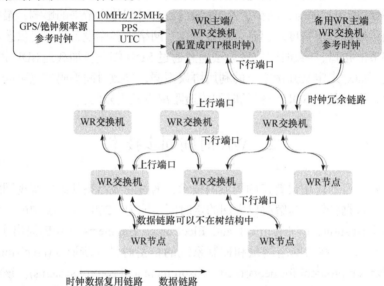

图 2.1　基于 WR 协议的时钟同步网络拓扑结构及时钟同步流程(Serrano et al., 2009)

为了保证系统的可靠性，基于 WR 协议的时钟同步系统通常还会包含一个备用 WR 主端和外部参考时钟源。如图 2.1 所示，WR 主端通过下行通道将数据和时钟信息分发给 WR 交换机，WR 交换机将数据和时钟信息直接或经由下一级 WR 交换机传输到终端的 WR 节点。另外，终端的 WR 节点也可以通过上行通道将数据通过 WR 交换机传输到 WR 主端。因此，基于 WR 协议的时钟同步系统是双向互联的，任何端点之间可以随时通信。此外，根据 IEEE 802.1Q 协议(虚拟桥接局域网协议)中定义的优先级报头，WR 交换机允许用户为不同优先级的以太网帧建立不同的内部队列，从而构建高度确定性的数据网络。确定性延迟和精度在 1ns 内的共同基准时间的结合，使得 WR 时间同步技术成为分布式实时控制和数据采集中解决许多问题的合适技术。

在 WR 协议中实现亚纳秒同步精度的机制包含三个关键组成，分别是精确时间协议(precision time protocol, PTP)、物理层频率同步(layer-1 syntonization)和精确相位测量。

2.2.1　精确时间协议

精确时间协议(PTP)定义了一种主从结构的时钟同步机制,即所有从节点的本地时钟需要与其参考的主节点时钟同步。这种点对点的时钟同步通过将硬件时间戳信息加入通信报文中,经过数据传输、交换与计算获得通信时钟之间的时间差,从而校准时钟,实现网络内时钟同步,同步精度达到微秒量级(Sharma, 2004; Tonks, 2004; Puneet, 2004; Mohl, 2003)。

PTP 通过最佳主时钟算法确定网络中最精确的时钟,作为主时钟,所在节点称为主节点;其余时钟作为从时钟,所在节点称为从节点。主从时钟间按照一定的时间间隔进行数据交换,同时记录数据收发时间,主从时钟间交换时间报文的简化流程如图 2.2 所示。

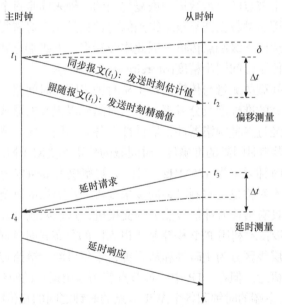

图 2.2　主从时钟间交换时间报文的简化流程(Serrano et al., 2009)。

主从时钟间交换时间报文的流程简述如下:

(1) 主节点在 t_1 时刻发送一个同步报文到从节点,并将主时钟记录的时间戳(t_1)嵌入同步报文中或随后的跟随报文中,发送到从节点。

(2) 从节点接收同步报文,利用从时钟记录该报文的接收时间为 t_2,并接收跟随报文。

(3) 从节点在 t_3 时刻发送一条新的延时请求报文给主节点,其到达主节点的时刻由主时钟记录,记为 t_4。

(4) 主节点记录接收延时请求的时间为 t_4,并将 t_4 时间戳通过延时响应报文发送给从节点。

(5) 从节点接收延时响应，利用获得的时间戳信息 t_1、t_2、t_3、t_4 计算主从节点时钟之间的时间差。

假设通信路径具有对称性，主从节点间的单向路径时延 δ 和时间偏移 Δt 的估计值如式(2.1)所示，通过修正可实现从时钟与主时钟的同步。

$$\begin{cases} \delta = \dfrac{(t_4 - t_3) - (t_2 - t_1)}{2} \\ \Delta t = \dfrac{(t_4 - t_3) + (t_2 - t_1)}{2} \end{cases} \tag{2.1}$$

PTP 与传统的网络时间协议 (network time protocol, NTP)最大的区别在于，PTP 利用由上级主节点的串行数据中恢复得到的时钟来同步每个下级节点的系统时钟；而 NTP 利用时钟数据恢复技术得到的时钟只是用于对恢复的数据进行采样等操作，并不继续向下级端点传输，因此本级端点、上级端点和下级端点的系统时钟不同源，降低了时间同步精度(Moreira et al., 2009)。

PTP 依靠时间戳的测量与传输获得主从时钟之间的时间差，因此时钟同步的准确度依赖时间戳的准确度及分辨率。由于时间戳以报文的形式在网络中传输，传输过程中需要经过多种网络器件，器件性能各有不同，输入输出时会引入不确定的时延，从而影响时间戳的准确度。时间戳的分辨率受限于网络中的时钟频率，如千兆以太网中时钟频率为 125MHz，时间分辨率仅为 8ns(朱玺, 2016)。此外，网络上下行时延不对称也是限制时钟同步精度进一步提高的重要原因之一。同时，PTP 的运行需要具有透传时钟信号能力的交换机，这也限制了其应用范围。

WR 时间同步技术利用 PTP 构建基于以太网的分布式时钟同步结构。网络内的时钟按照同步层级区分为主时钟和从时钟，不仅可测量链路传播时间，而且还可提供全局时间概念。但在 PTP 中，各节点使用自由运行的时钟(如晶振)，随着时间的推移，WR 主端的时钟和各个 WR 节点的时钟之间的相位噪声会不断累积，最终可能导致整个时钟系统失去同步。为保持长期同步，主从节点间需要不断交换报文信息，即使有这样的连续时钟报文信息交换，从节点相对于主端的时钟频率也会在两次计算时间差之间的时间间隔内发生漂移。

2.2.2 物理层频率同步

基于物理层频率同步机制的 WR 协议可实现网络内所有节点的时钟都以共同的频率运行，即频率同步，其工作原理如图 2.3 所示，同步以太网中各个节点构成一个时钟网络拓扑结构。系统主端口将高精度的时钟信息编码到物理层后通过数据链路发送给其他从节点。各从节点接收到编码后，通过节点内部的时钟和数据恢复(clock and data recovery，CDR)电路恢复出时钟信号，该时钟同时作为本地从节点的系统时钟和下一级从节点的参考时钟。为消除时钟恢复电路引起的抖动(jitter)，各节点通过引入一个由鉴相器与滤波控制电路构成的锁相环(phase lock loop, PLL)电路动态地控制调整本地时钟(受控锁定晶振)，从而使之与主端口的系统时钟实现频率同步。基于这一同步机制，整个网络所有节点的时钟频率可以实现与主端口系统时钟的精确频率同步。

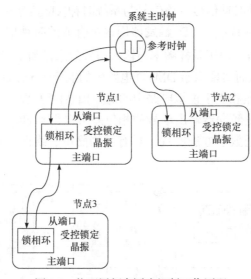

图 2.3　物理层频率同步机制工作原理

　　WR 时间同步系统中的 WR 交换机在这种频率分发中起着关键作用，它既要从上行链路进入其端口的数据流中提取时钟，又要将提取的时钟信息编码到从其所在节点流出的所有数据流中(包括上行链路和下行链路)。为了避免 PLL 失锁及对齐接收节点上的串并转换器，链路上始终保持数据通信，无数据时，介质访问控制(medium access control，MAC)模块会生成特殊的 8B/10B 编码，称为逗号(commas)(Franaszek et al., 1984)。这种同步机制又称为物理层频率同步，有效消除了典型 PTP 实现中存在的漂移问题(Serrano et al., 2009)。

2.2.3　精确相位测量

　　如 2.2.1 小节所述，上层交换机通过其下行端口与下层交换机的上行端口通信和数据交互来控制下层交换机的时钟频率；反之，下层交换机使用提取出的时钟信息编码并发送回上层交换机的数据。这样，上层交换机就从接收路径中的 CDR 电路中找到其编码时钟的延迟副本。

　　通过时间间隔测量技术实现的链路延迟测量精度将最终受限于时钟周期。通过将时间差测量转换为相位测量，可以实现更高的测量精度。WR 系统中采用鉴相器测量从串行数据中恢复得到的 WR 主端点或上级 WR 端点时钟与 WR 从节点的本地时钟的相位差，通过 PLL 电路实现 WR 从节点时钟的相位锁定和相位调整功能，从而将同步精度提升到亚纳秒量级。

为实现精确相位测量，WR 系统中采用数字双混频时差法(dual mixer time difference, DMTD)测量，其工作原理如图 2.4 所示。外部辅助锁相环(helper PLL)电路可产生一个辅助时钟信号，该信号与系统时钟(clk_A)有一个微小频率差，可表示为 $f_{PLL} = N/(N+1)f_{clk_A}$ 。D 触发器用这个合成的时钟信号对两个时钟信号 clk_A 和 clk_B 进行采样，由于采样频率与输入信号的采样频率非常接近，触发器输出极低频的波形，从而实现原始 DMTD 电路中的混频(Howe et al., 1981)。通过对合成频率进行慢扫描(相当于模拟电路中的低频拍频)可实现对 clk_A 和 clk_B 信号的放大，因此通过测量触发器输出信号的相位差可以得到 clk_A 和 clk_B 之间的微小相位差。该电路由全数字方法实现，具有结构简单、线性度好、动态范围大的优点。

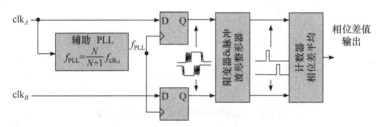

图 2.4　数字双混频时差法工作原理(Serrano et al., 2009)

相位跟踪模块的流程如图 2.5 所示(Serrano et al., 2009)。主节点通过发送模块将参考时钟信号经由光纤传输链路送到从节点，从节点中的接收模块通过 CDR 电路和 PLL 电路恢复出未补偿的时钟信号，并通过相移电路实现从节点时钟的相位调整功能。这样，尽管光纤链路引入延迟，但从节点的时钟信号始终与主时钟信号保持相位同步。在计算链路延迟时，需要考虑任何给定时间编码到该移相器中的延迟。物理层相位同步和相位跟踪机制的引入使得完全独立于数据链路层的同步机制成为可能。除了第一个 PTP 报文消息交换之外，原则上不需要继续交换消息来保持节点同步。实际上，WR 协议中保持 PTP 交互消息的重复运行，主要是为了增强可靠性，但交互的频率大大降低。这使得 PTP 业务在带宽方面可以忽略不计，因此不会妨碍确定用户的数据帧，这也是实现 WR 协议的另一个关键要求，更详细的工作原理可参见文献李成(2012)和 Serrano 等(2009)的相关内容。

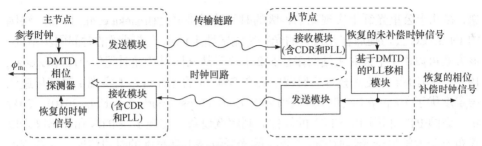

图 2.5　相位跟踪模块流程(Serrano et al., 2009)

　　WR 时间同步技术以广泛使用的以太网技术为基础，在不额外占用带宽，兼容原有以太网的前提下，综合运用物理层同步、时间戳对准、相位测量和补偿、延迟自动校准等多种技术，可在多达上万个节点间实现高精度频率源广播及亚纳秒时间同步。该技术具有同步精度高、兼容性好、成本低、能自动校准光纤长度和环境参数引起延迟变化的优点，目前已被用于大型强子对撞机加速器的诊断和质子同步加速器的磁场分布，并将在未来几年内融入欧洲核子研究中心的控制和计时系统。除此之外，该技术已应用于我国西藏大型高空空气簇射观测站，在 1km² 范围内的近 6000 个节点间实现优于 1ns 的时间同步和数据获取。

2.3　基于 WDM 的光纤时间同步技术

　　2.1 节和 2.2 节的两种方法是将时间编码或时间戳信息嵌入数据包或通信报文中进行传输。近年来，基于 WDM 的光纤时间同步技术的出现使得通信中信号的传输从电信号转变为光信号，即将高精度时钟信息直接调制到光波上后，利用 WDM 器加载到光纤链路，并在远端经 WDM 分离出来后，通过解调恢复出时间信号，用于与本地钟的时间信号进行比对，进而实现远端钟与本地钟的同步。基于 WDM 的光纤时间同步技术是本章重点介绍内容，以下简称"光纤时间同步"。

2.3.1　光纤时间同步研究进展

　　相比前面两种方法，由于采用 WDM 可在单根光纤中往返传输直接调制到光波上的时频信号，极大克服了双向授时信道物理长度不一致的困难，往返信道具有高度的一致性，有利于消除往返信号时延不对称性，光纤时间同步技术是目前时间同步精度更高的授时方法。各个国家围绕该技术开展了光纤时间同步研究，为构建基于光纤网络的高精度授时体系提供了重要基础。下面简要介绍基于 WDM 的光纤时间同步研究进展。

　　20 世纪 90 年代末，日本 NTT 公司最早研究了基于 WDM 的光纤双向时间传递，在几十公里光纤上实现亚纳秒级的时间传递准确度(Imaoka et al., 1998)。法国的 IN-SNEC 公司随后在几公里的光纤传输链路上演示了皮秒级的时间同步精度，该方案可以由 1 个授时主站向多达 512 个授时从站同时传递时间信息(Lopez et al., 1999)。2010 年，捷克教育科研网中心在 744km 的光纤链路上实现了时间传递的稳定度优于 100ps@1s，时间同步不确定度为 112ps(Smotlacha et al., 2010)。2012 年，德国 PTB 利用 TWSTFT 的硬件调制解调设备，实现了在 PTB 和德国汉诺威莱布尼茨大学量子光学所之间 73km 的光纤链路上高精度的时间传递，综合校准不确定度估计为 74ps(Rost et al., 2012)。2013 年，波兰克拉科夫理工大学采用密集波分复用(dense wavelength division multiplexing, DWDM)技术结合环路法在 420km 实地光纤链路上实现了时间传递的稳定度优于 50ps@1s(Śliwczyński et al., 2013)。此外，不同方案的光纤时间频率传递研究也在广泛开展(Schnatz, 2012; Akiyama et al., 2012; Smotalacha et al., 2010; Piester et al., 2009; Ebenhag, 2008)，为高精度光纤时间频率同步研究提供了重要基础。

近年来，我国在光纤时间同步方面也展开了相关研究工作，并取得了突破性进展。2016 年，上海交通大学吴龟灵等采用双向时分复用同波光纤时间传递方案，并利用自循环的方式，在 800km 实验室光纤上实现时间传递峰峰值 700ps，稳定度为 40ps@1s。2017 年，清华大学在光纤时间双向比对基础上，在 30km 的实验室光纤上实现了高精度光纤多路由的时间信号同步，得到光纤时间传递的稳定度达到 100ps@1s，时间同步不确定度为 100ps(Yuan et al., 2017)。中国科学院上海光学精密机械研究所刘琴等(2016a)采用级联方式在 230km 光纤链路中实现时间同步稳定度达到 3.5ps@s。中国科学院院国家授时中心作为国内较早开展光纤时间同步研究的单位，在光纤时间同步关键技术攻关方面取得了突出进展。该中心陈法喜等(2017)通过分频调制的方式实现在一个波长信道上对 1PPS 信号、时码信号及 10MHz 信号同时进行传递，并采用时分多址和净化再生的方式对多个站点进行时间同步的新方案。利用自行研制的光纤时间同步设备，他们先后在西安—临潼 56km、临潼—蒲城 248km、苏南广电 870km 实地光纤链路上开展了时间同步测试。在 871.6km 实地光纤链路上，实现时间同步稳定度为 15.1ps@1s、3.85ps@1000s，时间同步不确定度为 25.4ps。基于临潼—蒲城的光纤时间同步系统已于 2017 年起稳定运行，用于将中国科学院国家授时中心临潼本部的标准时间信号传递到蒲城，供长波发播台使用。其不确定度优于 100ps，时间同步稳定度达到 17.6ps@1s、3.22ps@1000s。此外，中国科学院国家授时中心已量产光纤时间同步系列产品，重点解决了皮秒级时间间隔测量、皮秒级时延控制、高精度校准方法等关键科学与技术问题，研制的高精度时间间隔计数器、光纤时间同步设备、多用户时间同步系统、多通道时间间隔测量仪、频率净化及切换终端等专业技术装备，为建设"十三五"国家重大科技基础设施"高精度地基授时系统"的全国范围内高精度光纤时频传递骨干网提供了坚实的技术和产品支撑。

2.3.2　光纤时间同步方法

　　根据传递原理的不同，光纤时间同步可以分为基于单向法、双向法和环路法的光纤时间同步(赵文军等, 2012)。进一步采用时分复用(time division multiplexing, TDM)方法，可以实现时间、频率、时码信息在一个波长信道的同源传输，从而有效节省光纤资源与设备资源。基于频率传递的光纤时间同步方案可结合频率传递的稳定性和时间同步的长期准确性，使最终输出的时间信号具有良好的准确性和稳定性，因此也被研究应用。本小节将对这几种方法进行简要介绍。

　　1. 基于单向法的光纤时间同步

　　基于单向法的光纤时间同步系统如图 2.6 所示。A 地钟源输出的 1PPS 时间信号由光发送模块(optical sender, OS)调制到光波上以波长发送出去，经 DWDM 器加载到光纤线路，并在 B 地经 DWDM 被分离出来，经光接收模块(optical receiver, OR)对接收到的光信号进行解调，恢复出时间信号后与 B 地钟源的时间信号通过时间间隔计数器(time interval counter, TIC)进行比对，比对的结果用作远端钟与本地钟的同步。

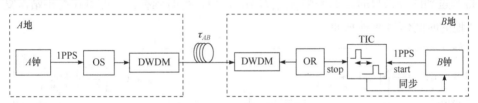

图 2.6　基于单向法的光纤时间同步系统

　　假设 B 钟发出的时间信号为 t_B，作为 TIC 的 start 信号；A 钟发出的时间信号为 t_A；τ_{AB} 表示 A 地到 B 地的单向光纤传输时延，经过光纤传输时延后作为 TIC 的 stop 信号。由 TIC 所测得的时间差可表示为

$$\Delta t = t_A - t_B + \tau_{AB} \tag{2.2}$$

　　在单向光纤时间同步方案中，光波在光纤中传输所引起的时延 τ_{AB} 可以通过光学时域反射器(optical time-domain reflectometer, OTDR)测量获得，由式(2.2)即可得到两地的钟差 $t_0 = t_A - t_B$。单向光纤时间同步方案适用于短距离的时间传递。当光纤距离增长时，光纤时延会随着环境温度的抖动、光纤所受张力的改变等因素而变化。光纤时延变化 $\Delta\tau_{AB}$ 与温度变化 ΔT 的关系可以表示为

$$\Delta\tau_{AB} = \frac{L}{c}\frac{\partial n_{\mathrm{g}}}{\partial T}\Delta T + L\alpha\frac{n_{\mathrm{g}}}{c}\Delta T \tag{2.3}$$

式中，c 为真空中的光速；n_g 为纤芯折射率；L 为光纤长度；$\alpha = (\partial L / \partial T)/L$ 为光纤的热膨胀系数。对于长 6km 的光纤，当环境温度变化为 20℃，由于热膨胀导致的时延变化约为 800ps/km(Śliwczyński et al., 2010a)。为保证时间同步精度，需要定时测量光纤的时延，或者基于光纤温度模型对光纤时延进行补偿。由于缺乏实时的时延变化测量和补偿能力，单向光纤时间同步方案精度不高。

2. 基于环路法的光纤时间同步

基于环路法的光纤时间同步系统如图 2.7 所示。A 地钟源发出的时间信号分为两路，其中一路作为 TIC 的 start 信号，另一路由 OS 模块以 λ_1 波长发送出去，经 DWDM 进入光纤线路，在终端站光信号经 DWDM 被分离出来，经 OR 模块转换成电信号，在终端站恢复 1PPS。终端站再将恢复的 1PPS 经 OS 模块调制在 λ_2 光波上发送出去，经过类似的线路回到主站。1.2.2 小节已经介绍过基于环路法的时间同步，在不考虑两地收发系统等引入的时延条件下，由 TIC 测得的环路时延差为：$\Delta t = \tau_{\text{loop}} = \tau_{AB} + \tau_{BA}$，其中 τ_{AB} 和 τ_{BA} 分别表示 A 地到 B 地和 B 地到 A 地的光纤单向传输时延。由于线路中使用同一根光纤进行传输，可认为 $\tau_{AB} \approx \tau_{BA}$。因此，单向传输时延近似为环路总时延的一半($\tau_{AB} \approx \tau_{\text{loop}}/2$)。通过相位补偿模块，将测量到的环路总时延的一半($\tau_{\text{loop}}/2$)在 B 地进行时延补偿，即可在终端站恢复 A 地的时间信号或秒脉冲。

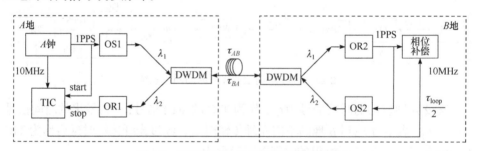

图 2.7　基于环路法的光纤时间同步系统

进一步考虑光收发模块引入的硬件电路时延和 DWDM 模块等引入的光学时延的影响，TIC 所测得的环路总时延可表示为

$$\tau_{\text{loop}} = \tau_{\text{AEO}} + \tau_{\text{ASO}} + \tau_{\text{ARO}} + \tau_{\text{AOE}} + \tau_{AB} + \tau_{BA}$$
$$+ \tau_{\text{BEO}} + \tau_{\text{BSO}} + \tau_{\text{BRO}} + \tau_{\text{BOE}} + \tau_{\text{BRP}} \tag{2.4}$$

式中，τ_{AEO} 为 A 地光发送模块引入的电光时延；τ_{AOE} 为光接收模块引入的光电时延；τ_{BEO} 和 τ_{BOE} 分别表示 B 地的 OS2 和 OR2 引入的电光和光电时延；τ_{ASO} 和 τ_{ARO} 分别表示 A 地经由 DWDM 发送和接收光信号引入的时延；τ_{BSO} 和 τ_{BRO} 分别

表示 B 地经由 DWDM 发送和接收光信号引入的时延；τ_{BRP} 表示 B 地恢复 1PPS 引入的处理时延。而实际从 A 地经光纤线路到达授时终端 B 地的单程时延 τ 为

$$\tau = \tau_{\text{AEO}} + \tau_{\text{ASO}} + \tau_{\text{BRO}} + \tau_{\text{BOE}} + \tau_{AB} + \tau_{\text{BRP}} \tag{2.5}$$

硬件电路的处理时延和光电器件的处理时延相对稳定，可以通过去除光纤后，对环路时间差进行测量来实现，表示为

$$\tau_{\text{loop,1}} = \tau_{\text{AEO}} + \tau_{\text{ASO}} + \tau_{\text{ARO}} + \tau_{\text{AOE}} + +\tau_{\text{BEO}} + \tau_{\text{BSO}} + \tau_{\text{BRO}} + \tau_{\text{BOE}} + \tau_{\text{BRP}} \tag{2.6}$$

去除长光纤后，A 和 B 两地的硬件设备时延也通过采用同一时钟源及如图 2.7 所示的连接方式来测量，表示为

$$\tau_1 = \tau_{\text{AEO}} + \tau_{\text{ASO}} + \tau_{\text{BRO}} + \tau_{\text{BOE}} + \tau_{\text{BRP}} \tag{2.7}$$

当 $\tau_{AB} = \tau_{BA}$，由测得的时延 τ_{loop}、$\tau_{\text{loop,1}}$、τ_1 即可得到单向时延补偿量 τ 为

$$\tau = \frac{\tau_{\text{loop}}}{2} - \frac{\tau_{\text{loop,1}}}{2} + \tau_1 \tag{2.8}$$

利用该单向时延对终端站接收到的 1PPS 进行补偿，即可实现时间同步。

3. 基于双向法的光纤时间同步

基于双向法的光纤时间同步系统如图 2.8 所示。A、B 两地同时向对端发送自己的时间信息，同时接收对端站发送过来的时间信息。A 地钟发出的时间信号 t_A 分为两路，一路作为本地 TIC1 的 start 信号，另一路由 OS1 模块以 λ_1 波长发送出去，经 DWDM 进入光纤链路，在 B 地光信号经 DWDM 被分离出来，经 OR2 模块转换成电信号，在 B 地恢复的 1PPS 作为 B 地 TIC2 的 stop 信号。类似地，B 地发出的时间信号 t_B 的一路作为 B 地 TIC2 的 start 信号，另一路由 OS2 模块以 λ_2 波长发送出去，经 DWDM 进入光纤。在 A 地，光信号经 DWDM 被分离出来，经 OR1 模块转换成电信号，作为 A 地 TIC1 的 stop 信号。通过测量本地与对端发送信号间的时间差，计算两地钟差。利用该钟差数据，以一端钟源为基准，通过伺服控制来调整另一地钟源，从而实现两地钟源的时间同步。

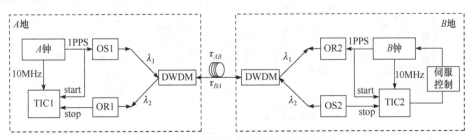

图 2.8 基于双向法的光纤时间同步系统

根据图 2.8，A 地时间间隔计数器的计数结果为

$$\tau_1 = \tau_{BEO} + \tau_{BSO} + \tau_{BA} + \tau_{ARO} + \tau_{AOE} - (t_A - t_B) \tag{2.9}$$

B 地时间间隔计数器的计数结果为

$$\tau_2 = \tau_{AEO} + \tau_{ASO} + \tau_{AB} + \tau_{BRO} + \tau_{BOE} + (t_A - t_B) \tag{2.10}$$

则两地钟差为

$$t_0 = t_A - t_B = \frac{(\tau_2 - \tau_1) - (\tau_{AB} - \tau_{BA})}{2}$$
$$- \frac{(\tau_{AEO} - \tau_{BEO}) + (\tau_{ASO} - \tau_{BSO}) + (\tau_{BRO} - \tau_{ARO}) + (\tau_{BOE} - \tau_{AOE})}{2} \tag{2.11}$$

当来回光信号在同一根光纤中传输，可认为 $\tau_{AB} = \tau_{BA}$。考虑硬件电路处理的时延可精确测量，由 $(\tau_{AEO} - \tau_{BEO}) + (\tau_{ASO} - \tau_{BSO}) + (\tau_{BRO} - \tau_{ARO}) + (\tau_{BOE} - \tau_{AOE})$ 表示的硬件时延项就可以校准。用于使两地钟源同步的伺服控制可以通过校频原理来实现(杨旭海等，2005)。根据式(2.11)计算出两地钟差，然后采用比例积分微分的时频伺服算法对 B 地时钟进行持续地伺服调整，进而使两地钟源高度同步。B 地时钟通过实施校频获得的频率调整量可表示为

$$\frac{\Delta f}{f} = -\frac{t_0}{T} \tag{2.12}$$

式中，Δf 为校频调整量；f 为标称频率(图 2.8 中所示为 10MHz)；t_0 为所得钟差；T 为测量间隔。由式(2.12)可知，B 地时钟校频调整量与钟差成正比，钟差数据越准确，伺服算法校频控制越精确，最终授时精度越高。

4. 基于单波长信道的光纤时间、频率、时码、信息同传方案

基于单波长信道的光纤时间、频率、时码、信息同传系统如图 2.9 所示。发

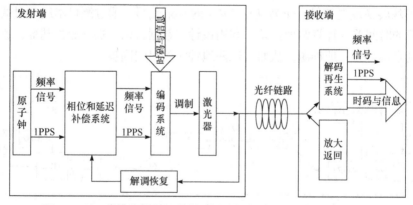

图 2.9　基于单波长信道的光纤时间、频率、时码、信息同传系统

送端将来自原子钟的频率信号与 1PPS 信号经过相位和延迟补偿系统，再经过编码系统对时码与其他信息进行编码，然后将编码信号调制在激光器上经过光纤链路发出，在接收端经过解码再生系统恢复出频率信号、1PPS、时码与信息；与此同时，接收端将收到的光信号返回，在发射端解调恢复出来，并作为控制相位和延迟补偿系统的反馈信号，从而实现接收端与发射端时间同步，以及频率信号、时码和信息的传递。

此方案仅占用一个波长信道就实现了光纤时间、频率、时码、信息的同时传递，大大节约了光纤资源与设备资源。此方案缺点主要表现为其中的频率相位是通过监测时间信号的传输时延及其变化进行补偿的，补偿的精度受限于时间传递的精度，因此频率传递的指标比专用信道进行频率传递方案的指标要差一些。

5. 基于频率传递的光纤时间同步方案

基于频率传递的光纤时间同步系统如图 2.10 所示，来自参考时间频率源的频率信号和时间信号以波分复用的方式经同一根光纤链路传递到远程端。在远程端，用光纤频率传递设备输出的频率信号产生时间信号，并与光纤时间同步设备输出的时间信号进行比对，然后控制其时延。此方案的特点是，最终输出的时间信号是由光纤频率传递设备输出的频率信号再生并经时延控制得到的，因此具有良好的稳定性；而最终输出的时间信号与光纤时间同步设备输出的时间信号进行长期比对，因此具有良好的准确性。此方案结合了光纤频率传递的稳定性和光纤时间同步的长期准确性，使最终输出的时间信号具有良好的准确性和稳定性。

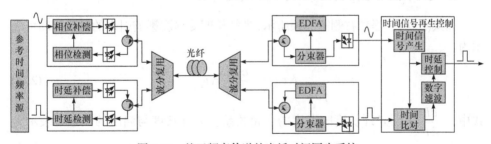

图 2.10　基于频率传递的光纤时间同步系统

2.3.3　光纤时间同步系统中的传输时延抖动影响因素

根据 2.3.2 小节介绍，光纤时间同步系统的同步精度主要受限于光纤传输时延的抖动。温度的变化是引入传输时延抖动的主要因素，本小节给出了温度对光纤长度、纤芯折射率、激光器波长漂移和色散的影响分析。

光纤的传播时延 τ_f 由纤芯折射率 n 和光纤长度 L 决定，可表示为

$$\tau_f = \frac{nL}{c} \tag{2.13}$$

式中，c 为真空中的光速。光纤链路受环境影响，引入的传输时延是随时间抖动的函数 $\tau_f(t)$。在热膨胀作用下，光纤传输时延抖动可表示为(李得龙等，2014a; Czubla et al., 2010)：

$$\frac{\partial \tau_f(t)}{\partial t} = \frac{n}{c}\frac{\partial L}{\partial T}\Delta T_f(t) + \frac{L}{c}\frac{\partial n}{\partial T}\Delta T_f(t) + \frac{L}{c}\frac{\partial n}{\partial \lambda}\Delta \lambda_{\text{laser}} + \Delta \tau_D(t) \tag{2.14}$$

式中，$\Delta T_f(t)$ 表示光纤链路所处环境温度变化范围；$\Delta \lambda_{\text{laser}}$ 表示激光器输出波长的漂移量；$\Delta \tau_D(t)$ 表示色散变化引入的时延抖动。其中，等号右侧第一项表示光纤链路长度受温度变化影响引入的时延抖动，第二项为纤芯折射率受温度变化影响引入的时延抖动，第三项是纤芯折射率受激光波长漂移影响引入的时延抖动，第四项是光纤色散变化引入的时延抖动。

根据 Sellmeier 方程，纤芯折射率可表示为

$$n = \sqrt{A + \frac{B}{1 - C_1/\lambda^2} + \frac{D}{1 - E_1/\lambda^2}} \tag{2.15}$$

式中，λ 表示光波波长，单位为μm。根据熔融石英在温度为 20℃ 的经验参数(Ghosh et al., 1994)，可得 $A=1.31552$，$B=0.788404$，$C=1.10199\times10^{-2}$，$D=0.91316$，$E=100$。在波长 1550nm 附近，纤芯折射率的典型值为 $n \approx 1.44$。

1. 光纤长度受温度变化影响引入的时延抖动

如式(2.14)中等号右侧第一项所示，光纤长度受温度影响引入的时延抖动可表示为

$$\Delta \tau_l(t) = \frac{n}{c}\frac{\partial L}{\partial T}\Delta T_f \tag{2.16}$$

式中，$\dfrac{\partial L}{\partial T}$ 表征光纤长度随温度的变化关系。光纤长度与温度的关系可表示为 (Jundt, 1997)

$$L(t) = L_0\left(1 + \alpha \Delta T_f\right) \tag{2.17}$$

式中，L_0 表示室温下($25℃$)的光纤长度；$\alpha = \dfrac{1}{L_0}\dfrac{\partial L}{\partial T}$ 表示光纤的热膨胀系数。因此，光纤长度受温度影响引入的时延抖动可表示为

$$\Delta \tau_l(t) = \frac{1}{c}L_0 n\alpha \Delta T_f \tag{2.18}$$

光纤的主要成分为二氧化硅(SiO_2)，其在$-140\sim140℃$的热膨胀系数基本不变，典型值为$5.1\times10^{-7}℃$。

2. 纤芯折射率受温度变化影响引入的时延抖动

纤芯折射率不仅是波长的函数(Ghosh et al., 1994; Malitson, 1965)，也与光纤的环境温度密切相关(Hartog et al., 1979; Mueller, 1938)，纤芯折射率与温度呈近似线性关系，定义为$\beta=\dfrac{\partial n}{\partial T}$，又称为热光系数(thermo-optic coefficient)。因此，纤芯折射率受温度影响引入的时延抖动可表示为(Primas et al., 1989)

$$\Delta\tau_{\text{refr}}=\frac{1}{c}L_0\beta\Delta T_f \tag{2.19}$$

根据苑立波(1997)的研究，SMF-28 型单模光纤(single mode fiber, SMF)在波长 1550nm 附近的热光系数 β 约为 $8.1\times10^{-6}℃^{-1}$。由于 β 比 $n\alpha$ 大一个量级，纤芯折射率受温度影响引入的时延抖动是光纤受环境温度变化影响产生时延抖动的主要影响因素。

3. 纤芯折射率受激光波长漂移影响引入的时延抖动

光纤频率传递中所用的激光器通常为半导体激光器，受其自加热效应影响，输出波长会随激光器的动态结温度呈线性变化，以基于掺铒相移光纤光栅的分布反馈光纤激光器(distributed-feedback fiber laser, DFB FL)为例，该激光器在$-20\sim100℃$的温漂系数为 $k=\partial\lambda_{\text{laser}}/\partial T=0.0109(\text{nm}/℃)$ (史云飞, 2007)。当激光器动态结温度变化幅度为 ΔT_l，激光器相对中心波长漂移 $\Delta\lambda_{\text{laser}}$ 与动态结温度变化的关系可表示为

$$\Delta\lambda_{\text{laser}}=\Delta T_l \cdot k \tag{2.20}$$

由式(2.15)得出，纤芯折射率与波长的关系 $\dfrac{\partial n}{\partial\lambda}$ 可表示为

$$\frac{\partial n}{\partial\lambda}=-\frac{1}{\lambda^3}\left[\frac{BC}{1-C/\lambda^2}+\frac{DE}{\left(1-E/\lambda^2\right)^2}\right] \tag{2.21}$$

因此，纤芯折射率受激光波长漂移影响引入的时延抖动可表示为(Logan et al., 1989)

$$\Delta\tau_{\text{wav}}=\frac{L}{c}\frac{\partial n}{\partial\lambda}\Delta\lambda_{\text{laser}}=\frac{L}{c}\frac{\partial n}{\partial\lambda}\Delta T_l \cdot k \tag{2.22}$$

4. 光纤色散受温度变化影响引入的时延抖动

前述假设了 A 地到 B 地的光纤前向和后向传输时延近似相等,然而往返链路上的两个光信号通常具有不同的波长。由于光纤色散效应,不同波长的光束在同一根光纤中具有不同的传播速度,导致往返路径上产生时延差(Krehlik et al., 2012; Imaoka et al., 1998)。

光纤色散主要包括波长色散和偏振模色散(polarization mode dispersion, PMD)。PMD 是一种随机抖动的光纤双折射现象,由于光纤椭圆度、环境温度、振动和弯曲度等因素的影响而产生,两个相互垂直的本征偏振模沿光纤以不同的群速度传输,引起脉冲展宽,产生时延。由于 PMD 产生的时延与光束传播方向相关,双向传输将不可避免地引入不对称的时延差,但其理论值通常很小,这里暂不讨论。

波长色散由材料色散和波导色散组成(André et al., 2005, 2004; Jaunart et al., 1994),光纤的波长色散可表示为(Hamp et al., 2002)

$$D(\lambda)=\frac{S_0}{4}\left(\lambda-\frac{\lambda_0^4}{\lambda^3}\right) \tag{2.23}$$

式中, λ_0 表示零色散波长; S_0 表示零色散波长处的色散斜率 $\left(S_0=\left.\frac{\partial D}{\partial \lambda}\right|_{\lambda=\lambda_0}\right)$; λ_0 和 S_0 均为与温度相关的参量,以 G.652 光纤为例,在室温下其 λ_0 为 1319.3nm , S_0 为 $9.352\times10^{-2}\,\mathrm{ps/(nm\cdot km)}$ (André et al., 2005, 2004),由式(2.23)可计算出,光纤在波长 1550nm 处的群速度色散系数 D 为 $17.2\,\mathrm{ps/(nm\cdot km)}$ 。

设往返链路上的两个光信号工作波长分别为 λ_1 和 λ_2 ,这两个光信号在同一根光纤上传输的群速度不同,链路长度为 L 的光纤上,由于波长色散导致的往返传输时延差可以表示为

$$\tau_{\mathrm{diff}}=D(\lambda)\cdot L\cdot(\lambda_1-\lambda_2) \tag{2.24}$$

由式(2.23),温度变化对色散的影响可表示为(André et al., 2004)

$$\frac{\partial D(\lambda)}{\partial T}=\frac{1}{4}\left(\lambda-\frac{\lambda_0^4}{\lambda^3}\right)\frac{\partial S_0}{\partial T}-\frac{S_0\lambda_0^3}{\lambda^3}\frac{\partial \lambda_0}{\partial T} \tag{2.25}$$

传输波长处的色散斜率可表示为

$$\frac{\partial D(\lambda)}{\partial \lambda}=\frac{S_0}{4}\left(1+3\frac{\lambda_0^4}{\lambda^4}\right) \tag{2.26}$$

色散斜率也会随温度变化而变化,可表示为

$$\frac{\partial}{\partial T}\frac{\partial D(\lambda)}{\partial \lambda}=\frac{1}{4}\left(1+3\frac{\lambda_0^4}{\lambda^4}\right)\frac{\partial S_0}{\partial T}+3S_0\frac{\lambda_0^4}{\lambda^4}\frac{\partial \lambda_0}{\partial T} \tag{2.27}$$

因此，色散随温度变化引入的时延抖动可表示为

$$\Delta\tau_{D,1} = \sqrt{\left[\frac{\partial D(\lambda)}{\partial T}\right]^2 + \left[\frac{\partial^2 D(\lambda)}{\partial T\partial\lambda}\right]^2} \Delta T_f \cdot \Delta\lambda \cdot L \tag{2.28}$$

根据 André 等(2005, 2004)的研究，$\frac{\partial S_0}{\partial T}$ 为-2.46×10^{-6}ps/(nm·km·℃)，$\frac{\partial\lambda_0}{\partial T}$ 为 0.026nm/℃，$\frac{\partial D(\lambda)}{\partial\lambda}$ 为 6.4×10^{-2}ps/(nm²·km)。由此可计算出，光纤色散的温度变化系数 $\frac{\partial D(\lambda)}{\partial T}$ 为-1.4×10^{-3}ps/(nm·km·℃)，色散斜率随温度变化的系数 $\frac{\partial^2 D(\lambda)}{\partial T\partial\lambda}$ 为 2.1×10^{-6}ps/(nm²·km·℃)。

此外，由于两个光信号工作波长 λ_1 和 λ_2、光纤长度 L 均会随温度变化而漂移，在光纤色散作用下，也会引入时延抖动，这些项的贡献可写为

$$\Delta\tau_{D,2} = D(\lambda)L\sqrt{\left(\Delta\lambda\alpha\Delta T_f\right)^2 + \left[\left(\frac{\partial\lambda_1}{\partial T}\Delta T_A\right)^2 + \left(\frac{\partial\lambda_2}{\partial T}\Delta T_B\right)^2\right]} \tag{2.29}$$

其中，ΔT_A 和 ΔT_B 分别为 A 地和 B 地收发系统所处的环境温度变化范围。因此，光纤色散受温度变化影响引入的时延抖动可表示为

$$\Delta\tau_D = \sqrt{\Delta\tau_{D,1}^2 + \Delta\tau_{D,2}^2} \tag{2.30}$$

由光纤色散引起的往返时延差导致双向传输链路的不对称性(Krehlik et al., 2012; Imaoka et al., 1998)与距离成正比，对系统的影响属于偏差。由它引入的往返时延差将对光纤时间同步系统偏差校准后的不确定度产生影响,将在 2.3.5 小节进一步分析讨论。

2.3.4　光纤时间同步系统中的补偿技术

根据是否对光纤引入的时延变化进行补偿，光纤时间同步系统又可以分为两类，一类是开环无补偿的时间同步，基本上不考虑环境变化对光纤的影响，不对信号传输进行补偿；另一类是闭环有补偿的时间同步，这类应用就是通过实时精确测量光纤传输引入的时延变化并对其采取补偿控制措施。为提高精度，闭环有补偿的时间同步技术是目前的研究重点，可以分为前置补偿技术和后置补偿技术两种。

1. 前置补偿技术

前置补偿技术是在发射端对光纤链路的时延及其变化进行实时测量，并通过

调整发送出去的时间信号的超前量使得接收端接收到的时间信号与发射端的始终保持精确同步。前置补偿技术原理如图 2.11 所示，该技术利用激光在同一个光纤链路中以相同的路径进行双向传输，在发射端测量出光纤链路的往返时延的实时值；随后通过在发射端调整发送出去的时间信号超前量，来补偿光纤链路的传输时延及其变化，从而实现接收端的时间信号与发射端的参考时间信号高精度同步。

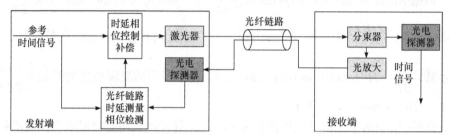

图 2.11　前置补偿技术原理

前置补偿技术的优点主要在于方法简单，测量时差的环节只有一处，因此时差测量引入的误差较小；在接收端无须进行处理即可直接接收到与发射端参考时间信号同步的时间信号。该技术缺点也很明显，由于在发射端完成链路时延的补偿，难以实现一个发射端设备同时对多个接收端设备的同步。

2. 后置补偿技术

后置补偿技术是指在发射端实现对光纤链路传输时延及其变化的实时测量，并在接收端自行对传输时延进行补偿。后置补偿技术原理图如图 2.12 所示，发射端测量出传输链路的时延，并把时延以数据的形式发送给接收端；接收端解码出链路传输时延数据和时间信号，根据链路传输时延对接收到的时间信号进行时延控制，从而使输出的时间信号与发射端的参考时间信号高精度同步。

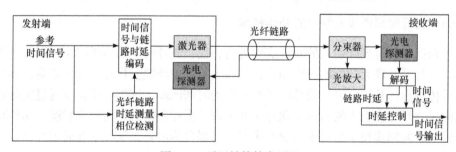

图 2.12　后置补偿技术原理

后置补偿技术对发射端发出的时间信号不进行调整，只发送链路的传输时延数据，在接收端对链路的传输时延进行补偿。因此，后置补偿技术适于级联传递系统，并使一个发射端设备对多个接收端设备进行同步成为可能，但在接收端需要有时延控制功能，才可获得与发射端同步的时间信号。

2.3.5　光纤双向时间同步系统不确定度评估

所有闭环补偿方法都是基于前向路径和后向路径完全对称的前提假设，无法补偿双向路径不对称性时延抖动。此外，由于补偿的滞后性，只能有效补偿环境温度缓变引起的时延抖动，而对于温度快变导致的双向路径不对称性，需要评估其对系统不确定度的影响。

根据 2.3.2 小节和式(2.11)，光纤双向时间同步系统的不确定度主要包括对双向传输不对称性时延的校准不确定度、对信号发射和接收时延的校准不确定度和站点设备测量不确定度。不确定度分为 A 类和 B 类：A 类不确定度指被测量在测量过程中的随机性偏差；B 类不确定度指由于环境、系统等其他因素对被测量产生的非随机性偏差(杨文哲等，2019；付永杰等，2014；赵文军等，2012)。

1. 双向传输引入不对称性时延的校准不确定度

光信号在链路中传输时，造成双向传输时延不对称性的因素很多，包括色散效应、温度变化、测量误差、光纤双向放大器和 Sagnac 效应等。

1) 色散效应引起的不对称性时延评估

光纤色散是引起往返路径时延差的关键因素，2.3.3 小节中已对光纤色散引入的往返时延差进行了阐述，这里主要讨论由色散效应引起的双向传输不对称性时延的校准不确定度。

由于偏振模色散是由光纤的随机双折射现象引起，其值随光线所处的环境变化而变化，由偏振模色散引起的时延抖动均方值与光纤长度成正比，当以均方值表示时，其单位为 $\mathrm{ps}/\sqrt{\mathrm{km}}$，典型值为 $0.05\,\mathrm{ps}/\sqrt{\mathrm{km}}$。由此可以估算，100km 光纤上 PMD 引入的不对称性时延抖动为 0.5ps(杨文哲等，2019；Krehlik et al.，2012)。

光纤的波长色散特性导致光纤对不同波长的光信号会有不同的群速度和群时延，进而导致双向传输链路的不对称性(杨文哲等，2019；赖先主等，2008；Imaoka et al.，1998)。波长色散导致的往返传输时延差值如式(2.24)所示，在光纤中传输的两信号光波长约 1550nm，对应色散系数为 17ps/(nm·km)，当两信号光波长差为 1nm，光纤长度为 100km，可以估算得到双向传输的不对称性时延为 1.7ns，对应所需补偿修正的单程时延应为 0.85ns。然而，由于温度、振动等环境因素变化，色散系数、链路长度和激光波长参数的测量误差等因素，经过校准后的时间同步系统依旧存在残差。

2) 温度变化引起的不确定度评估

温度变化是导致光纤传输路径上时延抖动的最主要因素，环境温度变化引入的时间同步不确定度可表示为

$$\Delta\tau_{\mathrm{diff},T}$$

$$=\sqrt{\left[D(\lambda)\Delta\lambda\frac{\partial L}{\partial T}\Delta T_f\right]^2+\left[\Delta\lambda\frac{\partial D(\lambda)}{\partial T}\Delta T_f L\right]^2+\left[D(\lambda)L\right]^2\left[\left(\frac{\partial\lambda_1}{\partial T}\Delta T_A\right)^2+\left(\frac{\partial\lambda_2}{\partial T}\Delta T_B\right)^2\right]}$$

$$(2.31)$$

式中，ΔT_f 表示光纤链路所处环境温度变化范围；ΔT_A 和 ΔT_B 分别为 A 地和 B 地收发系统所处的环境温度变化范围。假定光纤所处环境温度变化范围 $\Delta T_f=10\,^\circ\!\mathrm{C}$，光纤色散系数的温度变化系数约为 $-4.5\times10^{-3}\mathrm{ps}/(\mathrm{nm\cdot km\cdot\,^\circ\!C})$，光纤热膨胀系数 α 约为 $0.811\times10^{-5}\,^\circ\!\mathrm{C}^{-1}$，$A$ 和 B 两地收发系统处于温控环境下，环境温度变化范围为 $\Delta T_A\approx\Delta T_B\approx0.5\,^\circ\!\mathrm{C}$，激光器波长的温漂系数为 $\frac{\partial\lambda_1}{\partial T}\approx\frac{\partial\lambda_2}{\partial T}\approx0.01\mathrm{nm}/\,^\circ\!\mathrm{C}$。对于光纤长度为 100km，温度变化导致的不确定度约为 14.6ps，其中等号右侧根号下第二项和第三项的不确定度贡献分别为 4.5ps 和 13.9ps，要使得不确定度进一步降低，就需要进一步减小两波长差 $\Delta\lambda$ 以及收发两端的环境温度。当 $\Delta T_A\approx\Delta T_B\approx0.1\,^\circ\!\mathrm{C}$，$\Delta\lambda=0.1\mathrm{nm}$，在上述其他条件不变的情况下，温度变化导致的不确定度降低到 2.8ps。

3) 测量误差引起的不确定度评估

实际系统中，光纤长度可以使用光纤 OTDR 进行测定，如 EXFO 公司的 Max-715B；色散系数可以通过色散分析仪进行测量，如 EXFO 公司的 FTB-5700。两端光信号波长和频谱宽度可通过光谱分析仪测定。光谱分析仪、光学时域反射计和色散分析仪等测量设备的不确定度导致的系统时间同步不确定度可以表示为

$$\Delta\tau_{\mathrm{diff},u}=\sqrt{\left[D(\lambda)\Delta\lambda\cdot u_L\right]^2+\left(L\Delta\lambda\cdot u_D\right)^2+\left[LD(\lambda)\cdot u_{\Delta\lambda}\right]^2}\qquad(2.32)$$

式中，u_L 为光纤链路长度的测量不确定度；u_D 为色散系数的测量不确定度；$u_{\Delta\lambda}$ 为波长差的测量不确定度。假定 100km 长的光纤长度测量不确定度约为 10m，光纤色散系数的测量不确定度为 $0.06\mathrm{ps}/(\mathrm{nm\cdot km})$，波长差测量不确定度为 10pm。由此得到，校准过程引入的不确定度约为 19ps，其中第三项的贡献最大，达到 18ps。

综合 2) 和 3) 两部分，对色散效应引起的不对称性时延校准后，剩余不确定度约为 24ps。

4) 光纤双向放大器引入不对称性时延的校准不确定度

为补偿光纤往返链路引入的传输损耗，实验系统中通常需要采用光纤放大器，如双向掺铒光纤放大器(erbium-doped optical fiber amplifier, EDFA)。由于双向 EDFA 在两个方向引入的时延具有不对称性，实验中必须校准。对于双向 EDFA 引入的不对称性时延，通常采用实验比对的方式进行测定和校准。在杨文哲等

(2019)的实验中，将 EDFA 依次按不同的方向连接进入光纤链路，在保持其他实验设置和温度等环境条件不变条件下，EDFA 引入的不对称性时延为 11.5ps，校准后引入的系统 A 类不确定度约为 4.5ps。

5) Sagnac 效应引起的不确定度

在光纤双向时间同步系统中，由于 Sagnac 效应，与地球自转方向相同的信号的实际传输时延变长，而与地球自转方向相反的信号的实际传输时延变短(Teisseyre et al., 2004)，导致双向传输时延的不对称性，该不对称性时延也需要精确校准。在南北向分布的光纤链路上，近千公里的双向传输引入的不对称时间偏差可达到纳秒量级(于龙强等，2013)。

2. 信号发射和接收器件处理时延的校准不确定度评估

光信号发射和接收器件在处理信号时引入的时延误差是影响系统同步精度的另一重要因素。无源光器件通常不引入时延抖动，因此主要考虑有源光器件，引入的误差来源主要来自两方面：光电和电光转换器件的时延抖动引入的误差及激光器波长不稳定性引入的误差(丁小玉等，2010)。

1) 光电和电光转换器件的时延抖动引入的误差

在发射端时间信号通过调制加载到激光上所需的时间称为电光转换时延，该时延有一定的抖动范围。同样地，在接收端从激光信号中恢复出时间信号也会引入时延抖动。以英国 BOOKHAM 公司的小型可插拔(small form pluggable, SFP)激光发射接收模块为例，其电光和光电转换时延抖动均约为 70 mUI(1mUI 为线路中码元宽度的千分之一)。如果传送 10MHz 标称频率和秒脉冲，则线路中的码元速率为 20Mb/s，对应码元宽度为 50ns，电光和光电转换的时延抖动均将达到 3.5ns。为减小这部分误差，可提高电光转换时延的稳定性或者提高线路码元速率。例如，当码元速率到 2.5Gb/s，电光和光电转换的时延抖动可以降至 28ps(丁小玉等，2010)。

2) 波长不稳定性引入的误差

以目前商用 DWDM 规定的光源最大波长不稳定性条件(±0.1nm)为例，假设双向传输系统中来回两个激光的波长间隔改变 0.2nm，传输 1000km 光纤距离后，色散导致的传输链路时延不对称性将达到 3.4ns。为提高长距离光纤时间同步系统的同步精度，通常需要利用光谱仪对激光源的波长变化实时监测，利用监测到的结果对光源的波长稳定性进行控制或对双向时延的不对称性进行实时扣除或补偿。

3. 时间间隔测量误差

A 地和 B 地发送信号时间与接收信号时间之差通过时间间隔测量模块得到，时间间隔的测量精度直接影响着时钟同步的精度。目前，商用的时间间隔计数器测量分辨率已达到皮秒量级，测量精度也已达到几十皮秒量级。例如，美国斯坦福(Standford)公司生产的 SR620 通用时间间隔/频率计数器单次测量的分辨率可达到 25ps。德国 ACM 公司生产的 TDC-GP1、TDC-GP2、TDC-GPX 系列高精度时间数字转换芯片，最优可达到 22ps 的分辨率，可直接用于自行研制时间间隔计数器。中国科学院国家授时中心研究团队研制的时间间隔计数器测量分辨率达到 2ps，测量精度优于 20ps，指标处于国际领先水平。

4. 其他影响时间同步准确度的因素

其他影响时间同步准确度的因素还包括：

(1) 设备内部电路部分的传输延迟及其不一致性。例如，每个电子器件的传输延迟在纳秒量级，经过的电子器件比较多，累积延迟量在百纳秒量级；时延不一致性也在百皮秒量级。它们可在设备正常投入使用前进行精确校准。

(2) 设备内部电路部分的传输延迟随温度的漂移，可通过设备内部的恒温电路控制温度，减小延迟漂移。

2.3.6 光纤时间同步网络化方案

实地光纤通信网络的复杂性决定了长距离及网络化传输是光纤时间同步系统在实际应用中的重要发展方向。根据光纤时间同步系统的连接方式，可以分为单点对多点时间同步和组网型时间同步。本小节就不同连接方式下光纤时间同步系统中所采用的主要方法进行介绍。光纤时间传递过程中会出现光纤链路故障而导致中断，光纤链路难以避免的噪声也会使得传输信号越来越差。为保证光纤时间传递系统的无间断可靠运行，满足长距离多级传输以及高精度时间同步的需求，研究了若干改善技术，下面逐一进行介绍。

1. 单点对多点时间同步

为扩展光纤时间同步应用，首先要解决单点对多点的时间同步。常用的方法有级联传递、基于时分多址的多站点时间同步方案和基于中途下载监听的多用户时间同步方案。以下是对这些方法的简单介绍。

1) 级联传递

光纤时间级联传递系统结构如图 2.13 所示。在级联站点接收设备将接收到的时间频率信号转换为电信号，既可以给该站点提供时间频率信号，又可以通过光纤时间频率发射设备传递到下一个站点，这样可以增加传递的距离以及用户的数量。

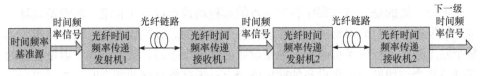

图 2.13　光纤时间级联传递系统结构

级联传递方法中存在的关键问题包括：级联过程要消除由于光纤级联连接引入的额外时延误差，需要校准；级联太多会增加级联引入的误差和噪声。为解决这些问题，可以在级联过程中在每个节点加入噪声净化设备，使得各级设备间的噪声不会累计叠加，该技术称为净化守时技术，将在 2.3.6 小节介绍。

2) 基于时分多址的多站点时间同步方案

利用时分多址方式，可以分时对多个站点的光纤时间接收机设备进行环路时间比对，并在各个接收机处对各自链路的传输时延进行补偿，从而实现各个接收机的时间信号与发射机处的精确同步。

基于时分多址的多站点时间同步方案基本工作原理如图 2.14 所示。光纤时间同步本地端设备首先将时间信号加载到光载波上，再通过光纤链路传递到第一个站点的中继设备 1，中继设备 1 中的光学环形器(Ci1)将来自本地端下行方向的光信号分离出来，并经过光放大器(Am1)放大后由光学分束器分为两路，一路输出给站点 1 的光纤时间同步远程端设备，另一路输入到中继设备 1 内的另一个光学环形器(Ci2)继续传递到下一站点。下行方向的光信号到达第二个站点的中继设备 2 后，采取与在中继设备 1 中相同方法，一路输出给站点 2 的光纤时间同步远程端设备，另一路继续传递到下一站点的中继设备。如此继往传递到下一站点的中继设备，直到最后一个站点的远程端设备，则实现各个站点远程端设备持续接收来自本地端设备下行方向的光信号。同时，来自第 n 个站点的远程端设备的光信号，到达第 $(n-1)$ 个站点的中继设备后，通过环形器($\text{Ci}2n-2$)后到达光放大器($\text{Am}2n-2$)，放大后的光信号经环形器($\text{Ci}2n-3$)到达第 $(n-2)$ 个站点的中继设备，同样以此类推，直至本地端设备接收到来自远程端设备 n 的光信号，可实现远程端设备与本地端设备时间信号的双向比对链路。

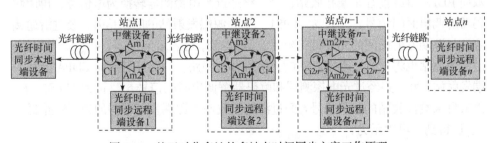

图 2.14　基于时分多址的多站点时间同步方案工作原理

　　值得一提的是，该方案中各个站点的远程端设备都有各自唯一的设备地址，本地端设备采用时分多址的方式实现对各个站点的远程端设备进行轮询同步。当某个站点处的远程设备接收到本地端设备的呼叫指令时，该站点处中继设备内的光开关将会被切换到远程设备的输出激光上；未接收到呼叫指令时，光开关会切换到来自下一站点的上行光上。即本地端通过对某个站点的设备地址进行呼叫来切换光开关，从而建立本地端设备与该站点远程端设备之间的双向时间比对链路。通过双向时间比对，控制各个站点远程端设备内的时延和相位控制模块，实现各个站点与本地端设备的时间同步。

3) 基于中途下载监听的多用户时间同步方案

　　基于中途下载监听方式的多用户时间同步方案如图 2.15 所示。系统包括源端发射站、末端接收站和若干沿途接收站。中途下载监听方式是在源端发射站与末端接收站建立起高精度时间同步基础上进行的，各沿途接收站不参与时间比对，通过监听双向的时间比对信号，计算出源端发射站到沿途接收站的传输时延，并在沿途接收站对该时延进行实时补偿，从而实现各沿途接收站与源端发射站参考时间信号的精确同步。

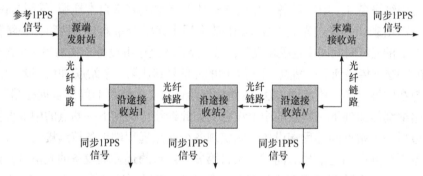

图 2.15　基于中途下载监听方式的多用户时间同步方案

　　图 2.16 和图 2.17 分别是沿途接收站的结构示意图和时间信号时序示意图。每个沿途接收站将来自源端发射站的光信号用光学分束器分为两路，其中一路经过双向 EDFA 继续前往末端接收站；另一路经过光电探测器转换为电信号，再用解码器解调出时间信号 t_{ms}，记为 1PPS1。t_{ms} 为源端发射站的时间信号 t_s 经过沿途接收站与源端发射站间的光纤链路延迟 t_{dms} 后得到，可表示为 $t_{ms} = t_s + t_{dms}$。类似地，沿途接收站也将来自末端接收站的光信号分为两路，一路经过双向 EDFA 前往源端发射站；另一路经过光电探测器和解码器解调出时间信号 t_{mr}，记为 1PPS2。t_{mr} 由来自末端接收站的时间信号 t_r 经过沿途接收站与源端发射站间的光纤链路延迟 t_{dmr} 后得到，可表示为 $t_{mr} = t_r + t_{dmr}$。

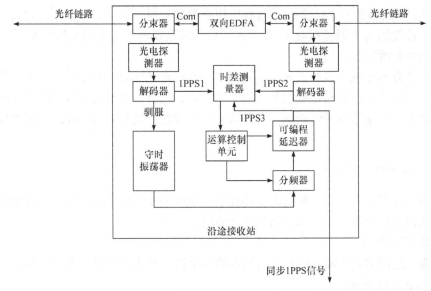

图 2.16　沿途接收站的结构示意图

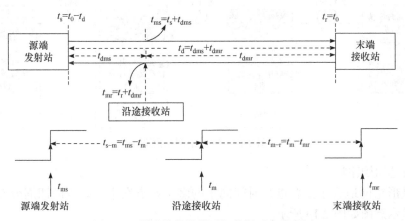

图 2.17　沿途接收站的时间信号时序示意图

解调出的 t_{ms} 用于对沿途接收站的守时振荡器进行频率校准，其输出的频率信号经过分频器及可编程延迟器后，产生秒脉冲信号 1PPS3。时差测量器测量来自源端发射站的 1PPS1 信号与沿途接收站产生的 1PPS3 信号的时差 $t_{s-m}=t_{ms}-t_m$；沿途接收站产生的 1PPS3 信号与来自末端接收站的 1PPS2 信号的时差 $t_{m-r}=t_m-t_{mr}$。根据测得的时差值，计算沿途接收站产生的时间信号需要的移相值，计算公式为：$\Delta t=\left(t_{s-m}-t_{m-r}\right)/2$。根据计算出的沿途接收站产生的时间信号需要的移相值 Δt，运算控制单元设置可编程延迟器的延迟量，就完成了对沿途接收站产生的时间信号的移相控制，从而实现了沿途接收站输出的 1PPS 信号与源端发射站的参考

1PPS 信号的高精度同步。相同的过程应用在源端发射站和末端接收站之间的光纤链路上连接的 N 个沿途接收站,就实现了各个沿途接收站与源端发射站参考 1PPS 信号的高精度同步。

上述方案实现了多站点光纤时间同步与点对点光纤时间同步具有一样的同步精度和可靠性,而且沿途接收站点间互不影响,数量可以灵活增减。但该方案也存在缺点,中途站点的性能指标直接依赖于源端发射站与末端接收站时间同步的指标。

2. 组网型时间同步

在单点对多点、中继和级联等基础上,即可实现组网型时间同步,典型的组网方式包括链形组网、星形组网和复合组网。

1) 链形组网

链形组网适合于需要进行时间同步的多个站点在光纤链路的沿途分布,其示意图如图 2.18 所示。

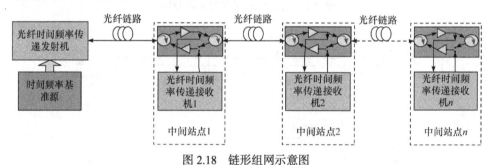

图 2.18　链形组网示意图

2) 星形组网

星形组网适合于需要进行时间同步的多个站点在中心站点的四周分布的情况,其示意图如图 2.19 所示。

3) 复合组网

复合组网是基于星形和链形的组网结构,可以适应各种实际应用环境,其示意图如图 2.20 所示。

3. 净化守时技术

光纤时间传递过程中光纤链路噪声引起的信号劣化问题,可以通过对信号进行净化加以解决。净化守时技术原理如图 2.21 所示,本地振荡器由接收到的光纤网链路上的时间频率信号进行驯服,驯服后的振荡器通过时间信号产生器产生时间信号。本地产生的时间信号与光纤时间传递网送入的时间信号之间的时差通过

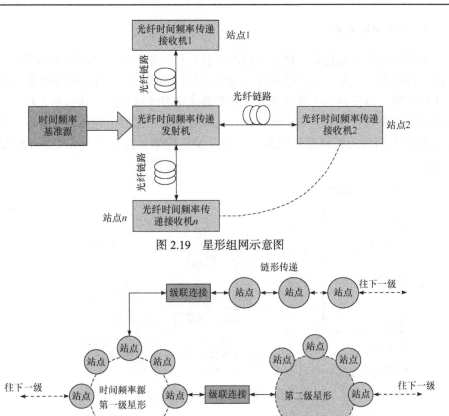

图 2.19　星形组网示意图

图 2.20　复合组网示意图

时差测量获得，通过运算控制和调整时延控制器，实现本地时间信号与光纤时间传递网的时间信号同步。由于本地振荡器具有较高的短期稳定度，可以滤除光纤传递网的噪声，起到净化作用。当光纤信号出现故障时，本地的振荡器还可以起到守时作用。

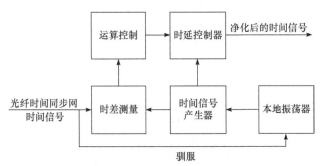

图 2.21　净化守时技术原理

4. 无缝切换技术

为保证光纤时间传递系统的无间断可靠运行，需要多个光纤路由和多套光纤时间传递设备，当某个光纤路由出现故障中断，光纤时间传递会在多个路由间进行无缝切换。以三通道无缝切换为例的多通道信号无缝切换原理如图 2.22 所示。被选中的频率信号输入到数字锁相环，运算控制器根据数字锁相环测得守时钟与输入的频率信号的相位差，驯服守时钟，使其频率相位与输入的频率相位信号一致。

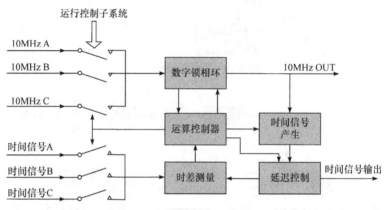

图 2.22　多通道信号无缝切换原理

数字锁相环输出的频率信号经过时间信号产生器和延迟控制器，输出时间信号，这个时间信号与输入的时间信号进行时差测量。运算控制器根据时差测量的平均值设置延迟控制器，使输出的时间信号与输入的时间信号同步。

第3章　光纤微波频率传递技术

类似于第2章介绍的基于直接调制的光纤时间同步方法，光纤微波频率传递技术主要是通过电光调制的方式将具有较高频率稳定度的微波信号调制到本地激光上，经光纤链路传递后，在用户端通过光电探测技术，解调恢复出微波频率标准信号。光纤微波频率传递可以为对精度有较高要求的工程与科学用户提供较高频率稳定度和准确度的10MHz、100MHz和4～10GHz的单点微波频率信号，具有系统实现相对简单、可靠性好、能够满足长时间测量等优点，可满足中短距离的时频传递要求。

3.1　光纤微波频率传递研究进展

由于光纤微波频率传递系统具有结构相对简单、可靠性好等优点，相关研究从20世纪80年代就已经开展(Logan et al., 1992; Primas et al., 1989, 1988; Lutes et al., 1987, 1981)。最初实验未进行补偿的开环情况下，在16km光纤上的频率传递稳定度达到$1\times10^{-14}d^{-1}$，补偿后实现频率传递长期稳定度优于$1\times10^{-17}d^{-1}$。2005年，法国LPL实验室利用光学相位补偿技术，在其与LNE-SYRTE实验室之间往返86km光纤距离上进行了100MHz信号的高精度频率传递实验，传递稳定度达到$1\times10^{-14}s^{-1}$和$1\times10^{-17}d^{-1}$(Daussy et al., 2005)。由于光纤链路引起的信号相位起伏与传输信号的频率成正比($\Delta\varphi=2\pi f\Delta\tau$，$\Delta\tau$为传输时延起伏)，链路噪声的测量分辨率会随传输频率的提高而提高。鉴于此，LNE-SYRTE和LPL在2008年将微波频率提高到1GHz来获得更高的信噪比，在同样的86km光纤距离上频率传递稳定度达到$5\times10^{-15}s^{-1}$和$2\times10^{-18}/10^4s$(Lopez et al., 2008)。2010年，该团队进一步将微波频率提高到9.15GHz，并且利用扰偏器对光纤偏振模色散的影响进行了抑制，频率传递稳定度最终达到$1\times10^{-15}s^{-1}$和$2\times10^{-19}d^{-1}$(Lopez et al., 2010a)。2016年，中国科学院上海光学精密机械研究所也利用光程补偿法，通过两套系统级联，在430km光纤上进行微波频率传递，最终实现$8.3\times10^{-17}/10^4s$的传递稳定度(刘琴等, 2016b)。光程补偿的光纤微波频率传递，由于其补偿模块(通常为预置在链路中的补偿光纤)复杂，以及动态范围小，不便于大规模工程化应用。

自20世纪90年代，日本计量研究所(National Metrology Institute of Japan, NMIJ)、NICT、NTT公司、东京大学和横滨大学也做了大量相关研究。2006年，

NMIJ在100km的光纤链路上实现了$1\times10^{-15}d^{-1}$的频率传递稳定度(Amemiya et al., 2006)。2009年,日本NICT利用电相位补偿法,在51km的盘绕光纤上进行了1GHz信号的传递,获得$1\times10^{-17}d^{-1}$的传递稳定度(Fujieda et al., 2009)。2010年,日本NICT在204km实地光纤链路上实现了微波频率级联传递,频率传递稳定度达到$6\times10^{-14}s^{-1}$和$5\times10^{-17}/43200s$(Fujieda et al., 2010)。

光纤微波频率传递中,除了利用微波信号对光载波强度调制外,还可以利用激光频率调制的方式将微波信号加载到激光上进行传输(Schediwy et al., 2017; Shen et al., 2014)。西澳大利亚大学国际射电天文学研究中心(International Centre for Radio Astronomy Research, ICRAR)基于该方法,在166km光纤链路上实现了8GHz的微波信号传递,传递稳定度为$6.8\times10^{-14}s^{-1}$和$5.0\times10^{-16}/16000s$。

我国在光纤微波频率传递方面也取得了进展。例如,清华大学利用电相位补偿方法,在80km光纤上实现了9.1GHz信号的传递,传递稳定度为$7\times10^{-15}s^{-1}$和$4.5\times10^{-19}d^{-1}$(Wang et al., 2012)。上海交通大学基于相位漂移抵消及外差式光电延迟锁定环方法测量和补偿了温度、压力变化引起的光纤相位抖动,可实现将10GHz的微波频率传递信号经过50km光纤传输后的抖动抑制到亚皮秒(常乐等, 2012; Zhang et al., 2011);提出了基于抑制载波双边带信号的光纤微波频率传递方案,并在40km光纤链路上实现了频率传递稳定度$3.9\times10^{-14}s^{-1}$和$2.7\times10^{-16}/10^4s$的1GHz微波频率传递(Zhang et al., 2017)。解放军理工大学利用基于相位抖动远端补偿的方法,在25.2km光纤上实现1GHz信号的传递,传递稳定度为$2\times10^{-12}s^{-1}$和$6\times10^{-17}d^{-1}$(李得龙等, 2014b)。中国科学院国家授时中心也进行了光纤微波频率传递研究(Xue et al., 2020; 孟森等, 2015);薛文祥(2020)利用改进的电相位补偿方案,在56km盘绕光纤上实现了传递稳定度为$1.9\times10^{-15}s^{-1}$和$4.9\times10^{-18}/10^4s$的光纤微波频率传递;随后又在中国科学院国家授时中心临潼本部到长安航天基地园区之间的112km光纤上进行了传递实验,传递稳定度为$4.2\times10^{-15}s^{-1}$和$1.6\times10^{-18}d^{-1}$(Xue et al., 2020)。

由于光纤信道非常丰富,通过波分复用技术,光纤时间和微波频率传递可实现在单光纤上同时传输(Lopez et al., 2013; Śliwczyński et al., 2013, 2010b; Wang et al., 2013, 2012; Krehlik et al., 2012; Fujieda et al., 2010; Amemiya et al., 2006)。其中,波兰克拉科夫AGH科技大学的方案及结果最具代表性,于2012年在60km光纤上实现了万秒时间传递稳定度达到0.3ps,10MHz频率信号的传递稳定度为$1.2\times10^{-17}/10^4s$(Krehlik et al., 2012)。2013年,他们在420km的光纤上实现了时频同传,时间和频率的传递稳定度分别为1ps和$4\times10^{-17}d^{-1}$(Śliwczyński et al., 2013)。围绕光纤微波时频传递的长距离、网络化发展的目标,各项新技术也在不断发展。例如,为解决大规模组网时将会遇到的传输距离过长、时间传递中心站点设备冗余等问题,发展了光纤微波频率传递的级联技术(刘琴等, 2016b; Fujieda et al.,

2010)、用户端补偿技术(Chen et al., 2015)等方案。面向光纤微波频率传递网络的构建，清华大学也已经开展了一系列的工作。例如，基于后置频率补偿方案，实现了频率信号一点对多点分发的光纤频率传递实验演示，在实验室内 50km 光纤上获得的频率传递稳定度为 $3.7\times10^{-14}\text{s}^{-1}$ 和 $3.0\times10^{-17}\text{d}^{-1}$(Wang et al., 2015)。基于被动补偿技术的光纤时频网络化同步方案，2013 年在最长 10km 光纤距离上实现了 $6\times10^{-15}\text{s}^{-1}$ 和 $7\times10^{-17}/10^4\text{s}$ 的频率传递稳定度(Bai et al., 2013)；随后又在 45km 光纤上实现了 $10^{-17}/20000\text{s}$ 的频率传递稳定度(Li et al., 2016)。提出了光纤传递链路上任意位置可提取高精度频率信号的多点下载技术，并在 83km 的实地光纤链路上进行了实验演示，下载处的频率传递稳定度达到 $7\times10^{-14}\text{s}^{-1}$ 和 $5\times10^{-18}\text{d}^{-1}$(Bai et al., 2015)。

3.2　光纤微波频率传递基本原理

光纤微波频率传递的单向传输模型如图 3.1 所示。RF 信号通过 OS 模块被调制到波长为 λ_{laser} 的光载波上，在接收端进行光电转换，恢复出射频信号。最普遍的调制方式为强度调制，可通过直接调制激光器的驱动电流或利用电光调制器将微波信号加载到激光实现，还可以利用激光频率调制的方式将微波信号加载到激光上进行传输(Schediwy et al., 2017; Shen et al., 2014)。

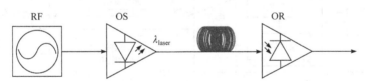

图 3.1　光纤微波频率传递的单向传输模型

RF 为射频参考信号；OS 为光发送模块，通过电光调制将射频信号加载到波长为 λ_{laster} 的光载波上；
OR 为光接收模块，通过光电转换恢复出射频信号

光纤微波频率传递通常是将微波信号通过强度调制加载到激光上进行传输。假设参考信号的中心频率为 ν_0，微波信号相位变化 φ_p 与光纤链路中的传输时延 τ_f 的关系可表示为

$$\varphi_p = 2\pi\nu_0\tau_f \qquad\qquad (3.1)$$

光纤链路的传输时延受环境影响随时间抖动，传输时延的变化等效于微波信号相位的变化。传输后的相对频率抖动 $\Delta\nu(t)$、信号频率相对于原信号的归一化频率偏移 $y = \Delta\nu(t)/\nu_0$ 与随时间变化的传输时延 $\tau_f(t)$ 之间的关系如下(Hedekvist et al., 2012)

$$\Delta\nu(t)=\frac{1}{2\pi}\frac{\partial\varphi_p(t)}{\partial t}=\nu_0\frac{\partial\tau_f(t)}{\partial t} \tag{3.2}$$

$$y=\frac{1}{2\pi\nu_0}\frac{\partial\varphi_p(t)}{\partial t}=\frac{\partial\tau_f(t)}{\partial t} \tag{3.3}$$

因此，光纤链路中的传输时延抖动导致微波频率传递稳定度恶化。光纤传输时延抖动影响因素已在 2.3.3 小节中介绍，这里不再赘述。

若干研究组对无任何补偿时光纤链路上的频率传递稳定度进行了研究，在 100km 地埋光纤链路上得到的频率传递稳定度约为 $2\times10^{-11}\text{s}^{-1}$ 和 $2\times10^{-13}\text{d}^{-1}$ (Amemiya et al., 2008, 2006)。为补偿频率传输中因时延抖动而引起的相位抖动，Vessot 等早在 1981 就提出了"多普勒噪声补偿技术"。1994 年，Ma 等首次将该技术应用到光纤光学频率传递中，用以补偿由光纤链路引入的噪声。该相位补偿原理是建立在环境噪声引起的多普勒频移效应对往返信号相同的前提下，即基于前向路径和后向路径完全对称。光纤频率传递噪声补偿原理如图 3.2 所示，其核心是在本地端通过比较往返信号和参考信号的相位，获得传输信号往返两次经过同一光纤后附加的相位噪声 $2\varphi_p$。通过相位补偿器，将 $\varphi_c=-\varphi_p$ 的相位变化预先补偿到参考信号的相位上，从而实现频率信号的"无损"传递。

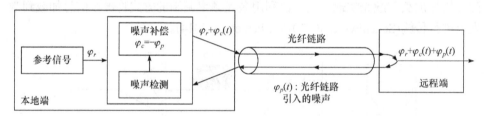

图 3.2   光纤频率传递噪声补偿原理

光纤频率传递噪声补偿方法又称为往返相位校正法(round-trip phase correction, RTPC)，目前已广泛应用于光纤频率传递中。频率传递相位变化的高精度测量与补偿是相位补偿的两个核心技术。为提高相位补偿的精度，许多补偿方法被提出。在光纤微波频率传递系统中，根据补偿模块不同，提出两种典型的补偿措施：一种是光学相位补偿，即直接在光纤传递链路上利用可变光纤延迟线进行光学时延控制，从而实现对环境温度变化导致的时延补偿；另一种是电学相位补偿，即基于共轭相位的电补偿器，可以通过电延迟线方法补偿相位抖动(Czubla et al., 2010)。根据补偿的位置不同，分为前置补偿(在本地端)和后置补偿(远程端)两种。

3.2.1 光学相位补偿

光学相位补偿是通过调节光纤传输时延 τ_f，即 nL，使 φ_p 恒定，因此补偿执行模块包含在链路中，是光纤链路的一部分。基于光学相位补偿的光纤频率传递基本原理如图 3.3 所示。设参考频率源输出的信号为理想信号，其频率 $v_r = \partial\varphi_r(t)/\partial t$ 与时间无关，$\varphi_r(t)$ 为其相位。补偿执行模块对相位的修正量为 $\varphi_c(t)$，光纤链路附加的相位噪声为 φ_p，信号到达远程端后的频率记为 v_{rmt}，则有

$$v_{\mathrm{rmt}} = \frac{\partial\left[\varphi_r(t-\tau) + \varphi_c(t-\tau) + \varphi_p\right]}{\partial t} = v_r + \frac{\partial\left[\varphi_c(t-\tau) + \varphi_p\right]}{\partial t} \tag{3.4}$$

其中，τ 为单向传输时延。远程端一部分信号返回本地端后，信号相位记为 $\varphi_{rt}(t)$，可以表示为

$$\varphi_{rt}(t) = \varphi_r(t-2\tau) + \varphi_c(t) + \varphi_c(t-2\tau) + 2\varphi_p \tag{3.5}$$

代表链路噪声的 $\Delta\varphi$ 可以表示为

$$\Delta\varphi = \varphi_r(t) - \varphi_r(t-2\tau) - \varphi_c(t) - \varphi_c(t-2\tau) - 2\varphi_p \tag{3.6}$$

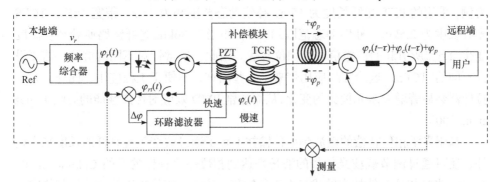

图 3.3 基于光学相位补偿的光纤频率传递基本原理

经环路滤波器反馈调节 $\varphi_c(t)$，使 $\Delta\varphi$ 恒定不变。此时，式(3.6)对 t 求导数，则有

$$\frac{\partial\varphi_r(t)}{\partial t} = \frac{\partial\left[\varphi_r(t-2\tau) + \varphi_c(t) + \varphi_c(t-2\tau) + 2\varphi_p\right]}{\partial t} \tag{3.7}$$

其中，

$$\frac{\partial\varphi_c(t)}{\partial t} \approx \frac{\partial\varphi_c(t-\tau)}{\partial t} \approx \frac{\partial\varphi_c(t-2\tau)}{\partial t} \tag{3.8}$$

根据式(3.7)和式(3.8)，有

$$\frac{\partial\left[\varphi_c(t-\tau) + \varphi_p\right]}{\partial t} \approx 0 \tag{3.9}$$

将式(3.9)代入式(3.4)，可得

$$\nu_{\text{rmt}} \approx \nu_r \tag{3.10}$$

表明通过链路噪声的补偿，实现了本地端微波频率信号到远程端的"无损"传递。

光学相位补偿方案的补偿模块通常由光纤拉伸器和温控光纤卷轴(temperature control optical fiber spool, TCFS)组成(Lopez et al., 2010a, 2008)。其中，光纤拉伸器通常为长度十几米缠绕在压电陶瓷(piezoelectric transducer, PZT)圆柱体上的光纤，用于响应小动态范围的快速相位噪声。TCFS 用来响应大动态范围的慢速相位变化。该方案的优点是本地端调制信号的相位 $\varphi_r(t)$ 与链路噪声无关，对微波泄漏不敏感，而且信号传输路径对称性更好，因此长期性能更好。

PZT 调节范围比较有限，一般小于 20ps，因此大动态范围的延迟起伏需要由 TCFS 来补偿。而 TCFS 的调节范围由其光纤长度和温度决定，对于噪声大、距离长的光纤链路，TCFS 的光纤就需要预置的更长一些，或温度调节范围要更大一些。以法国 LINE-SYRTE 实验室在 86km 光纤链路上实现的微波频率传递实验为例，采用的 PZT 光纤长度为 15m，补偿动态范围约为 15ps，带宽 1kHz。TCFS 光纤长度为 2.5km，补偿动态范围约 4ns，相当于 86km 光纤链路所处环境温度变化 1.5℃所引起的传输信号的相位起伏。因此，通常针对不同的链路，需要设计不同的 TCFS，这给实际应用带来了一些困难，不便于工程应用。此外，光纤拉伸器会显著增大激光偏振的变化，从而加剧 PMD 效应对传递性能的影响(Lopez et al., 2008)。

基于光学相位补偿的微波频率传输技术除了通过改变预置光纤的长度来实现外，还可通过调节载波光信号的波长来达到相位噪声补偿的目的(Calosso et al., 2014)。光学相位补偿技术的优势在于传输稳定度高，相位噪声补偿效果与传输信号的频率无关，并且可以实现对同一光纤链路中同时传输的多路信号的相位噪声补偿。但由于预置光纤长度变化范围有限，相位补偿动态范围明显受限，当环境扰动较为剧烈时，该方案可能无法进行有效补偿。

3.2.2　电学相位补偿

电学相位补偿一般需要产生一对共轭信号，因此也称共轭相位补偿。基于电学相位补偿的光纤频率传递原理图如图 3.4 所示，假设参考信号的频率 $\nu_r = \partial \varphi_r(t) / \partial t$ 是与时间无关的理想信号，$\varphi_r(t)$ 为参考信号的相位。共轭信号产生装置输出的信号相位分别记为 $\varphi_r^+(t)$ 和 $\varphi_r^-(t)$，且满足如下关系：

$$\varphi_r^+(t) + \varphi_r^-(t) = 2\varphi_r(t) \tag{3.11}$$

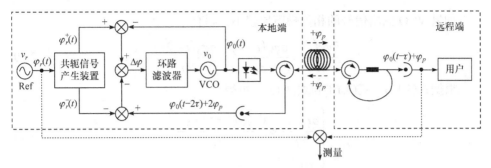

图 3.4　基于电学相位补偿的光纤频率传递原理图

压控振荡器(voltage controlled oscillator, VCO)输出的信号调制到激光上,经光纤链路传输到远程端,该信号的频率可表示为

$$\nu_0 = \frac{\partial \varphi_0(t)}{\partial t} \tag{3.12}$$

其中, $\varphi_0(t)$ 为 VCO 开环时的相位。如果光纤链路引入的相位噪声为 φ_p ,则远程端接收到的频率为

$$\nu_{\mathrm{rmt}} = \frac{\partial\left[\varphi_0(t-\tau)+\varphi_p\right]}{\partial t} \tag{3.13}$$

其中, τ 为光纤链路单程的传输时延。在远程端,一部分光经环形器后沿原链路返回本地端,探测所得信号的相位 φ_{rt} 为

$$\varphi_{rt} = \varphi_0(t-2\tau)+2\varphi_p \tag{3.14}$$

在本地端,VCO 输出的信号与 $\varphi_r^+(t)$ 进行混频,输出的信号相位记为 φ_1。φ_{rt} 与 $\varphi_r^-(t)$ 混频后输出的信号记为 φ_2 ,则有

$$\varphi_1 = \varphi_r^+(t)-\varphi_0(t) \tag{3.15}$$

$$\varphi_2 = \varphi_0(t-2\tau)+2\varphi_p-\varphi_r^-(t) \tag{3.16}$$

φ_1 和 φ_2 再进行混频后,得到往返信号 φ_{rt} 和 VCO 输出信号相对于参考信号 $\varphi_r(t)$ 的相位起伏 $\Delta\varphi$,可以表示为

$$\Delta\varphi = \varphi_1-\varphi_2 = 2\varphi_r(t)-\varphi_0(t)-\varphi_0(t-2\tau)-2\varphi_p \tag{3.17}$$

环路滤波器闭环工作后,输出的信号对 VCO 进行反馈控制,使 $\Delta\varphi$ 成为与时间无关的常量。对式(3.17)时间 t 求导数,即有

$$\frac{\partial \varphi_r(t)}{\partial t} = \frac{1}{2}\frac{\partial\left[\varphi_0(t)+\varphi_0(t-2\tau)+2\varphi_p\right]}{\partial t} \tag{3.18}$$

如果 VCO 输出信号的相位噪声比较小，则有

$$\frac{\partial \varphi_0(t)}{\partial t} \approx \frac{\partial \varphi_0(t-\tau)}{\partial t} \approx \frac{\partial \varphi_0(t-2\tau)}{\partial t} \tag{3.19}$$

根据式(3.13)、式(3.18)和式(3.19)，可得

$$\begin{cases} \dfrac{\partial \varphi_r(t)}{\partial t} \approx \dfrac{\partial \left[\varphi_0(t-\tau) + \varphi_p \right]}{\partial t} \\ v_{\mathrm{rmt}} \approx v_r \end{cases} \tag{3.20}$$

即远程端接收到的信号相位被锁定到参考信号上，实现了光纤链路噪声的补偿。由此可以看出,共轭相位补偿法的实现前提在于光纤可以被认为是一个缓变信道。

电学相位补偿的补偿执行模块为 VCO，具有调节方便、动态范围大、体积小等优点，很适合工程化应用。但其最大的一个缺点是 VCO 的相位会随链路噪声变化，如果存在微波泄漏，就会引起额外的相位起伏，而且这个起伏与链路噪声有关，最终会恶化长期传递稳定度(Narbonneau et al., 2006)。

3.2.3　基于激光频率调制的光纤微波频率传递及其电学相位补偿

以上两种补偿方法都是针对激光强度调制的光纤微波传递方案,也是最常用的传递方案。此外，还可以利用激光频率调制的方式实现光纤微波频率传递(Schediwy et al., 2017; Shen et al., 2014)。即将微波信号调制到两束激光的频率差上，然后通过将这两束激光耦合到同一光纤链路中传输，并在远程端从两束激光的拍频信号中解调出微波频率信号，其原理图如图 3.5 所示。微波信号通过双平行马赫–增德尔调制(dual parallel Mach-Zender modulation, DPMZM)对被分成两束的激光中其

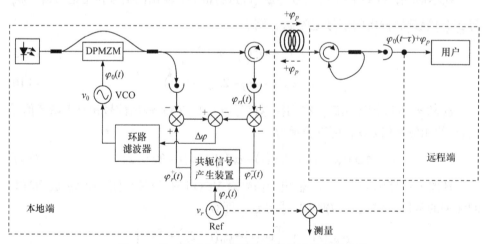

图 3.5　基于激光频率调制的光纤微波传递原理图

中一束进行单边带调制,相当于对该激光进行了移频。同时,该 DPMZM 用于实现光纤链路噪声的补偿,补偿原理与前面介绍的电学相位原理类似,这里不再赘述。

利用 DPMZM 进行单边带调制的原理如图 3.6 所示,DPMZM 相当于由三个基于马赫-增德尔(Mach-Zender, MZ)干涉仪的调制器组成,包括两个子调制器(MZM1 和 MZM2)和一个主调制器(MZM3)。VCO 输出的频率信号经 3dB 桥式耦合器后输出两路相位正交的信号,再经放大后分别驱动 MZM1 和 MZM2。三个调制器都可以通过偏置电压来控制其工作点。

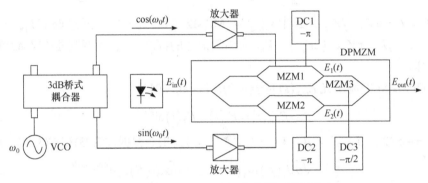

图 3.6　利用 DPMZM 进行单边带调制的原理

利用 DPMZM 实现载波抑制及单边带调制的原理分析:设输入 DPMZM 的激光电场振幅 $E_{\text{in}}(t)$ 可表示为

$$E_{\text{in}}(t) = E_0 e^{j\omega_L t} \tag{3.21}$$

在调制过程中,忽略高阶边带,只保留 ±1 阶边带,则载波光经过 MZM1 后,$E_1(t)$ 可表示为(Huang et al., 2016; Gao et al., 2014)

$$
\begin{aligned}
E_1(t) &= \sqrt{\frac{\alpha}{2}} E_{\text{in}}(t) \cos\left[\beta_1 \cos(\omega_0 t) + \frac{\theta_1}{2}\right] \\
&= \sqrt{\frac{\alpha}{2}} E_{\text{in}}(t) \left\{ \cos\frac{\theta_1}{2}\left[J_0(\beta_1) + 2\sum_{n=1}^{\infty}(-1)^n J_{2n}(\beta_1)\cos(2n\omega_0 t)\right] \right. \\
&\quad \left. + 2\sin\frac{\theta_1}{2}\sum_{n=1}^{\infty}(-1)^n J_{2n-1}(\beta_1)\cos\left[(2n-1)\omega_0 t\right] \right\} \\
&\approx \sqrt{\frac{\alpha}{2}} E_{\text{in}}(t) \left\{ J_0(\beta_1)\cos\frac{\theta_1}{2} - \sin\left(\frac{\theta_1}{2}\right)\left[J_1(\beta_1)e^{j\omega_0 t} + J_1(\beta_1)e^{-j\omega_0 t}\right] \right\} \\
&= \sqrt{\frac{\alpha}{2}} E_{\text{in}}(t)\left[J_1(\beta_1)e^{j\omega_0 t} + J_1(\beta_1)e^{-j\omega_0 t}\right] \tag{3.22}
\end{aligned}
$$

式中，$\theta_1 = \pi V_{DC1}/V_{\pi1}$，$V_{DC1}$ 为 MZM1 的偏置电压，当 $\theta_1 = -\pi$ 时可得到最后的简化表达式；$\beta_1 = \pi V_{m1}/(2V_{\pi1})$，$V_{m1}$ 为调制信号的幅度，$V_{\pi1}$ 为调制器(MZM1)的半波电压；ω_0 为调制信号的角频率；$J_n(\beta_n)$ 为第一类 n 阶贝塞尔(Bessel)函数。

类似地，激光经过 MZM2 后，$E_2(t)$ 可表示为(Huang et al., 2016; Gao et al., 2014)

$$E_2(t) = \sqrt{\frac{\alpha}{2}} E_{in}(t) \sin\left[\beta_2 \sin(\omega_0 t) + \frac{\theta_2}{2}\right]$$
$$\approx \sqrt{\frac{\alpha}{2}} E_{in}(t)\left[-jJ_1(\beta_2)e^{j\omega_0 t} + jJ_1(\beta_2)e^{-j\omega_0 t}\right] \tag{3.23}$$

式中，$\theta_2 = \pi V_{DC2}/V_{\pi2}$，其中 V_{DC2} 为 MZM2 的偏置电压，通过调节 V_{DC2} 使得 $\theta_2 = -\pi$；$\beta_2 = \pi V_{m2}/(2V_{\pi2})$，$V_{m2}$ 为调制信号的幅度，$V_{\pi2}$ 为调制器(MZM2)的半波电压。

DPMZM 的输出光 $E_{out}(t)$ 可表示为(Li et al., 2013)

$$E_{out}(t) = E_1(t) + E_2(t)e^{j\theta_3 t} \tag{3.24}$$

当 $\theta_3 = -\pi/2$，$\beta_1 = \beta_2 = \beta$，$V_{m1} = V_{m2}$，$V_{\pi1} = V_{\pi2}$ 时，根据式(3.23)和式(3.24)，则有

$$E_{out}(t) = \sqrt{\alpha}J_1(\beta)E_{in}(t)e^{-j\omega_0 t} = \sqrt{\alpha}J_1(\beta)E_0 e^{j(\omega_L - \omega_0)t} \tag{3.25}$$

在图 3.6 所示的调制方案中，DPMZM 输出的激光理论上只剩-1 阶边带，相当于将激光的角频率红移了 ω_0。相比基于激光强度调制的光纤微波频率传递，该方案中两种频率的激光在同一路径传输，结合差拍探测，可以降低共模噪声的影响。但是该方案的传递性能受激光线宽及频率噪声的影响比较大，对激光器的性能要求比较高，因此目前并未获得广泛应用。

3.3　影响光纤微波频率传递性能的因素分析

利用锁相环电路进行噪声补偿信号的时刻，相对于噪声发生时刻存在一定的延迟,因此不同时刻同一位置的光纤噪声是否近似相等决定了噪声补偿的有效性。上述光纤微波频率传递原理是建立在光纤中正向传输时引入的相位变化与反向传输时近似相等的假设前提下。当光纤长度较长时，正向传输与反向传输到某一位置处的时间差导致引入的相位变化不能再认为近似相等，进而导致相位补偿的偏差，使得光纤噪声不能被完全补偿。同时，其他物理因素也会影响光纤微波频率传递性能。

3.3.1　传输时延对传递性能的限制

为实现光纤引入的相位噪声补偿，通常采用锁相环系统来动态调整补偿相位

噪声。传输时延与噪声补偿系统的控制带宽之间的关系可以通过下面对锁相环伺服系统的传递函数进行简单分析。锁相环伺服系统组成如图 3.7 所示，该系统一般由鉴相器、环路滤波器和相位补偿器(调制器)三部分组成(马超群, 2015)。

图 3.7　锁相环伺服系统组成

锁相环伺服系统的增益 $G(s)$ 可用拉普拉斯传递函数的形式表示，开环时 $G(s)$ 表示为

$$G(s) = k_j g(s) \frac{k_T}{s} \tag{3.26}$$

式中，k_j 为鉴相器的电压相位转换系数；$g(s)$ 为环路滤波器的增益系数；k_T 为相位补偿器的电压频率转换系数；s 为拉普拉斯变量。

考虑延迟时间 τ 的影响，修正后的 $G(s)$ 可写为

$$G(s) = k_j g(s) \frac{k_T}{s} \left(1 + e^{-2s\tau}\right) \tag{3.27}$$

将式(3.27)中的拉普拉斯变量 s 转换为傅里叶频率 f ($s \to j\omega = j2\pi f$)，得到

$$G(j2\pi f) = k_j g(j2\pi f) \frac{k_T}{j2\pi f} \left(1 + e^{-j4\pi f\tau}\right) \tag{3.28}$$

在低频处出现拐点时，锁相环伺服系统的开环增益幅度角可表示为

$$\arg[G(j2\pi f)] = -\left(\frac{\pi}{2} + 2\pi f\tau\right) \tag{3.29}$$

由式(3.29)可以看出，只有在 $f < 1/(4\tau)$ 的低傅里叶频率处，幅度角才能满足小于 π，此时锁相环才有负反馈增益，相位噪声可以被有效抑制。当 $f = 1/(4\tau)$，幅度角将达到 π，使得锁相环变为正反馈，形成突起的振荡峰(马超群, 2015)。因此，为获得良好的噪声补偿效果，环路滤波器的控制带宽要求满足 $f \ll 1/(4\tau)$。

根据以上分析可知，光纤相位噪声补偿系统的带宽受光纤传输时延 τ 的限制。光纤传输时延越长，伺服带宽越窄。此外，补偿系统的噪声抑制比也受到限制，这里主要结合电相位补偿进行微波频率传递方案分析。图 3.8 是由拉普拉斯域 (s 域)表示的电相位补偿系统，其中 $\Phi_r(s)$ 为参考频率信号的相位噪声，$\Phi_f(s)$ 为 τ_1 时刻(以本地端信号的产生为起始时刻)光纤链路的相位噪声，$\Phi_0(s)$ 为 VCO 的相位噪声，$\Phi_m(s)$ 为补偿链路的相位噪声，τ 是激光在光纤上的传输时延。

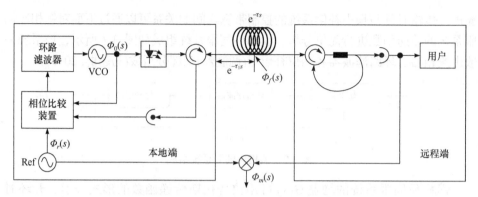

图 3.8 拉普拉斯域表示的电相位补偿系统

根据其信号流，有(Jiang, 2010)

$$
\begin{cases}
\Phi_0(s) = \Big\{ 2\Phi_r(s) - \Phi_0(s)\big[1 + \mathrm{e}^{-2\tau s}\big] - \Phi_f(s)\mathrm{e}^{-(2\tau-\tau_1)s} \\
\qquad\quad -\Phi_f(s)\mathrm{e}^{-\tau_1 s} \Big\} G(s) \\
\Phi_m(s) = \Phi_r(s) - \Phi_0(s)\mathrm{e}^{-\tau s} - \Phi_f(s)\mathrm{e}^{-(\tau-\tau_1)s}
\end{cases}
\tag{3.30}
$$

假设参考频率信号为理想的信号源，即 $\Phi_r(s)=0$。根据式(3.30)，可以得到从光纤自由链路噪声到补偿链路噪声的传递函数为

$$
\frac{\Phi_m(s)}{\Phi_f(s)} = -\frac{1 + G(s)\big(1 - \mathrm{e}^{-2\tau_1 s}\big)}{1 + G(s)\big(1 + \mathrm{e}^{-2\tau s}\big)} \mathrm{e}^{(\tau_1-\tau)s}
\tag{3.31}
$$

随着开环增益的增加，该传递函数频率响应的幅度会减小，但也不会无限减小。传递函数频率响应的极限为

$$
\lim_{|G(s)|\to\infty} \left| \frac{\Phi_m(s)}{\Phi_f(s)} \right| = \left| \frac{1 - \mathrm{e}^{-2\tau_1 s}}{1 + \mathrm{e}^{-2\tau s}} \mathrm{e}^{(\tau_1-\tau)s} \right| = \left| \frac{\sin(2\pi\tau_1 f)}{\cos(2\pi\tau f)} \right|
\tag{3.32}
$$

式中，s 为拉普拉斯变量，$s=\mathrm{j}2\pi f$；f 为傅里叶频率。当 $f \ll 1/(4\tau)$ 时，则有

$$
\lim_{|G(s)|\to\infty} \left| \frac{\Phi_m(s)}{\Phi_f(s)} \right| \approx 2\pi\tau_1 f
\tag{3.33}
$$

当 $f \approx 1/(4\tau)$ 时，

$$
\lim_{|G(s)|\to\infty} \left| \frac{\Phi_m(s)}{\Phi_f(s)} \right| \to \infty
\tag{3.34}
$$

式(3.33)和式(3.34)表明，在低傅里叶频率处，经过噪声补偿后的最小残余相位噪声等于自由链路噪声乘以 $2\pi\tau_1 f$；在 $f\approx 1/(4\tau)$ 处，控制增益过高使得链路噪声被显著放大。因此，为了获得良好的频率传递性能，在低频处要求反馈增益比较高。而傅里叶频率在 $1/(4\tau)$ 附近时，则要求反馈增益比较低。因此，$f\ll 1/(4\tau)$ 即为控制带宽的极限。

假设噪声在光纤链路上均匀分布，且互不相关，则链路噪声补偿后，平均残余噪声功率与链路噪声功率之比的最小值为

$$R_p(f)=\frac{1}{\tau}\int_0^\tau (2\pi\tau_1 f)^2 \mathrm{d}\tau_1=\frac{1}{3}(2\pi\tau f)^2 \tag{3.35}$$

可以看到，光纤传输时延 τ 决定了噪声补偿后的最低残余相位噪声。光纤传输时延越长，对高频噪声的补偿能力也越弱。该结论主要与光纤传输时延有关，与补偿方式无关，因此也适用于其他方案的光纤微波频率传递和光纤光学频率传递。

3.3.2　频率源噪声的影响

如图 3.4 所示，基于电学相位补偿的光纤微波频率传递系统中一般有两个频率源，分别为参考信号源和 VCO 输出的频率信号。在实际应用中，参考信号源通常为相位锁定到原子钟上的低相噪频率信号，对信号传递性能的影响不大。而VCO输出的频率信号直接调制到激光后在光纤中传输，VCO 也是链路噪声补偿的执行模块。因此，VCO 自身的相位噪声会影响光纤微波频率传递的性能。

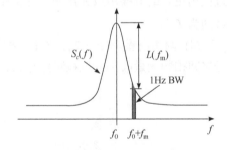

图 3.9 非理想 VCO 输出的典型频谱示意图

图 3.9 为非理想 VCO 输出的典型频谱示意图，由于振荡器的相位噪声导致载波频率 f_0 上出现噪声边带，该边带相对于载波的频率偏移 f_m 即为噪声发生的频率，也称傅里叶频率。相位噪声 $L(f_\mathrm{m})$ 定义为额定频率 f_0 在偏移 f_m 处的 1Hz 带宽内的噪声功率 $S_c(f_0+f_\mathrm{m})$ 与频率 f_0 处的噪声功率 $S_c(f_o)$ 之比，即

$$L(f_\mathrm{m})=-10\lg\frac{S_c(f_0+f_\mathrm{m})}{S_c(f_0)}=10\lg\left[\frac{1}{2}S_\phi(f_\mathrm{m})\right] \tag{3.36}$$

式中，$L(f_\mathrm{m})$ 只包含正频偏方向的边带，又称单边带相位噪声谱密度(single sideband phase noise spectrum density, SSB PNSD)，dBc/Hz；相位噪声谱密度 $S_\phi(f_\mathrm{m})$ 表示将相位抖动 $\delta\phi(t)$ 转换到傅里叶频域后频偏 f_m 处 1Hz 带宽内的谱密度，其傅里叶变换形式可写为(Forema et al., 2007)

$$S_\phi(f) = \delta\phi^2(f) \tag{3.37}$$

式中，$\delta\phi(f) = \mathcal{F}[\delta\phi(t)]$ 为 $\delta\phi(t)$ 的傅里叶变换；$S_\phi(f)$ 为双边带相位噪声谱密度，$\mathrm{rad}^2/\mathrm{Hz}$。

事实上，大多数 VCO 具有固有的相位噪声谱密度 $S_\phi(f)$，可表示为四种主要噪声类型的组合(Riley, 2008; 漆贯荣, 2006)：

$$S_\phi(f) = v_0^2 \sum_{\alpha=-1}^{2} h_\alpha f^{\alpha-2} \tag{3.38}$$

其中，$\alpha = -1, 0, 1, 2$ 对应不同的相位/频率噪声类型(图 3.10)；h_α 为对应噪声类型的强度系数。不同类型噪声的来源及谱型介绍如下。

(1) 调频闪变噪声($\alpha = -1$)：通常是环境干扰影响 VCO 谐振条件引起的，以高斯线形存在于频率源的输出信号上，与傅里叶频率 f 对应关系约为 f^{-3}。

(2) 调频白噪声($\alpha = 0$)：在主动控制的振荡器中普遍存在，它通常以洛伦兹线形存在于频率源的输出信号上，与傅里叶频率 f 对应关系约为 f^{-2}。

(3) 调相闪变噪声($\alpha = 1$)：通常由控制电路(特别是放大器)的噪声引入，可通过应用更好的低噪声放大器而降低调相闪变噪声的贡献，与傅里叶频率 f 对应关系约为 f^{-1}。

(4) 调相白噪声($\alpha = 2$)：在主动控制的振荡器中，由参考信号与 VCO 输出信号之间拍频测量收到的散粒噪声导致，是宽带的相位噪声。

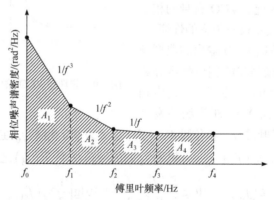

图 3.10　相位噪声谱密度 $S_\phi(f)$ 与傅里叶频率 f 关系的典型示意图

由图 3.10 所示，VCO 的相位噪声谱密度 $S_\phi(f)$ 随傅里叶频率增大而滚降。由于参考信号相位的检测通常受到检测过程的相位白噪声的影响，因此对 VCO 的锁定带宽，即锁定截止频率应满足在振荡器的固有噪声小于测量的相位白噪声基底的交叉频率处。

对于被锁定到参考信号的 VCO, 在锁定带宽之外, 振荡器的自由运转噪声将导致任何进一步的抖动。锁定后 VCO 的总相位抖动的均方根(RMS)定义为从锁定截止频率 f_l 到一个高频 f_h 处的积分(Forema et al., 2007):

$$\Delta\phi_{\text{RMS}} = \sqrt{\int_{f_l}^{f_h} S_\phi(f)\,\mathrm{d}f} \tag{3.39}$$

当 VCO 输出信号的相位噪声太大, 式(3.39)将不再成立, 最终会影响信号传递的性能。

3.3.3　光纤链路中寄生反射的影响

在高精度光纤频率传递中, 由于链路上的接头和熔接点处产生的寄生反射, 无法准确测量链路噪声。光纤寄生反射示意图如图 3.11 所示。通常寄生反射信号的相位会随时间变化, 并且与主信号(探测器接收到的来自本地端或远程端的信号)相比不可忽略。

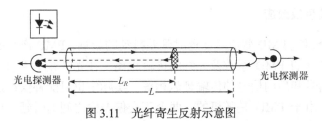

图 3.11　光纤寄生反射示意图

在探测过程中, 主信号与寄生反射信号之比 r_{mp} 定义为(Narbonneau et al., 2006)

$$r_{\text{mp}} = \frac{10^{-\alpha(L-2L_R)}}{R} \tag{3.40}$$

式中, α 为光纤的光衰减系数, dB/km; R 为功率反射系数; L_R 和 L 分别为发生反射点的距离和光纤总长度, km。

研究表明, 为了充分补偿由光纤链路引入的相位抖动, 所有的寄生反射噪声要比探测信号小 60dB 以上(Narbonneau et al., 2006)。可以通过对反向传输信号进行变频或利用光学滤波器来达到这一水平。

3.3.4　光纤色散效应

由于光纤色散影响, 不同波长的激光在光纤中传输速率不同, 导致实际中激光经光纤传输后频谱被展宽。在光纤微波频率传递中, 激光被展宽后, 探测到的信号信噪比会变差, 最终影响微波频率传递的短期性能。

此外，在光纤微波频率传递中，如果往返传输的激光分别由两个激光器产生，设其波长差为 $\Delta\lambda$ ，由于光纤色散效应，往返激光的传输时延差可表示为

$$\Delta\tau_d = D(\lambda)\Delta\lambda L \tag{3.41}$$

式中，L 为光纤长度；$D(\lambda)$ 为光纤的色散系数，它在波长 1550nm 处的典型值为 $17\mathrm{ps}/(\mathrm{nm}\cdot\mathrm{km})$。假设两个激光器的频率起伏分别为 $\delta\omega_{\mathrm{LD1}}$ 和 $\delta\omega_{\mathrm{LD2}}$，且互不相关。信号往返传输后由于色散引入的相位噪声为(Lopez et al., 2008)

$$\delta\varphi_d = (\delta\omega_{\mathrm{LD1}} + \delta\omega_{\mathrm{LD2}})\Delta\tau_d \tag{3.42}$$

对链路噪声闭环补偿后，远程端接收到的信号仍然有 $\delta\varphi_d/2$ 的噪声，即光纤色散引入的噪声无法被彻底补偿，因此会影响信号传递性能。

为了克服光纤色散的影响，一方面可以在链路插入色散补偿光纤，减小链路的总色散；另一方面尽量使两个激光器的波长相同，并且为激光二极管提供良好的驱动电流和温度控制，尽量保证激光波长恒定。

3.3.5　偏振模色散效应

前面已介绍过 PMD 效应对往返时延差抖动的影响，PMD 产生的时延差抖动大小取决于光纤的 PMD 系数及光纤的传输距离。在光纤频率传递中，一个基本假设是前向信号和后向信号的传输延迟相等，实际中也只能补偿往返对称的相位抖动。但是，由于 PMD 是随机的，两个正交偏振模之间的时延差也是动态变化的，导致前向信号和后向信号的传输延迟抖动不对称，无法对光纤链路噪声进行彻底补偿，最终会影响频率传递的性能。尤其对基于光学相位补偿方案的光纤微波频率传递，用于补偿传输延迟的 PZT 光纤拉伸器和 TCFS 会导致更快更大的双折射变化，进一步增大 PMD 对频率传递的影响。实验中，通常采用扰偏器来实现对 PMD 影响的抑制(Lopez et al., 2010a, 2008)。其基本工作原理是，通过以较高的速度扰动激光的偏振态，使得激光失去偏振特性。因此，PMD 产生的时延差平均值近似为零，从而抑制 PMD 的影响。

3.4　光纤微波级联传递技术

高精度的光纤微波频率传递可以向用户提供较高频率稳定度和准确度的单点微波频率信号，具有系统实现相对简单、可靠性好、能够满足长时间测量等优点，具有重要的应用前景。在我国，高精度频率信号的用户众多，而且分布范围广。为了满足更多用户的应用需求，需要组建高精度光纤微波频率传递网络。

在光纤微波频率传递网络中，对于要求不高的应用场景，后端补偿技术可应

用于满足更多用户对高精度频率信号的需要，这也是未来发展的趋势之一。此外，由于光纤微波频率传递利用往返信号测量链路噪声，补偿具有一定的滞后性，导致控制环路的带宽受光纤传输时延的限制，最终导致传输距离不宜过长。要想实现更长距离的传输，需要实现级联传递。

3.4.1　光纤微波频率传递的后置补偿

3.2 节介绍的光纤微波频率传递系统中，相位探测与补偿部分均放置在信号发射端，属于前置补偿。然而，由于链路时延的补偿在发射端完成，难以同时实现对多个接收端设备的同步。对于后置补偿技术，相位探测与补偿部分均放置在接收系统，发射系统仅具有调制、分发参考信号的功能，结构简单；并且一个发射系统可以同时给多个接收系统提供参考信号输出，避免在系统扩容时发射端设备过于集中的问题。

光纤微波频率传递的后置补偿技术原理如图 3.12 所示。假设氢原子钟作为参考频率源，输出频率为 100MHz 的参考信号。为了提高光纤频率传递系统补偿的信噪比，需要通过锁相介质振荡器(phase locked dielectric resonator oscillator, PLDRO)将参考信号转化成角频率为 ω_0 的频率信号，该高频信号作为参考传输信号通过光纤链路由发射端传输至接收端，可记作：

$$V_0(t) \propto \cos(\omega_0 t + \varphi_0) \tag{3.43}$$

其中，该参考传输信号 $V_0(t)$ 经过功率放大后，对发射端的半导体激光器输出光信号进行振幅调制，调制光信号经光纤链路传输至接收端。为了在接收端复现参考信号，利用一个 VCO 输出频率为 100MHz 的信号。该频率信号通过置于本地的 PLDRO 产生角频率为 ω_1 的信号，记作：

$$V_1(t) \propto \cos(\omega_1 t + \varphi_1) \tag{3.44}$$

其中，$V_1(t)$ 用于调制接收端的半导体激光器，经调制的光信号从接收端经过光纤环形器(optical circulator, OC)进入同一条光纤链路传输至发射端。利用发射端的 OC 及光纤耦合器使光信号按原路返回至接收端，在接收端利用波分复用器(WDM)将发射端和接收端的光信号区分开。分别由探测器解调得到：

$$V_2(t) \propto \cos(\omega_0 t + \varphi_0 + \varphi_{p1}) \tag{3.45}$$

$$V_3(t) \propto \cos(\omega_1 t + \varphi_1 + \varphi_{p2}) \tag{3.46}$$

其中，$V_2(t)$ 代表经过光纤传输的 ω_0 频率信号；$V_3(t)$ 代表经过光纤传输的 ω_1 频率信号；φ_{p1}、φ_{p2} 分别为光信号在光纤链路中传输时引入的相位噪声。考虑频率信号 ω_0 与 ω_1 在同一条光纤链路中传输，因此引入的相位噪声可以认为相等，即

$$\varphi_{p1} = \varphi_{p2} \tag{3.47}$$

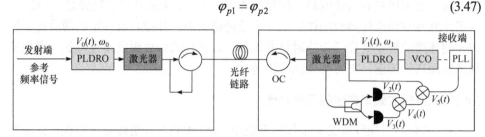

图 3.12　光纤微波频率传递的后置补偿技术原理

将 $V_2(t)$ 与 $V_3(t)$ 混频，再通过低通滤波器后，可以得到用于控制 VCO 频率的控制信号，表示为

$$V_4(t) \propto \cos\left[(\omega_0 - \omega_1)t + (\varphi_0 - \varphi_1)\right] \tag{3.48}$$

将 $V_4(t)$ 与 $V_1(t)$ 直接混频，并通过低通滤波，即可得到误差控制信号：

$$V_5(t) \propto \cos\left[(\omega_0 - 2\omega_1)t + (\varphi_0 - 2\varphi_1)\right] \tag{3.49}$$

$V_5(t)$ 经过滤波并放大等处理后，用来控制 VCO 输出信号的频率及相位，使其满足：

$$\omega_0 - 2\omega_1 = 0, \quad \varphi_0 - 2\varphi_1 = 0 \tag{3.50}$$

这样当环路锁定时(锁定带宽设置为 10Hz)，接收端介质振荡器的输出信号 $V_1(t)$ 满足：

$$V_1(t) \propto \cos(\omega_1 t + \varphi_1) = \cos(\omega_0 t/2 + \varphi_0/2) \tag{3.51}$$

由式(3.51)可知，通过将接收端 VCO 的输出频率和相位始终与发射端参考频率源的频率和相位保持锁定，即可实现在接收端复现参考频率信号。

在补偿系统后置频率同步方案的基础上，利用光纤耦合器在光纤链路的任意位置引入一个下载节点，即可实现基于光纤的任意位置频率下载技术，从而实现参考频率信号无损下载。

基于后置补偿技术的可在线下载光纤微波频率传递原理如图 3.13 所示，中间任意下载端耦合出的光信号包括由发射端传输至接收端的前向光信号和由接收端传输至发射端的后向光信号。考虑前向光信号的调制频率为 ω_0，后向光信号的调制频率为 ω_1，经 WDM 分离并经探测器解调，得到

$$V_2'(t) \propto \cos(\omega_0 t + \varphi_0 + \varphi_{p1}) \tag{3.52}$$

$$V_3'(t) \propto \cos(\omega_1 t + \varphi_1 + \varphi_{p1}' + \varphi_{p2}') \tag{3.53}$$

式中，φ_{p1} 为调制频率 ω_0 信号在长度 l_1 光纤链路传输引入的相位噪声；φ_{p1}'、φ_{p2}'

分别为调制频率为 ω_1 的信号在 l_1、l_2 光纤链路中传输引入的相位噪声。考虑同一条光纤链路传输，即 $\varphi_{p1}=\varphi'_{p2}$。

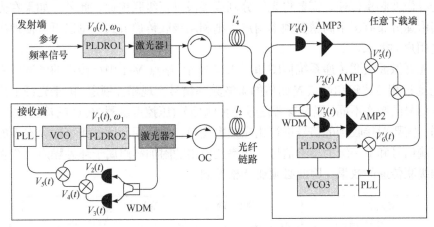

图 3.13　基于后置补偿技术的可在线下载光纤微波频率传递原理

在任意下载端，后向光信号经光放大以及探测解调后得到

$$V'_4(t)\propto\cos(\omega_1 t+\varphi_1+\varphi'_{p2}) \tag{3.54}$$

$V'_2(t)$ 与 $V'_4(t)$ 进行上混频，经高通滤波后得到

$$V'_5(t)\propto\cos\left[(\omega_0+\omega_1)t+\varphi_0+\varphi_1+\varphi'_{p1}+\varphi'_{p2}\right] \tag{3.55}$$

$V'_5(t)$ 与 $V'_3(t)$ 进行下混频并滤波后，信号在光纤链路中传输引入的相位噪声相抵消，得到

$$V'_6(t)\propto\cos(\omega_0 t+\varphi_0) \tag{3.56}$$

信号 $V'_6(t)$ 与发射端参考频率信号 $V_0(t)$ 的相位保持一致，表明实现了参考频率信号的无损下载。

3.4.2　光纤微波级联传递

光纤微波频率传递系统中，由于光纤的传输延迟导致测量和补偿失配，而且链路越长，失配越严重。前面的理论研究表明，光纤噪声补偿能力与光纤长度成反比，具体为噪声抑制带宽需要小于 $1/(4\tau)$，其中 τ 为单程光纤的传输时延。例如，对于一段 200km 光纤（$\tau\approx 1\mathrm{ms}$）的微波频率传递，其补偿控制带宽需小于 250Hz。同时，光纤增长后，对应的损耗、色散及寄生反射等都会加剧。

级联传递是信号传输一段距离(一般为 100km 左右)后，需要经过解调、滤波和放大，然后作为下一级系统的参考信号，进行传输。每一级均有一个单独的链路噪声补偿装置，以保证最末端的信号相位锁定到第一个站点(主站)的参考信号上，即在远端实现频率信号高精度的复现。为了实现超长距离(几百甚至上千公里)的光纤微波频率传递，需要将光纤分割成多段进行级联传递。此外，如果在光纤链路沿途分布有多个高精度频率用户，则利用级联传递方式，可以更方便地满足沿途用户的需求。

　　光纤微波级联传递系统框图如图 3.14 所示，站点 $N{-}1$ 中待传递的微波频率信号 V_r 通过相位比较和站点 N 回传的微波频率信号实现相位锁定。由于光纤上往返传输信号的频率不同，以及参考信号与传输信号(压控振荡器 VCO 的输出)的频率不同，需要对接收到的信号进行相应频率变换，分别用合适的频率作为本级的后向传输信号和下一级的参考信号。频率变换中的附加噪声属于环外噪声，会直接影响级联传递的效果，因此必须要严格控制。

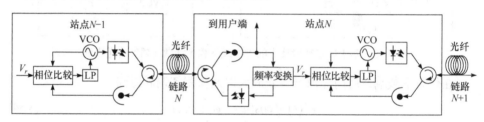

图 3.14　光纤微波级联传递系统框图

　　理论及实验研究表明(Gao et al., 2015; Fujieda et al., 2010)，经过 N 级级联传递后，总的传递稳定度可以表示为

$$\sigma = \sqrt{\sigma_1^2 + \sigma_2^2 + \cdots + \sigma_N^2} \tag{3.57}$$

式中，σ_i 为第 i 级的传递稳定度($i=1,2,\cdots,N$)。假设 $N{=}10$，每级传递距离均为 100km，传递稳定度均为 $4.2\times10^{-15}\mathrm{s}^{-1}$ 和 $1.6\times10^{-18}\mathrm{d}^{-1}$。理论上，级联传递后的最终稳定度达到 $1.33\times10^{-14}\mathrm{s}^{-1}$ 和 $5.06\times10^{-18}\mathrm{d}^{-1}$，可满足目前冷原子微波钟的频率传递与比对精度需求。

第4章 光纤光学频率传递技术

光纤光学频率传递技术是指利用光纤链路传递光学频率标准到远程端。由于光纤对 1.5μm 的通信波长的光信号损耗最小，传递的光频信号通常是可溯源到光学频率标准 (即光钟)上的 1.5μm 光通信波段超窄线宽激光信号。光纤光学频率传递系统可提供现有最高精度的频率传递，满足包括基础科研在内最高精度的用户要求。

4.1 光纤光学频率传递研究进展

1994 年，华东师范大学马龙生等首次利用光纤相位噪声补偿方法，在 25m 光纤上进行了光频传递(Ma et al., 1994)。之后，光纤光学频率传递技术被广泛研究并获得飞速发展。2007 年，Foreman 等将光纤光学频率传递距离延伸到了 32km，获得 10^{-17} 量级的秒级传递稳定度，万秒后达到 10^{-19} 量级。2007 年，美国 NIST 的 Newbury 等在由实地光纤和缠绕光纤构成的 251km 光纤光学频率传递链路中获得百秒 6×10^{-19} 的传递稳定度。2012 年，德国马克思–普朗克量子光学研究所 (Max-Planck-Institut für Quantenoptik, MPQ)和德国 PTB 联合开展了 920km 光纤光学频率传递实验演示，传递稳定度达到 4×10^{-19}/2000s(Predehl et al., 2012)。2014 年，他们又将光纤链路长度扩展到 1840km，实现了传递稳定度 4×10^{-19}/100s，展示了光纤光学频率频传递的应用前景(Droste et al., 2014)。

2016年，*Nature Communication* 报道了德法两国锶光钟频率比对实验(Lisdat et al., 2016)。他们在 1415km 长的通信光纤上传输 1.5μm 超稳激光，频率传递稳定度优于 3×10^{-19}d^{-1}；并利用飞秒光频梳测量锶光钟的本振 698nm 激光与 1.5μm 传输光的频率，从而实现两地光钟比对，比对精度达到 3×10^{-17}/3000s。其中，光频梳对比对不确定度的贡献优于 1×10^{-18}。与卫星双向比对相比，基于该方法实现的比对精度提高了 10 倍，而达到同等精度需要的测量时间减小了 4 个量级。因此，基于通信光纤的时间频率传递与比对将在光钟研究、国际原子时建立和基于时间频率测量的基础研究与工程技术领域发挥重要的作用。

作为光纤频率传递精度最高的技术，光纤光学频率传递技术将为更多的科学研究提供技术支持。鉴于该技术在基础科研与工程应用中的应用前景，国际上高度重视基于长距离通信光纤的高精度时间频率传递研究。在建的欧洲光纤频率传递网将通过光纤连接德、法、意、英等欧洲主要国家的时间频率研究模块、科研部门和科技设施,预期实现欧洲两台以上光钟比对,比对精度达到 $10^{-17}\sim10^{-18}$ 量级,推动基于光纤传递的相关应用,如基于甚长基线干涉(very long baseline interferometry, VLBI)的大地测量、欧洲空间原子钟(atomic clock ensemble in space, ACES)计划中微波链路(MWL)和欧洲激光定时(European laser timing, ELT)链路的地面校准等。该计划支持下,欧洲各国争相开展光纤光学频率传递研究。意大利国家计量院(Istituto Nazionale di Ricerca Metrologica, INRiM)开展了 1284km 光纤光学频率传递实验,实现了稳定度为 3×10^{-19}/1000s 的长距离传输(Calonico et al., 2014)。法国 LPL 于 2012 年在 1100km 的实地通信光纤链路中实现了 $4\times10^{-16}s^{-1}$ 和 1×10^{-19}/1000s 的光频传递稳定度(Lopez et al., 2012)。2015 年,他们又实现了总长为 1480km 四级级联光纤光学频率传递,频率传递稳定度达到 5×10^{-20}/60000s (Chiodo et al., 2015)。此外,英国(Joonyoung et al., 2015)和澳大利亚(Sascha et al., 2013)等国也广泛开展了光纤光学频率传递研究。

我国已在光纤光学频率传递方面开展了相关研究。例如,2015 年,华东师范大学利用亚赫兹线宽激光在 82km 光纤上实现了稳定度为 $2\times10^{-17}s^{-1}$ 和 4×10^{-19}/10^4s 的光学频率信号传递(Ma et al., 2015)。2018 年,中国科学院上海光学精密机械研究所采用再生放大及主动链路噪声补偿技术,在 180km 缠绕光纤上演示了稳定度在 20000s 进入 10^{-20} 量级的光频传递(Feng et al., 2018)。清华大学研究小组基于光纤多点下载技术,在 3km 的光纤链路上实现了下载处的光学频率稳定度达到 $3\times10^{-16}s^{-1}$ 和 4×10^{-18}/10^4s(Bai et al., 2013)。

中国科学院国家授时中心围绕光纤光学频率直连传递、级联传递和再生放大技术开展了深入研究。2016 年,中国科学院国家授时中心在临潼本部到长安航天基地园区之间的 112km 光纤上实现了稳定度为 $2\times10^{-16}s^{-1}$ 和 4×10^{-20}/10^4s 的光学频率信号传递(Deng et al., 2016);2017 年,将双向 EDFA 应用在实验室 200km 传输链路中,实现了 3.8×10^{-16}/s 和 2.8×10^{-19}/10^4s 的传递稳定度,并在西安—咸阳之间省级骨干光纤网构建的 210km 实地光纤上实现 1.5×10^{-14}/s 和 5×10^{-17}/10^4s 的传递稳定度(臧琦等, 2017a, 2017b);2018 年,实现了 300km+200km 缠绕光纤级联光频传递,实现传递稳定度为 8.9×10^{-20}/10^4s,相位噪声抑制达到理论抑制极限(Deng et al., 2020)。

4.2　光纤光学频率传递基本原理

激光在光纤中传输时,各种环境因素的变化会耦合到被传输光场的相位上,降低激光的频率传递稳定度,或者说展宽激光的线宽,这种由光纤引入的相位噪声即所谓的光纤相位噪声。光纤光学频率传递就是通过各种手段补偿和抑制光学频率上的各种相位/频率噪声。例如，温度与振动环境的变化会改变激光在光纤中的光学路径，引起传输时延的起伏，体现到被传输的光学频率信号上即为相位/频率的抖动。本节主要围绕激光在光纤传输中的各种相位噪声来源、相位噪声的探测及抑制等内容进行介绍。

4.2.1　光纤传输相位噪声分析

波长为 λ 的激光在长度为 L 的光纤中传输，光纤的传输时延 τ 由纤芯折射率 n 和链路长度 L 决定，记为 $\tau = nL/c$。由光纤的传输时延引入的相位可表示为

$$\phi_f = \frac{2\pi nL}{\lambda}$$

根据频率与相位的关系，传输后的激光相对频率抖动可表示为

$$\Delta v_f = \frac{1}{2\pi}\frac{\partial \phi_f}{\partial t} = \frac{1}{\lambda}\frac{\partial(nL)}{\partial t} \tag{4.1}$$

理想状态下，nL 为固定值，传输光纤引入的相位 ϕ_f 不发生变化，对应频率抖动 $\Delta v_f = 0$。但由于环境因素干扰，实际光纤中 nL 会随时间变化，相位 ϕ_f 也会相应变化，从而导致激光频率噪声增大，降低激光频率传输稳定度。

光纤环境因素干扰主要来自温度起伏和声学扰动。首先，考虑温度对 nL 的影响，则式(4.1)可写为

$$\Delta v_{f,T} = \frac{1}{\lambda}\left(n\frac{\partial L}{\partial T} + L\frac{\partial n}{\partial T}\right)\frac{\partial T}{\partial t} \tag{4.2}$$

由于纤芯折射率温度系数比热膨胀系数高一个量级(Chang et al., 2000; 苑立波, 1997)，仅保留纤芯折射率受温度变化的影响，式(4.2)可改写为

$$\Delta v_{f,T} = \frac{L}{\lambda}\frac{\partial n}{\partial T}\frac{\partial T}{\partial t} \tag{4.3}$$

此外，纤芯折射率还受到声音、振动等应力的影响，由应力变化引起的纤芯折射率变化对激光频移量影响可以直接用 $\dfrac{\partial n}{\partial P}\dfrac{\partial P}{\partial t}$ 替代 $\dfrac{\partial n}{\partial T}\dfrac{\partial T}{\partial t}$ 给出，即

$$\Delta v_{f,P} = \frac{L}{\lambda}\frac{\partial n}{\partial P}\frac{\partial P}{\partial t} \tag{4.4}$$

由于温度变化是一个缓变过程，在频率传递过程中温度变化引起的光纤相位噪声主要表现为调频闪变噪声和调频随即游动噪声，并且集中在傅里叶频率较低的频段，由声音和振动等引起的光纤噪声也主要集中在 10kHz 以下的低频段。

4.2.2　多普勒噪声补偿原理

光纤受环境温度及振动的干扰以相位噪声的形式叠加在传输光信号相位上。随着光纤传输距离的增长，如不加补偿，光纤引入的相位噪声会使光学频率信号的稳定度和准确度下降数个量级。要在长距离光纤上实现高精度光学频率传递，就需要主动补偿光纤传输路径上的相位噪声。

1994 年，Ma 等首次将多普勒噪声补偿技术用于实现对光纤相位噪声的抑制，光纤链路相位噪声补偿原理如图 4.1 所示。位于本地端的激光源的输出光信号分为两束，一部分作为源端参考光，另一部分光通过双向调制器(通常采用声光调制器进行移频调制)后传输注入光纤，经过一段光纤后到达远程用户端，远程端的一部分光反射原路返回本地端，并再次经过双向调制器。这样的分束和合束装置可等效为一个光纤不等臂 MZ 干涉仪，MZ 干涉仪的输出信号通过拍频探测，即可得到相干光载波信号分别经过短光纤和传输光纤后的相对相位/频率变化。

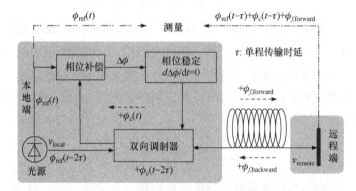

图 4.1　光纤链路相位噪声补偿原理

相干光载波信号经过短光纤传输后的相位作为参考频率信号的相位，可表示为 ϕ_{ref}，对应的本地端光学频率信号 ν_{local} 可表示为

$$\nu_{\mathrm{local}} = \frac{\partial \phi_{\mathrm{ref}}(t)}{\partial t} \tag{4.5}$$

这里假设激光源的相位起伏忽略不计，有如下表达式：

$$\nu_{\mathrm{local}} = \frac{\partial \phi_{\mathrm{ref}}(t)}{\partial t} = \frac{\partial \phi_{\mathrm{ref}}(t-\tau)}{\partial t} = \frac{\partial \phi_{\mathrm{ref}}(t-2\tau)}{\partial t} \tag{4.6}$$

假定相干光载波信号经过长距离光纤传输后，正向传输引入的相位为 $\phi_{f,\mathrm{forward}}$，反向传输引入的相位为 $\phi_{f,\mathrm{backward}}$，相位补偿器件所产生的相位补偿量为 ϕ_{c}，对应的远程端接收到的光学频率信号 ν_{remote} 可表示为

$$v_{\text{remote}} = \frac{\partial\left[\phi_{\text{ref}}\left(t-\tau\right)+\phi_{\text{c}}\left(t-\tau\right)+\phi_{f,\text{forward}}\right]}{\partial t}$$

$$= v_{\text{local}} + \frac{\partial\left[\phi_{\text{c}}\left(t-\tau\right)+\phi_{f,\text{forward}}\right]}{\partial t} \tag{4.7}$$

式中，τ 为链路单程传输的时延。通过拍频比对反射回的光和参考光的相位得到往返传输的相位差表示为

$$\Delta\phi = \phi_{\text{ref}}\left(t\right) - \phi_{\text{ref}}\left(t-2\tau\right) - \phi_{\text{c}}\left(t\right) - \phi_{\text{c}}\left(t-2\tau\right) - \phi_{f,\text{forward}} - \phi_{f,\text{backward}} \tag{4.8}$$

当控制环路闭合时，式(4.7)中的相位差 $\Delta\phi$ 将会被稳定成一个常量，即 $\mathrm{d}\Delta\phi/\mathrm{d}t = 0$ (Jiang, 2010)，因此可以得到

$$\frac{\partial\phi_{\text{ref}}\left(t\right)}{\partial t} = \frac{\partial\left[\phi_{\text{ref}}\left(t-2\tau\right)+\phi_{\text{c}}\left(t\right)+\phi_{\text{c}}\left(t-2\tau\right)+\phi_{f,\text{forward}}+\phi_{f,\text{backward}}\right]}{\partial t} \tag{4.9}$$

由于叠加在光纤上的相位噪声主要来源于环境温度和振动的影响，相比于光纤往返传输时间是一个慢变过程，可认为正向传输时引入的相位与反向传输时近似相等，即 $\phi_{f,\text{forward}} \approx \phi_{f,\text{backward}}$。考虑相位补偿量 ϕ_{c} 在传输时延范围内也是一个慢变量，可以有：

$$\frac{\partial\phi_{\text{c}}\left(t\right)}{\partial t} \approx \frac{\partial\phi_{\text{c}}\left(t-\tau\right)}{\partial t} \approx \frac{\partial\phi_{\text{c}}\left(t-2\tau\right)}{\partial t} \tag{4.10}$$

将式(4.9)与式(4.10)结合，可得：

$$\frac{\partial\left[\phi_{\text{c}}\left(t-\tau\right)+\phi_{f,\text{forward}}\right]}{\partial t} \approx 0 \tag{4.11}$$

远程端接收到的光频率为

$$v_{\text{remote}} = \frac{\partial\left[\phi_{\text{ref}}\left(t-\tau\right)+\phi_{\text{c}}\left(t-\tau\right)+\phi_{f,\text{forward}}\right]}{\partial t} \approx \frac{\partial\phi_{\text{ref}}\left(t\right)}{\partial t} = v_{\text{local}} \tag{4.12}$$

由式(4.12)可知，通过对光纤链路引入的相位噪声进行主动补偿，即可在用户端获得同频的激光信号。

值得注意的是，噪声补偿的一个重要前提是光纤往返传输链路引入的噪声一致，实际上是假设了光纤引入的附加相位是慢变过程，光场相位变化的时间远大于激光往返光纤的传输时延 τ。然而，随着光纤长度的增加，激光在光纤中的传输时延增大，在光纤中往返传输的光信号的相位 $\phi_{f,\text{forward}}$ 和 $\phi_{f,\text{backward}}$ 就不能再被认为近似相同。

此外，并非所有光纤噪声都是往返相等的，如由 PMD 效应引起的光纤噪声，通过上述补偿方法无法完全消除。

4.2.3　拍频探测

为实现相位噪声的抑制,需要实现对激光相位噪声的测量,通常采用基于干涉仪的拍频探测手段。根据干涉仪两臂拍频激光的频率是否存在差值,拍频探测分为零拍探测(homodyne detection)和差拍探测(heterodyne detection)。

1. 零拍探测

零拍探测是指干涉仪两臂激光频率相同的相干探测,拍频信号接近于直流信号。使用零拍探测测量相位噪声时,光电探测器(photodiode detector, PD)测得的电压信号 V_{PD} 为(刘杰, 2016)

$$V_{PD} = V_{dark} + V_{opt} + K_{PD} \cos\phi_s \tag{4.13}$$

式中, V_{dark} 为光电管暗电流对应的电压; V_{opt} 为 PD 探测到的平均光功率对应的电压; K_{PD} 为拍频信号的幅度,与两束拍频光的功率有关; ϕ_s 为两束拍频光之间的相位差。可以看到,式(4.13)中等号右侧前两项为直流成分,只有最后一项与相位噪声(频率噪声)有关,可作为误差信号。因此,获取误差信号时需要给 V_{PD} 减去一个参考电压 V_s , V_{dark} 、 V_{opt} 和 V_s 的幅度噪声直接影响误差信号。

2. 差拍探测

差拍探测是指干涉仪两臂激光频率不同的相干探测,此时拍频信号为两臂激光频率之差。相比零拍探测方式,差拍探测需要额外增加调制以实现两束拍频光之间的频率差,通常可以采取电光调制器(electro-optic modulator, EOM)进行相位调制或基于声光调制器(acousto-optic modulator, AOM)进行移频。由于利用 AOM 还可对激光的频率/相位进行较宽范围的快速补偿,实际差拍探测系统中通常采用 AOM 移频的方式。将干涉仪两臂的两束光频差记为 f_M ,由光电探测器测到的信号可表示为(刘杰, 2016)

$$V_{PD} = V_{dark} + V_{opt} + K_{PD} \cos(\phi_s + 2\pi f_M t) \tag{4.14}$$

与零拍探测不同,式(4.14)中等号右侧最后一项包含了频率为 f_M 的射频信号,两束拍频光的相对频率/相位变化被转换为该射频信号的相位起伏。因此,获得误差信号不再需要参考电压 V_s ,而是通过一个频率同为 f_M 的射频参考信号进行解调鉴相:将 PD 输出的电信号与射频参考信号混频并采用低通滤波的方式,即可得到与激光频率起伏相对应的误差信号。由于 V_{dark} 和 V_{opt} 均为直流成分,经过解调鉴相后基本被滤除,它们的幅度噪声对于误差信号的影响要远远小于零拍探测方式。鉴相后得到的相位误差电压可表示为(刘杰, 2016)

$$V_{\mathrm{P}} = K_{\mathrm{P}} \cos(\phi_{\mathrm{s}} - \phi_0) \tag{4.15}$$

式中，K_{P} 是鉴相后误差信号总的幅度系数，与拍频信号的幅度大小、混频器性能及参考射频信号的功率有关；ϕ_0 是参考信号的相位。令 $\phi_0 = \pi/2$，式(4.15)可简化为

$$V_{\mathrm{P}} = K_{\mathrm{P}} \sin\phi_{\mathrm{s}} \tag{4.16}$$

当 $\phi_{\mathrm{s}} \to 0$ 时，相位误差电压与相位噪声接近于正比关系($V_{\mathrm{P}} \approx K_{\mathrm{P}}\phi_{\mathrm{s}}$)。需要注意的是，差拍探测系统中 PD 的探测带宽必须大于差拍频率 f_{M}。AOM 的移频频率通常高于 100MHz，因此须选用快速光电探测器。此外，PD 的探测噪声在高频处将达到量子噪声极限，因此差拍探测可实现远低于零拍探测的相位噪声探测噪底。

4.2.4　光纤散射效应

由于光纤材料中存在结构不均匀、密度不均匀或几何缺陷等因素，光波在光纤中传输时，有一小部分光会发生散射。根据散射机理不同，光纤散射包括瑞利散射(Rayleigh scattering)、布里渊散射(Brillouin scattering)和拉曼散射(Raman scattering)(刘德明等, 1995)。光纤中散射光的存在不仅会增大光纤损耗，还会对光纤光学频率传递中激光拍频形成干扰。本小节将介绍三种光纤散射效应及其影响。

1. 瑞利散射

光纤中的瑞利散射是由光纤局部密度不均匀和成分不均匀导致的，是光纤中最强的自发散射。瑞利散射中，散射光的频率不发生变化，是一种线性散射，又称为弹性光散射。由瑞利散射引起的光纤散射损耗与波长的四次方成反比，也是光纤的固有本征损耗(刘德明等, 1995)。对于 1550nm 光波长，瑞利散射损耗为 0.12～0.16dB/km。此外，由于各个方向都有瑞利散射光，单模光纤中大约有 1/500 的反向瑞利散射光(Hartog et al., 1984)。由于瑞利散射光与入射光具有相同频率，当光纤光学频率传递系统中采用零拍探测时，反向瑞利散射光的存在会对拍频信号形成干扰。

2. 布里渊散射

布里渊散射是光波与光纤中的声学声子相互作用而产生的非弹性光散射，根据注入光功率的不同，分为自发布里渊散射和受激布里渊散射(stimulated Brillouin scattering, SBS)两种形式。在注入光功率不高的情况下，光纤中的分子因布朗运动形成沿光纤方向的自发声波振动，使得纤芯折射率被周期调制。这个周期调制可

以看作沿光纤周期排布的"光栅"，当光波在光纤中传输时，就会受到"光栅"的"衍射"作用，从而发生散射。由于该散射是由光纤材料的热运动引起，与入射光场无关，称为自发布里渊散射。随着注入光功率的增强，光纤材料在电致伸缩效应作用下也会产生声波，进而引起介质折射率的周期性变化，这种条件下产生的光散射称为受激布里渊散射(Smith, 1972)。

由于布里渊散射属于非弹性散射，散射光频率和入射光有一个频率偏移，这个频率偏移被称为布里渊频移(Brillouin frequency shift)，表示为

$$\nu_B = \frac{2n\upsilon_a}{\lambda_o}\sin\theta \tag{4.17}$$

式中，λ_o 为入射光的波长；n 为介质在 λ_o 处的纤芯折射率；υ_a 为介质中的声速；θ 为入射光和散射光之间的夹角。在单模光纤中，散射光只能沿光纤的前向或后向传输，因此入射光和散射光之间的夹角 θ 只能为 0 或者 π。当 $\theta=0$ 时，$\nu_B=0$，不会发生 SBS；当 $\theta=\pi$ 时，散射光在光纤中反向传输，ν_B 达到最大值，表明单模光纤中的 SBS 仅发生在后向。对于波长为 1550nm 的入射光，取声速 υ_a 为 5.96km/s，纤芯折射率 n 为 1.45，可得到其后向 ν_B 为 11.1GHz(李政凯, 2019; Agrawal, 2019)。

光纤中形成 SBS 需要注入光纤的激光功率达到一定的程度，称为 SBS 阈值功率。通常的估算公式可表示为

$$P_{SBS} = \frac{GA_{eff}}{g_0 L_{eff}}\left(1 + \frac{\Delta\nu_{laser}}{\Delta\nu_B}\right) \tag{4.18}$$

式中，G 为阈值增益系数；A_{eff} 为光纤的有效纤芯面积；g_0 为峰值布里渊增益；L_{eff} 为光纤的有效作用长度，可表示为 $L_{eff}=\left(1-e^{-\alpha L}\right)/\alpha$，其中 α 为光纤衰减系数，L 为光纤长度；$\Delta\nu_B$ 为布里渊线宽；$\Delta\nu_{laser}$ 为激光线宽。从式(4.18)可以看到，SBS 阈值功率不仅与光纤的特性，如有效模场面积等有关，也与注入激光线宽、传输光纤长度有关。注入激光线宽越窄，光纤长度越长，SBS 阈值越低。对于普通单模光纤，G 通常可被认为是常数(约为 21)，光纤的 A_{eff} 约为 $1\times10^{-10}\text{m}^2$，$\Delta\nu_B$ 约为 10MHz，g_0 约为 $5\times10^{-11}\text{m/W}$，$\alpha$ 约为 0.2dB/km，对于线宽约为 1Hz 的 1550nm 激光，其在 100km 光纤上的 P_{SBS} 约为 6mW。因此，在长距离光纤传递中，需要考虑入射光 P_{SBS}。然而，长距离的光纤会引入损耗，导致测量的信噪比降低，需要兼顾信号信噪比和 P_{SBS} 对入射光功率的要求。对于更远距离的光纤传递，需要在远端对信号进行中继放大，以满足信号传递的信噪比要求。

3. 拉曼散射

与布里渊散射类似，拉曼散射也是一种非弹性散射，根据是否与入射泵浦光功率有关，分为自发拉曼散射和受激拉曼散射，二者不同之处在于，拉曼散射是光子与光学声子相互作用而产生。光纤中后向拉曼散射通常导致的频移量为 13THz 左右，拉曼散射的带宽在几十到百兆赫兹。

上述三种光纤散射效应的特性及不同之处如表 4.1 所示。

表 4.1　三种光纤散射效应特性对比

特性	瑞利散射	布里渊散射	拉曼散射
物理机制	密度不均匀，弹性散射	电致伸缩，光子与声学声子相互作用	光子与光学声子相互作用
频移量	0	约 11GHz	约 13THz
带宽	—	约 5THz	20～100MHz
非线性过程增益系数	—	约 5×10^{-11}m/W	约 7×10^{-14}m/W
相对强度	约比入射光功率小 30dB	约比瑞利散射光功率小 20～30dB	约比瑞利散射光功率小 40～60dB

各种光纤散射效应，尤其是反向散射光的存在，会导致其与传输链路中用于补偿相位噪声的反馈光信号发生干涉而造成干扰。此外，由于受激散射效应，入射光功率需要控制在一定的阈值功率以下，以防止额外的损耗引入到传输链路中。

4.3　光纤光学频率传递中噪声补偿的限制分析

第 3 章的 3.3.1 小节分析了光纤微波频率传递系统中光纤传输时延对噪声补偿系统的控制带宽和噪声抑制性能的影响。该分析对光纤光学频率传递系统同样成立，本节着重介绍光纤光学频率传递中激光源频率噪声及探测信号的信噪比 (signal-to-noise ratio, SNR) 对相位噪声补偿能力的影响。

1. 激光源频率噪声的影响

可以从激光的线宽角度来分析激光源频率/相位源噪声的影响。假定激光线宽 [这里指半高全宽(full width at half maximum，FWHM)]为 $\Delta\nu$，其相干时间可近似为 $\tau_{\mathrm{c}} = \dfrac{1}{2\pi\Delta\nu}$。由于拍频探测光纤传输引入的光频相位噪声是基于参考臂与传输臂激光之间的干涉，拍频的相干性要求激光经过一次往返的传输时延

$\left(\tau_{rt} = 2\tau_d = \dfrac{2nL}{c}\right)$ 应小于被传输激光的相干时间，即 $\tau_{rt} < \tau_c$。换言之，激光往返传输距离应小于激光的相干长度(Terra, 2010)。以线宽为 1kHz 的激光为例，其相干时间约为 0.16ms，对应相干长度约为 47km，因此利用 1kHz 线宽的激光作为光载波，在接近或者大于 47km 的光纤链路上传输是不现实的。为满足长距离光纤传输，需要进一步压窄激光线宽，如当激光的线宽达到 1Hz 时，对应的相干时间和相干长度分别为 159ms 和 47746km，可满足超远距离的光纤光学频率传递要求。

2. 探测信噪比的影响

SNR 是另一个导致光纤光学频率噪声不能完全补偿的因素。光纤传输距离是导致 SNR 降低的主要原因。假定波长为 1550nm 的激光在光纤中的衰减率为 α，在没有光功率放大模块的情况下，返回光的探测信噪比(SNR_{rt})随着光纤长度的增加呈指数型衰减(Newbury et al., 2007)，即

$$\mathrm{SNR}_{rt} = \eta \mathrm{e}^{-2\alpha L} \mathrm{SNR}_{in} \tag{4.19}$$

式中，η 是光电探测的系数；SNR_{in} 是输入光纤的信号信噪比。前面提到输入光纤的激光功率受 SBS 阈值功率的限制一般应在几毫瓦以内，而对于一般的快速光电探测器(如 FPD510)，当接收光功率低于 1nW 时会导致环路无法锁定，因此无光功率放大情况下，光纤光学频率直连传输的距离应小于 150km。

实际应用中，可通过增加双向 EDFA 来补偿光纤衰减，增加传输距离。增加 k 个双向 EDFA 放大的信噪比降低程度为(Okoshi et al., 1988)

$$\mathrm{SNR}_{rt} \approx \eta (2kF)^{-1} \mathrm{SNR}_{in} \tag{4.20}$$

式中，F 为 EDFA 的噪声系数(noise factor, NF)，表示经过 EDFA 放大之后光信号信噪比的下降程度，单位为 dB。假设每经过一次 EDFA，激光信号的信噪比下降 F，则当往返共经过 $2k$ 次 EDFA，信噪比累计下降 $2kF$。

应用 EDFA 放大装置等放大光功率后，探测信噪比将不再对光频传输的闭环锁定产生影响。但是传输距离增长引起光纤传输时延增长，传输时延引起的噪声补偿极限和控制带宽极限仍会增大。

综上所述，以上三方面因素中，限制光纤光载波频率传输性能提高的主要因素为激光在光纤中的传输时延。随着传输距离的增长，时延引起的控制带宽降低，而残余噪声增大，因此随着光纤传输距离的增长，传输精度会下降。此外，最终传输性能还与传输光纤链路本身受环境干扰程度有关，干扰越大，光纤频率传输性能越差。

4.4　通信波段窄线宽激光光源

通信波段的窄线宽激光器是实现超远距离超高精度光学频率传递的重要前提。目前,商用通信波段激光器的最小线宽在百赫兹量级,不能满足长距离光纤光学频率传递的要求,因此需要研制具有超高稳定度的通信波段窄线宽激光。

4.4.1　基于高精度光学参考腔的窄线宽激光光源

目前,实现激光频率稳定的主要方法是利用 Pound-Drever-Hall(PDH)稳频技术,将激光器的输出频率锁定到某一稳定的频率参考源上(Black, 2001)。基于多光束干涉原理的法布里-珀罗(Fabry-Perot, F-P)腔是常用的提供光学频率参考源的光学器件。基于光学 F-P 参考腔的窄线宽激光系统工作原理如图 4.2 所示。激光首先通过 EOM 进行相位调制,具有调制边带的激光耦合到 F-P 腔内,载波信号注入 F-P 腔内,获得腔的信息后原路返回,而边带信号由于其频率不在腔的带宽范围内,将从腔表面直接反射。利用光电探测器对这两束光进行差拍探测,不仅可提供与激光调制频率一致的拍频信号,而且携带了 F-P 腔的窄线宽特性。拍频信号与原调制信号通过混频器解调,解调出的鉴频信号经低通滤波后作用于伺服系统,用于激光频率的锁定。

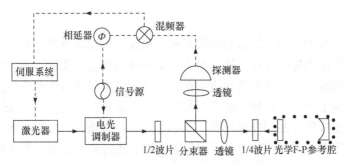

图 4.2　基于光学 F-P 参考腔的窄线宽激光系统工作原理

窄线宽激光系统的频率稳定性主要由频率参考源和伺服系统决定。伺服系统中,为实现较好的频率锁定,可以使用两级锁定。通常将鉴频信号分成两路,分别加到激光器 PZT 和外部 AOM 上。受器件限制,PZT 用于实现小于 10kHz 的低频噪声抑制,AOM 用于实现几百千赫兹量级的高频噪声抑制。鉴频信号的斜率是决定频率伺服控制性能的另一重要参量,鉴频信号的斜率越大,伺服系统的噪声抑制能力越强。根据 PDH 稳频理论,鉴频信号的斜率与激光源的输出功率、相位调制深度及 F-P 腔的线宽相关。研究表明,对基于光学 F-P 腔的稳频系统,鉴频信号斜率与腔线宽基本成反比。要想获得好的鉴频信号，最好使用线宽千赫兹量级的F-P参考腔(焦东东, 2015)。由于光学参考腔的线宽与腔镜反射率成反比，一般选择高反射率、低损耗的反射镜作腔镜。

此外，为了提高鉴频信号的信噪比，激光与光学参考腔的模式匹配效率也是关键因素之一。为了保证较高的激光与光学参考腔的模式匹配效率，需在激光进入光学参考腔之前对激光的模式进行调节，保证激光的模式与光学参考腔的模式一致。由于激光在经过一些光学元件之后，光斑很容易发生畸变，而且光斑在不同位置形状也不一样，一般采用整形棱镜对光斑的形状进行调节，同时采用透镜调节激光光斑的大小，从而提高激光与光学参考腔的匹配效率。

作为激光的频率参考源，光学参考腔共振频率的稳定性决定了基于高精度光学参考腔的窄线宽激光频率的稳定性。光学参考腔共振频率的稳定性取决于腔长的稳定性：

$$\frac{\Delta \nu}{\nu} = -\frac{\Delta L}{nL} \tag{4.21}$$

式中，n是空气折射率；ν是光学参考腔的光学长度为nL时激光的共振频率；$\Delta \nu$是当窄线宽激光系统锁定后，参考腔腔长变化量为ΔL时对应激光频率的变化量。因此，光学参考腔腔长的稳定性对激光的频率稳定性起至关重要的作用。

1. 影响光学参考腔腔长稳定性的主要因素

1) 温度

光学参考腔的热噪声是影响窄线宽激光系统频率稳定性最重要的因素。由于环境之间热传递效应的存在，光学参考腔室外环境温度的变化影响光学参考腔温度的变化；同时，由于热膨胀效应的存在，光学参考腔腔长也相应发生改变。通常情况下，为了减小外界环境温度对光学参考腔腔长的影响，需要采用导热系数很小的材料连接参考腔与外界环境，减小导热材料截面积，并增加两者之间的距离，同时采用保温材料对参考腔进行包裹，然后进行温度控制。除了环境之间的热传递之外，还存在着热辐射效应。从物理特性看，由于光学参考腔腔体和镜片温度并不是绝对零度，其内部分子处于无规则热运动状态，在宏观上表现为参考腔长度变化。

2) 振动和低频段噪声

由于光学参考腔腔长对低频段噪声和机械振动比较敏感，空气中的声音与地面振动可通过支撑结构传递给光学参考腔，导致其发生形变，使参考腔腔长发生变化。通常需要采用隔声、隔振的方式来减小参考腔的长度变化，或者设计对振动不敏感的参考腔来减小腔长的变化(Millo et al., 2009; Webster et al., 2007; Nazarova et al., 2006)。

3) 空气折射率

空气折射率的变化也会影响参考腔腔长稳定性，式(4.21)可以写为

$$\frac{\Delta \nu}{\nu} = -\frac{\Delta n}{n} - \frac{\Delta L}{L} \tag{4.22}$$

式中，Δn 为光学参考腔内空气折射率的变化。空气压强的抖动会使空气折射率发生变化，其典型值为 $\frac{\mathrm{d}n}{\mathrm{d}P} = 3 \times 10^{-9}\,\mathrm{Pa}^{-1}$ (Bergquist et al., 1992)。在室温条件下，温度变化 1℃或压强变化 5torr[①]时，空气折射率变化约为 10^{-6} (Ludlow, 2008)。若将光学参考腔放置于真空度起伏为 $3 \times 10^{-7}\,\mathrm{Pa}$ 的真空环境中，折射率的变化将小于 10^{-15}，则激光的频率稳定度可达到小于 10^{-15} 量级。

2. 光学参考腔真空系统设计

为提高激光的频率稳定度，实验中所使用的光学参考腔通常采用超低膨胀系数玻璃材料，如零膨胀玻璃、微晶玻璃和低温蓝宝石等。同时，需要采取各种手段，对光学参考腔采取温度稳定、振动隔离和声学隔离等措施，以降低环境因素对参考腔有效腔长的影响。将光学参考腔放置于真空腔室内，可以进一步提高腔长稳定度，同时可以减少外界温度、振动和噪声的影响。光学参考腔的真空腔室结构通常为两层，以中国科学院国家授时中心窄线宽激光技术研究团队研制的光学参考腔真空系统为例(焦东东等, 2017)：内层采用支撑光学参考腔的 U 型槽与镀金圆筒，镀金圆筒与 U 型槽之间用四个氟素橡胶垫来支撑连接，用来减小振动与热量的传递。外层是真空腔室，真空腔室与镀金圆筒之间采用四个相同大小的聚四氟乙烯制成的小球进行连接支撑，从而减小腔室内与镀金圆筒内的热量及振动的传递。为了减小振动对腔长的影响，需将光学参考腔的支撑点放置在合适的位置，以降低参考腔体的光轴方向部分对外部振动的灵敏度。

4.4.2　基于光纤干涉仪的窄线宽激光器

基于高精细度光学参考腔作为频率参考，利用 PDH 稳频技术实现的窄线宽激光器通常体积较大，而且成本也较高。基于光纤干涉仪的窄线宽激光器不仅成本低，体积也比较小，有利于未来广泛应用，其原理如图 4.3 所示。MZ 干涉仪由不等长的两个光纤臂组成，激光器的输出信号被分成两束，分别送入光纤干涉仪的两臂，再经合束后由光电探测器得到两臂信号的差拍。这个差拍信号是光纤干涉仪两臂时延差和激光频率的函数，当光纤干涉仪引入的相位噪声可忽略时，差拍信号的起伏反映了激光信号的频率噪声。这个差拍信号经过反馈环路控制激

---

① torr 为压强单位托，非法定单位，1torr=1.33322 × 10²Pa。

光器就可以实现对其频率噪声的抑制。

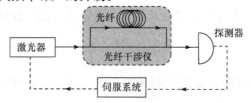

图4.3　基于光纤干涉仪的窄线宽激光器原理图

基于光纤干涉仪实现的从激光频率到误差信号的传递函数可以表示为
(Sheard et al., 2006)

$$T(f) = V_{\mathrm{pk}} \frac{1 - \mathrm{e}^{-\mathrm{i}2\pi f \tau}}{\mathrm{i}f} \tag{4.23}$$

式中，f 为傅里叶频率；V_{pk} 为峰值误差信号电压。该传递函数表征了光纤干涉仪的频率分辨能力，与光纤时延 τ 和峰值误差信号电压成正比。取干涉仪长臂的光纤长度为 1km，则干涉仪长臂引入的时延 τ 为 98.5μs。式(4.23)给出的干涉仪频率幅值响应曲线如图 4.4(a)所示，在低频处传递函数的幅值随着傅里叶频率的增长会周期性地出现零点，而零点的位置对应着干涉仪时延倒数(1/τ)的倍数。图 4.4(b)给出了传递函数的相位响应曲线。可以看到，相位响应在 0 和−180º 之间变化。当幅

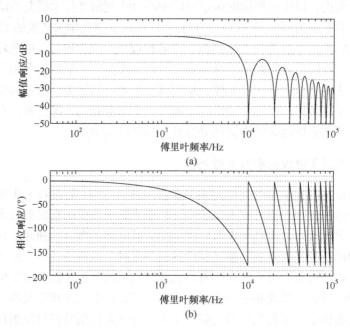

图4.4　光纤干涉仪传递函数的幅值响应(a)和相位响应(b)(Sheard et al., 2006)

值响应为零时，相位正好对应–180°。而在低频处($f \ll 1/\tau$)，传递函数的幅值和相位响应曲线基本不随傅里叶频率发生变化。因此，第一个零点位置的傅里叶频率代表光纤干涉仪稳频系统的环路带宽。

光纤干涉仪的时延选择对于激光稳频的效果非常关键。一方面，选择更大的环路带宽意味着较小的时延，也即更短的光纤长度差，可以更好地抑制本地激光器的频率噪声；另一方面，光纤干涉仪传递函数的幅值同干涉仪的时延差成正比，也就是说，更长的时延差，也即更长的光纤长度差，可以获得更大的频率噪声探测灵敏度。与此同时，光纤长度差的稳定性也影响频率噪声探测灵敏度。因此，基于光纤干涉仪的窄线宽激光器系统中，干涉仪长度差的选择要兼顾环路带宽和频率噪声探测灵敏度。下面分析基于光纤干涉仪的窄线宽激光器中的系统噪声。

1. 基于光纤干涉仪的窄线宽激光器中的系统噪声

为了对基于光纤干涉仪的窄线宽激光器中的相位噪声进行有效抑制，首先要了解系统中存在的噪声对激光稳频的影响。系统中的噪声可以分为两类：环内噪声和环外噪声。环内噪声主要包括激光的频率噪声、电子基带噪声等，这类噪声大多可以通过优化环路增益实现补偿。环外噪声，如光纤本征热噪声、环境噪声、杂散反射光、探测噪声、调制与解调的相位噪声等，无法通过优化环路实现补偿，并且通过反馈环路系统转化成激光的频率噪声。环外噪声通常是基于光纤干涉仪的窄线宽激光器性能的主要限制因素，其中的本征热噪声和散粒噪声限制了系统的理论精度极限。

1) 本征热噪声

光纤长度、密度等内禀特性对温度较为敏感，随机的温度波动导致光纤中激光传播路径和相位的变化，即光纤固有本征热噪声。Wanser(1992)提出描述这种由温度波动而导致的相位抖动的理论模型，当波长为 λ 的激光单次通过长度为 L 的光纤时，其热噪声功率谱密度可以写为

$$\Phi^2(f) = \frac{k_\mathrm{B}T^2 L}{2\kappa\lambda^2}\left(\frac{\partial n}{\partial T} + n\alpha\right) \cdot \ln \frac{\left[k_\mathrm{max}^2 + \left(\dfrac{2\pi f}{\upsilon}\right)^2\right]^2 + \left(\dfrac{2\pi f}{D_\mathrm{th}}\right)^2}{\left[k_\mathrm{min}^2 + \left(\dfrac{2\pi f}{\upsilon}\right)^2\right]^2 + \left(\dfrac{2\pi f}{D_\mathrm{th}}\right)^2} \tag{4.24}$$

式中，T 为光纤的环境温度；n 为纤芯折射率；k_B 为玻尔兹曼常量；κ 为热导率；α 为热膨胀系数；$\upsilon = c/n$ 为激光在光纤中的传输速度；D_th 为热扩散系数；k_max 和 k_min 为边界条件参数，$k_\mathrm{min} = 2.405/a_f$，$2a_f$ 为光纤的外部直径；$k_\mathrm{max} = 2/w_0$，w_0 为光纤的模场半径。$\Phi^2(f)$ 的单位为 $\mathrm{rad}^2/\mathrm{Hz}$。

对于低傅里叶频域($2\pi f/\upsilon \ll k_{\min}, k_{\max}$)，热噪声导致的激光频率噪声谱密度为

$$S_\nu^{\text{thermal}}(f) \cong \left[\frac{\Phi(f)}{2\pi\tau}\right]^2 = \frac{\nu^2 k_{\text{B}} T^2}{L}\left(\frac{\partial n}{n\partial T} + \alpha_L\right)\ln\frac{k_{\max}^4 + (2\pi f/D_{\text{th}})^2}{k_{\min}^4 + (2\pi f/D_{\text{th}})^2} \tag{4.25}$$

其中，τ 为光纤时延；$S_\nu^{\text{thermal}}(f)$ 的单位为 Hz²/Hz。式(4.25)给出了光纤中传输的激光频率噪声极限，又称为光纤固有热噪声。可以看到，光纤固有热噪声与光纤长度成反比，与温度平方成正比。

2) 散粒噪声

光电探测器的光电转换过程表现为随机的光电子计数过程，称为散粒噪声。散粒噪声与激光到达光电探测器的光子数直接联系(Beenakker et al., 2003)。散粒噪声可表示为

$$S_{\text{shot}} = \frac{2h\nu P_{\text{out}}}{(2\pi\tau)^2 \eta P_{\text{opt1}} P_{\text{opt2}}} \tag{4.26}$$

式中，P_{out} 为总的探测光功率；P_{opt1}、P_{opt2} 分别为光纤干涉仪两臂的接收光功率；h 为普朗克常量；η 为探测器光电转换效率；ν 为激光频率；τ 为光纤干涉仪两臂的时延差。S_{shot} 的单位为 Hz²/Hz。实验中，当采用 200μW 的 1550nm 激光进入干涉仪，被 50/50 光分束器分成功率相同的两束光，干涉仪两臂的时延差约为 10μs，单次通过 AOM 时的光损耗为 50%，光电探测器在波长 1550nm 处的响应率约为 0.9A/W。由此可以计算得到散粒噪声的功率谱密度为 1.3×10^{-4}Hz²/Hz。光电流散粒噪声是干涉仪灵敏度的基本极限。

3) 光纤寄生反射噪声

光纤寄生反射噪声主要发生在光纤接头处、连接耦合头表面、光纤尖锐拐弯处等。在光纤干涉仪中，这类反射光会与经过 AOM 的光束拍频产生射频信号，此射频信号与包含激光相噪的拍频信号同频，从而影响激光相噪的准确测量。这类噪声可以通过熔接光纤接头、增长参考光纤长度、在长光纤入射端插入衰减器等措施加以消除。

4) 环境噪声

光纤的长度、纤芯折射率和弯曲度都会随着光纤周围的环境变化而变化，进而导致光纤中传输光束的相位发生改变，这类噪声统称为环境噪声。其中，振动噪声是环境噪声的主要来源。

2. 低振动灵敏度光纤干涉仪优化设计

基于光纤干涉仪的窄线宽激光器利用光纤干涉仪来实现激光相位噪声抑制，因此光纤干涉仪的稳定性是激光线宽压窄的核心器件。目前，振动是光纤干涉仪

低频段的主要噪声来源，通常应用隔振平台来降低振动的影响，但隔振平台一般体积较大，不利于基于光纤干涉仪的窄线宽激光器系统的小型化和移动。进一步降低基于光纤干涉仪的窄线宽激光器的相位噪声要求设计低振动灵敏度的光纤干涉仪。

光纤干涉仪振动灵敏度与重力加速度 g 引起的时间延迟相关联，首先假定光在光纤延迟线中时延变化 $\Delta\tau$ 和光纤形变长度 ΔL 成正比，$\Delta\tau$ 引起的激光器频率的变化 $\Delta\nu$ 就正比于 ΔL。光纤干涉仪支架的振动灵敏度可以定义为

$$\frac{\Delta L}{Lg} = \frac{\Delta\tau}{\tau g} = \frac{\Delta\nu}{\nu g} \tag{4.27}$$

因为光纤有太多的自由度，对于无约束的光纤延迟线进行振动灵敏度分析是不现实的，通常需要将光纤束缚在某个支架上，通过对支架形变的分析来推导光纤延迟线长度的变化。将光纤盘绕在支架上的盘绕力要能够使光纤紧束缚在支架的表面，这样光纤的形变才会较准确地由支架形变所反映。同时，光纤的盘绕力不能过大，否则会导致光纤内部应力以及插损的增加。在合适的盘绕力下，光纤延迟线的时延变化 $\Delta\tau$ 可以近似表达为支架几何参数和其安装位置的函数。因此，支撑光纤延迟线的支架及其盘绕方式是低振动灵敏度设计的关键。

2000 年，Huang 等最早提出采用两个同样尺寸(直径 9.5cm，高度 6cm)的圆柱体作为两个光纤干涉仪支架的低振动灵敏度光纤干涉仪设计。该设计采用对称反向光纤盘的办法降低光纤干涉仪的轴向振动灵敏度。如图 4.5 所示，两个盘绕好光纤的圆柱形支架对称地反向安装在同一个位置，然后将两部分光纤熔接成一根光纤。这样，对于这两个光纤支架上的光纤，轴向上振动引起的形变大小一样，而方向相反。因此，由振动引起的形变在很大程度上被抵消，降低了光纤干涉仪轴向振动灵敏度。利用该方法，该光纤支架的轴向振动灵敏度和径向振动灵敏度能达到 $10^{-10}\mathrm{g}^{-1}$，其中轴向振动灵敏度约为 $3\times10^{-10}\mathrm{g}^{-1}$，约为径向振动灵敏度 $(0.5\times10^{-10}\mathrm{g}^{-1})$ 的十倍。

2011 年，Li 等提出具有零振动灵敏度点的光纤支架，借助有限元分析方法研究了缠绕力对振动灵敏度的影响，得出支架的轴向振动灵敏度与其中的轴向几何参数呈现线性关系，并且通过"零点"，对于长 300m 的光纤，实验得到其轴向振动灵敏度约为 $5\times10^{-11}\mathrm{g}^{-1}$。但是该灵敏度对光纤上的应力非常敏感，且不能同时实现超低的径向振动灵敏度。

光纤干涉仪支架的材料属性是其低振动灵敏度设计的另一关键。材料的比刚度、泊松比和阻尼系数都对振动灵敏度有影响。例如，比刚度越高，表明材料越不容易形变(Huang et al.,

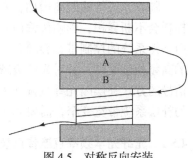

图 4.5　对称反向安装
光纤支架示意图

2000);泊松比越小,表明同等形变力下引起的径向位移越小;阻尼系数越大,振幅衰减越快,减振性能越好。高的阻尼容量和良好的消振性能,使支架可承受较大的冲击振动负荷。因此,可以通过选取比刚度高、泊松比较小和阻尼系数大的材料来制作支撑光纤延迟线的支架,可以降低光纤干涉仪的振动灵敏度。

此外,为了获得更好的信噪比,光纤干涉仪两臂的长度差通常会比较大,但同时也会使得系统的锁定带宽变小,从而造成激光器频率噪声谱远端性能较差。为了解决这个问题,可以采用双干涉仪复合锁定方案,其原理如图 4.6 所示。两个具有不同延迟的光纤干涉仪分别作为激光频率的参考,两个干涉仪解调出来的误差信号经过滤波器滤波后相加,作为控制激光器的反馈信号,这样延迟较大的光纤干涉仪可用来保证稳频后激光器在低频端的低相位噪声特性,由于时延较小的光纤干涉仪可以提供较大的锁定带宽,可以改善基于光纤干涉仪的窄线宽激光器在较高频率处的噪声特性。

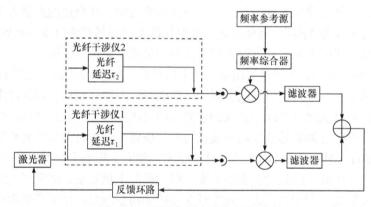

图 4.6　双干涉仪复合锁定方案原理

4.5　远距离光纤光学频率传递技术

随着光纤传输距离增加,光频信号传递系统将会面临两个问题:一个是功率损耗会不断累积,影响传输信号的质量,降低光频信号的信噪比;另一个则是噪声补偿系统的控制带宽会随着传输距离的增加变窄,导致难以有效补偿对链路中的高频相位噪声。针对光纤衰减引起的探测信噪比降低,通常可以通过放大光频信号的方式补偿因光纤衰减增大引起的探测信噪比下降。针对传输距离增加导致的补偿系统带宽变窄,需要利用中继站实现对光频信号的再生放大。

4.5.1　光纤光学频率直连传递技术

光纤光学频率的直连传递距离从不到百公里拓展到了上千公里。为补偿光信号在光纤传输中的功率损耗,光放大器被引入到光纤链路中。根据工作原理不同,光信号放大器包括掺铒光纤放大器(EDFA)、拉曼放大器、光纤布里渊放大器(fiber Brillouin amplifier,FBA)等,掺铒光纤放大器是光信号直接放大最常用的放大器之一,光纤布里渊放大器作为一种替代技术也被应用。

放大器在对信号光功率放大的同时也会引入噪声,因此衡量放大器的性能,需要同时考虑增益(Gain)和噪声系数(NF)两个参数。放大器的增益定义为输出光功率(P_{out})与输入光功率(P_{in})之比:

$$Gain = 10 \lg \frac{P_{out}}{P_{in}} \tag{4.28}$$

噪声系数(NF)表示经过放大之后光信号信噪比的下降程度,定义为输入信号光信噪比SNR_{in}与输出信号光信噪比SNR_{out}的比值,单位为dB。

$$NF = 10 \lg \frac{SNR_{in}}{SNR_{out}} \tag{4.29}$$

下面将对掺铒光纤放大器和光纤布里渊放大器这两种光放大器作简单介绍。

1. 掺铒光纤放大器

制作光纤时,在光纤芯层沉积中掺入尽可能高浓度的铒离子(Er^{3+}),即为掺铒光纤。掺铒光纤放大器是一种技术非常成熟的低成本放大设备,放大增益可达30dB,同时还具有宽增益带宽和几乎与偏振状态无关的优点。图4.7所示为光跃迁相关的Er^{3+}三能级系统示意图。光纤中掺杂的Er^{3+}在受到足够强的泵浦光(波长为980nm)激励后从基态跃迁到激发态,处于激发态的Er^{3+}由于具有较短的寿命(约为2μs),很快无辐射跃迁到具有较长寿命(约为10ms)的亚稳态,在亚稳态和基态之间形成粒子数反转。在信号光的诱导下,处于亚稳态的Er^{3+}发生受激辐射,产生大量与信号光相位和方向完全相同的光子,形成对信号光的相干放大。

由于处于亚稳态的Er^{3+}除发生受激辐射外还产生自发辐射(amplified spontaneous emission,ASE),ASE噪声和光信号在光纤链路中一起被传递和放大,使传输光的信噪比恶化,是EDFA噪声的主要来源。分析表明,EDFA的NF与光纤中Er^{3+}的粒子数反转率相关,泵浦越充分,Er^{3+}粒子反转率越高,放大器的NF越小。

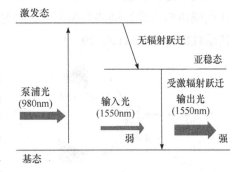

图 4.7　光跃迁相关的 Er^{3+} 三能级
系统示意图

单向 EDFA(uni-EDFA)结构如图 4.8 所示(刘杰，2016)，主要包括 980nm 泵浦光、波分复用器和掺铒光纤三部分。其中，980nm 泵浦光提供泵浦光，波分复用器耦合 1550nm 信号光和 980nm 泵浦光进出掺铒光纤，掺铒光纤则作为增益介质。图中光放大方向是从左向右，两个光隔离器是用来隔离由于杂散和自发辐射引起的反向传输光。

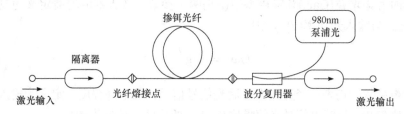

图 4.8   uni-EDFA 结构示意图

EDFA 的功率增益与掺铒光纤中 Er^{3+} 的掺杂浓度、光纤长度及泵浦光功率等因素有关。在给定掺铒光纤的情况下，增益一开始随着泵浦功率的增加而增大，但当泵浦功率达到一定值时，EDFA 增益出现饱和。在同一泵浦光功率下，EDFA 增益是随着掺铒光纤的变长先变大，在达到增益最大值以后，增益会随着掺铒光纤变长而降低。因此，应选择合适的泵浦光功率和光纤长度，以达到最大增益。以高掺杂浓度的 LIEKKI Er-30 型掺铒光纤为例，当泵浦光功率取 50mW，光纤长度为 3.5m 时，增益可达到 36dB(臧琦，2017)。

由于激光需要在光纤中往返传输以探测和补偿光纤噪声，利用 uni-EDFA 双向放大光功率时，需要用两个 uni-EDFA 加激光环形器的复杂结构，如图 4.9(a)所示。更重要的是，两个 uni-EDFA 的不对称性会增加激光往返路径的不一致性，导致频率传输性能下降。使用双向 EDFA(bi-EDFA)可以减少不一致，将 EDFA 引入的噪声归入光纤链路的噪声一起补偿，如图 4.9(b)所示，能够获得较好的频率传输性能(Predehl et al., 2012)。

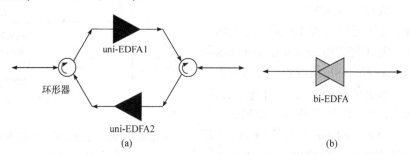

图 4.9   基于 uni-EDFA(a)和 bi-EDFA(b)进行双向光功率放大的连接图

图 4.10 为 bi-EDFA 结构示意图。与 uni-EDFA 的结构(图 4.8)不同的是，掺铒光纤两边不再采用隔离器，980nm 泵浦光源用一个 50/50 分束器分为功率相同的两束，分别从两边的波分复用器注入掺铒光纤中进行双向同时泵浦。双向泵浦方式保证了传输链路对称性的同时，对 Er³⁺ 的利用率也较高。为了减少光路的损耗，降低器件引入的相位噪声，双向 EDFA 中的所有器件均采用熔接方式，以避免耦合头等引起的反射等对传输光路造成影响。

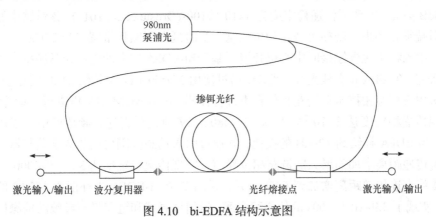

图 4.10　bi-EDFA 结构示意图

需要注意的是，应用多级 bi-EDFA 的较长光纤链路中，由于没有隔离器隔离反向传输光(主要来自自发辐射和光纤中各种散射)，各种杂散光的多次反射还可能引起自激现象。当 EDFA 增益很大时，这些杂散光对信号光的干扰比较严重，因此 bi-EDFA 增益不能太高，一般设置在 16dB 左右。在此条件下，为保证信号探测的信噪比，两个相邻 bi-EDFA 之间的距离应小于 120km(臧琦，2017)。

2. 光纤布里渊放大器

光纤布里渊放大器是另一种常用的光功率放大装置，利用 4.2.4 小节中介绍过的光纤中 SBS 现象。相比 EDFA，FBA 具有较高的增益，最高可以达到 50dB。1 个 FBA 就可将几十纳瓦量级的光信号放大至几个毫瓦，以补偿最长 250km 光纤上的衰减。因此，利用 FBA 放大光功率可以获得更远的传输距离。FBA 在增益和信噪比上都具有优势，但是 FBA 放大需要将泵浦光频率与信号光频率差进行锁定，才能保证放大增益最高，因此其结构较为复杂。

3. 基于光放大器的直连传递技术

基于光放大器的光纤光学频率直连传递技术得到长足发展。例如，2007 年，美国 NIST 采用 4 个 bi-EDFA 补偿 251km 光纤光学频率传递链路中的损耗，获得 $6 \times 10^{-19}/100s$ 的传递稳定度(Newbury et al., 2007)。2010 年，德国 PTB 利用 FBA

实现了 480km 光纤链路上的直连传递，获得 $2\times10^{-18}/8200s$ 的传递稳定度(Terra et al., 2010)。2014 年，又报道了基于单个 FBA 的 660km 光纤光学频率直连传递实验，实现传递稳定度优于 $10^{-20}/1000s$(Raupach et al., 2014)。2012 年，德国 MPQ 和 PTB 在联合开展的 920km 光纤光学频率传递实验中，采用了 9 个 bi-EDFA 和 2 个 FBA 补偿约 200dB 损耗，频率传递稳定度达到 $4\times10^{-19}/2000s$ (Predehl et al., 2012)。2013 年，他们又将传递长度扩展到 1840km，采用 20 个 bi-EDFA 和 2 个 FBA 补偿约 400dB 损耗，实现了传递稳定度为 $4\times10^{-19}/100s$(Droste et al., 2014)。该链路中通过发射端锁相环来实现整个链路相位控制，受时延限制锁相带宽仅为 27Hz。

中国科学院国家授时中心也开展了基于 bi-EDFA 放大的光纤光学频率直连传递研究，在 246km 实地光纤链路上，通过使用 3 个 bi-EDFA 补偿 61dB 的总损耗，并采用模拟鉴相技术对链路相位噪声进行探测，利用 AOM 对噪声进行主动抑制，实现传递稳定度达 $3\times10^{-20}/2000s$。在 480km 实地光纤直连光频传递中，采用了 6 个 bi-EDFA 补偿约 120dB 的损耗，并通过引入动态范围可调的数字鉴相器探测随着传递距离增加而增大的链路相位噪声，实现传递稳定度达 $3\times10^{-20}/4000s$。进一步将直连传递距离增加到 687km 后，采用 7 个 bi-EDFA 来补偿约 172dB 的损耗，实现了 $3.9\times10^{-19}/100s$ 的传递稳定度，但信号衰减和链路噪声导致的信噪比恶化限制了 687km 传递链路长期连续运转，也限制了传递距离进一步增加(邓雪，2020)。

4.5.2　光纤光学频率级联传递技术

由于光纤直连传递链路中噪声不断累积，且随着传输距离增加导致补偿系统带宽变窄，在长距离系统中，光纤光学频率直连传递难以长期连续运转，且使得传递精度显著降低。采用级联传递技术，可以进一步增加光频传递距离、提高传递精度，同时也是实现网络化光纤光学频率传递系统的重要组成部分。

通常，一个级联传递系统由源端的发射端、远程用户端和中间 N 个中继站构成。图 4.11 所示为光纤光学频率级联传递示意图，每级中继站都包括前级接收端、中继放大器和后级发射端三部分。由各级发射端对每级链路的相位进行控制，接收端将发送过来的光信号部分回传到前级发射端以探测和抑制本级链路噪声，将另一部分光注入中继放大器，放大后的信号再由后级发射端用于下级传递。前级中继站的后向传输和后级中继站的前级反馈构成一个完整的光纤噪声抑制环路。得益于分段控制相位的特点，级联传递方案不仅减小了传递时延对控制带宽的影响，而且降低了实际网络中功率损耗问题，具有锁相带宽宽、噪声抑制范围大等优点，可用于长距离光纤光学频率传递。

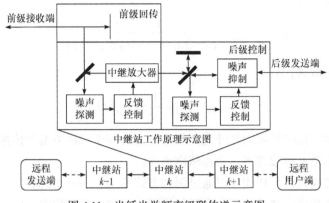

图 4.11 光纤光学频率级联传递示意图

经过 N 级级联传递后，光纤链路相位噪声密度谱可以表示为(邓雪, 2020)

$$S_{\text{fiber}}(\omega) = S_1(\omega) + \cdots + S_k(\omega) + \cdots + S_N(\omega) \tag{4.30}$$

式中，$S_k(\omega)$ 为第 k 级链路相位噪声密度谱，$k=1,\cdots,N$；N 为级联链路级数。每级链路相位噪声抑制极限有(Predehl et al., 2012)

$$S_{r,k}(\omega) = \frac{\omega^2 \tau_k^2}{3} S_k(\omega) \tag{4.31}$$

对经过补偿后的每级链路剩余单程链路噪声求和，得到补偿后整个链路剩余相位噪声极限为

$$S_{r,\text{fiber}}(\omega) = \frac{\omega^2 \tau_1^2}{3} S_1(\omega) + \cdots + \frac{\omega^2 \tau_n^2}{3} S_N(\omega) \tag{4.32}$$

式中，τ_k 为第 k 级链路单程传递时间，有 $\tau_k = a_k\tau$，a_k 为每级链路长度与整个链路长度的比例。对于噪声均匀分布的链路，有 $S_k(\omega) = a_k S_{\text{fiber}}(\omega)$，级联链路的剩余噪声为

$$S_{r,\text{fiber}}(\omega) = \frac{\omega^2 \tau^2}{3} S_{\text{fiber}}(\omega)\left(a_1^3 + \cdots + a_N^3\right) \tag{4.33}$$

根据相位噪声密度谱与稳定度关系可得级联链路的稳定度：

$$\sigma_{\text{cascaded}}(\tau) = \sqrt{2\int_0^\infty \frac{\omega^2 \tau^2}{3} S_{\text{fiber}}(\omega)\left(a_1^3 + \cdots + a_N^3\right) \frac{\sin^4(\pi\tau f)}{(\pi\tau f)^2}} \tag{4.34}$$

直连传递方案传递稳定度为

$$\sigma_{\text{single}}(\tau) = \sqrt{2\int_0^\infty \frac{\omega^2 \tau^2}{3} S_{\text{fiber}}(\omega) \frac{\sin^4(\pi\tau f)}{(\pi\tau f)^2}} \tag{4.35}$$

因此，

$$\sigma_{\mathrm{cascaded}}(\tau)=\sqrt{a_1^3+\cdots+a_N^3}\,\sigma_{\mathrm{single}}(\tau) \tag{4.36}$$

对于等距级联，有

$$\sigma_{\mathrm{cascaded}}(\tau)=\frac{1}{N}\sigma_{\mathrm{single}}(\tau) \tag{4.37}$$

因此，对于相同长度的光纤光学频率传递，基于级联方案的传递精度要优于直连方案，理论上级数越多，传递精度越高。

中继站的放大再生功能可以通过两种方式实现：一种是光频信号再生放大，即利用光学锁相将中继站的再生光源相位锁定到输入光相位上。由于再生光输出功率比输入光功率大几个量级以上，且再生光相位在一定控制带宽内与输入光相位一致，通过光学再生可实现光频信号的放大(Lopez et al., 2010b)。另一种是利用两级 uni-EDFA 实现对输入光的高增益放大，同时利用相位噪声抑制技术对 EDFA 放大过程中引入的噪声进行抑制(臧琦, 2017)。

1. 基于光学再生放大的中继方案

基于光学再生放大技术的核心思想是在中继站中增加一个窄线宽的中继激光器，包括前级锁定和后级控制两部分(Lopez et al., 2010b)。光频信号再生放大原理示意图如图 4.12 所示。前级锁定部分首先将前级信号光部分回传，用于前级光纤噪声的抑制，其余光频信号则用于在中继站处实现激光频率再生。其基本思路是，以前级信号光为主激光，将中继站处的窄线宽激光器作为从激光，将其输出激光相位锁定在从前一级中继站传来的激光上。经过锁相跟踪，输出激光与输入信号光具有相同的相位噪声特性(锁定控制带宽以内)和稳定度特性，同时具有较大功率，可以作为下一级传输的光源。之后，该从激光继续通过光纤传输，从下一级中继站的回传光在后级控制部分实现光纤噪声探测和补偿。当采用稳频激光源作为再生光源，该中继站方案还可实现对来自上一级的光频信号的净化，避免噪声的逐级累加。不足之处在于该方式不仅需要激光锁相跟踪的锁定装置，还需要一台具有较低频率噪声特性的光纤激光器，中继装置的成本大大增加。

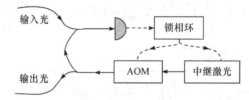

图 4.12　光频信号再生放大原理示意图(Lopez et al., 2010b)

2. 基于两级单向 EDFA 的放大中继

如图 4.13 所示为基于两级单向 EDFA 实现中继站光信号放大原理示意图。其核心思想是利用两级的单向 EDFA 实现光信号的高增益放大,放大后的光信号经过声光调制器(AOM)后分成不同功率大小的两束光信号,功率较大的一束光进入下一级发送设备,功率较小的另一束光与放大前的光信号拍频,用于测量 EDFA 引入的相位噪声。通过伺服系统,可对 EDFA 放大引入的相位噪声进行抑制。

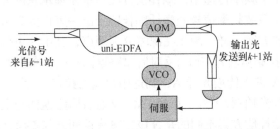

图 4.13　基于两级单向 EDFA 实现中继站光信号放大原理示意图

与基于光学再生放大的中继方案相比,基于两级单向 EDFA 构成的中继站用普通 EDFA 替代昂贵的窄线宽激光器,也可实现信号光功率放大/再生的功能,且噪声控制系统只需要实现相位锁定,要求相对简单,可靠性更高。

4.6　新型光纤光学频率传递与比对技术

4.6.1　基于用户端补偿的一对多光纤光学频率传递

光纤通信网络的复杂性和多样性决定了光纤光学频率传递需要满足多用户、网络式的传递需求。前面介绍的光纤光学频率传递方案都是基于源端补偿方案,即需要在源端探测光纤相位噪声,并通过源端的 AOM 补偿光纤链路上的相位噪声,适合点对点的光纤传递结构,或以级联方式构成的环形网络拓扑结构。在实际应用中,很多情况下需要将光频信号从源端同时发送给多个分布在不同位置的远程用户站点,基于源端补偿的方案无法同时补偿多条链路的相位噪声,用户端补偿方案是用来解决一对多的分支光纤光学频率传递网络中的噪声补偿问题。

西澳大利亚大学 Schediwy 等(2013)最先提出用户端补偿方案,其核心思想是将激光在同一根传输光纤中往返传输三次,将这个传输三次的光场与传输仅一次的激光在用户端进行拍频,进而得到单次传输噪声,最后实现相位噪声的补偿。但是,由于信号光需要在光纤中多次往返传输,衰减相应增大,且各种散射光引起的干扰较大,利用该方法传输的距离也较短。中国科学院国家授时中心研究团队基于该方案进行了改进,将源端补偿方案中在本地直接探测的拍频光通过第二根光纤传输到用户端，在用户端进行光纤相位噪声的探测与补偿(刘杰等，2015)。虽然相比前者多用一根光纤的资源，但是一方面可以避免同一根光纤中多次传输造成杂散干扰较大的问题，另一方面还可通过增加光功率放大(如 EDFA)的方式补偿多次传输的光纤衰减问题(刘杰，2016)。

1. 优化的用户端补偿方案简述

优化的光纤光学频率传递用户端补偿方案基本原理示意图如图 4.14 所示。激光源产生的相干光载波频率信号经光纤耦合器分出一束作为参考，另一束进入源端装置。与前面的方案一样，激光在源端分为两束，其中一束作为参考光，经过 AOM1 移频，法拉第旋转器(FM1)反射后原路返回；另一束激光作为传输信号光直接从光纤接口 A 进入传输光纤 A，到达用户端的接口 C 后，经过 AOM2 移频后分出一束与参考光拍频，另外一束经 FM2 反射后原路返回与上面的参考光构成混合光场。与源端补偿方案不同的是，该方案将返回光与参考光的混合光场从接口 B 进入另外一根光纤 B 传输到用户端，在用户端连接口 D 进行光纤相位噪声探测，并利用用户端的 AOM2 实现光纤噪声的补偿。

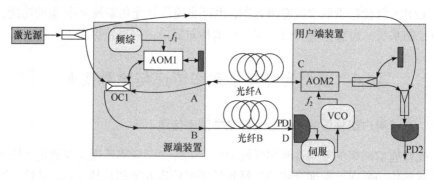

图 4.14　优化的光纤光学频率传递用户端补偿方案基本原理示意图

由于信号光和参考光在光纤 B 中传输时，由光纤 B 引入的传输噪声基本是共模成分，对拍频信号噪声的贡献在一定程度上可以忽略，在用户端探测到的拍频信号噪声主要为光纤 A 引入的噪声，利用 AOM2 补偿后即可获得光载波频率信号。与源端补偿方案相比，光纤噪声的测量和补偿都是在用户端完成，极大地简化了源端装置中光路和电路的复杂程度，便于增加传输支路，构建树形分支结构的传输网络。

此外，相比于远端补偿方案，AOM1 从干涉仪的传输臂移动到参考臂，使得光纤 A 中由于各种散射效应导致的杂散光与参考光之间有 $2f_1$ 的频差，还可以提高拍频信号信噪比，同时也降低传输臂上的光功率损耗。为了保证拍频信号频率足够大，可将 AOM1 的频移从 f_1 改为 $-f_1$，即令 AOM1 与 AOM2 的移频方向刚好相反，这样拍频信号频率仍为 $2f_1+2f_2$。从光环行器(OC1)输出的混合光场在进入光纤 B 前可通过 EDFA 进行光功率放大，以减少二次传输后拍频信号的信噪比恶化。

2. 时延引起的噪声补偿限制分析

利用拉普拉斯算子 s 表征的用户端补偿方案中的噪声传输模型如图 4.15 所示。其中，$\Phi_s(s)$、$\Phi_f(s)$ 和 $\Phi_c(s)$ 分别是频率源的相位起伏、传输光纤 A 引起的相位起伏和反馈相位起伏的拉普拉斯变换形式；$\Phi_o(s)$ 是用户端得到的传输信号光与源端参考光的比相结果；τ_d 是从源端到用户端的传输时延；τ_1 是从源端到光纤中间某一位置的传输时延；$G(s)$ 是环路滤波器的传输函数。

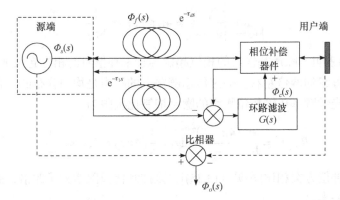

图 4.15　利用拉普拉斯算子表征的用户端补偿方案中的噪声传输模型

假设光纤 A 和 B 距离是 L，则传输时延均为 $\tau_d=nL/c$。环路滤波器的传输函数为

$$G(s)=\frac{\Phi_c(s)}{\Phi_s(s)\mathrm{e}^{-\tau_d s}-\left[\Phi_s(s)\mathrm{e}^{-3\tau_d s}+2\Phi_c(s)\mathrm{e}^{-2\tau_d s}+\Phi_f(s)\mathrm{e}^{-(3\tau_d-\tau_1)s}+\Phi_f(s)\mathrm{e}^{-(\tau_d+\tau_1)s}\right]} \tag{4.38}$$

在第二个比相器处有

$$\Phi_o(s)=\Phi_s(s)-\left[\Phi_s(s)\mathrm{e}^{-\tau_d s}+\Phi_c(s)+\Phi_f(s)\mathrm{e}^{-(\tau_d-\tau_1)s}\right] \tag{4.39}$$

令 $\Phi_s(s)=0$，由式(4.38)和式(4.39)可得到补偿后的光纤相位起伏比自由运作光纤相位起伏的传输函数：

$$\frac{\Phi_o(s)}{\Phi_f(s)} = \frac{1 + G(s)\left(e^{-2\tau_d s} - e^{-2\tau_1 s}\right)}{1 + 2G(s)e^{-2\tau_d s}} e^{-(\tau_d - \tau_1)s} \tag{4.40}$$

令环路滤波器增益趋于无穷大，计算幅频响应的最小值：

$$\lim_{|G(s)| \to \infty} \left| \frac{\Phi_o(s)}{\Phi_f(s)} \right| = \left| \frac{e^{-2\tau_d s} - e^{-2\tau_1 s}}{2e^{-2\tau_d s}} \right| \tag{4.41}$$

将式(4.41)中的拉普拉斯算子转换为傅里叶频率($s = j\omega, \omega = 2\pi f$)，可得到：

$$\lim_{|G(s)| \to \infty} \left| \frac{\Phi_o(s)}{\Phi_f(s)} \right| \approx \sin(4\pi \tau_1 f) \tag{4.42}$$

$f \ll 1/(8\tau_d)$时，可得到$\sin(4\pi \tau_1 f) \approx 4\pi \tau_1 f$，即

$$\lim_{|G(s)| \to \infty} \left| \frac{\Phi_o(s)}{\Phi_f(s)} \right| \approx 4\pi \tau_1 f, f \ll \frac{1}{8\tau_d} \tag{4.43}$$

式(4.43)表明，噪声补偿后的相位起伏等于未补偿时的相位起伏乘以$4\pi \tau_1 f$，是源端补偿方案的两倍左右。假定传输链路上的噪声是均匀分布的，则用户端补偿后的光纤光学频率传输相位噪声的噪声抑制比极限为

$$R_p(f) = \int_0^{\tau_d} \frac{(4\pi \tau_1 f)^2}{\tau_d} \mathrm{d}\tau_1 = \frac{1}{3}(4\pi \tau_d f)^2, f \ll \frac{1}{8\tau_d} \tag{4.44}$$

和源端补偿方案相比[参见式(3.35)]，该抑制比极限增大了四倍，而控制带宽极限缩小了一半。

4.6.2　基于光纤的双向光学相位比对技术

广泛应用的光学频率比对方案利用信号光往返传输的方法获取光纤噪声信息并对其进行补偿(Ma et al., 1994)，从而保证频率信号高保真地传递到远程端，远程用户利用该信号与本地频率基准进行比对，比对精度受限于传递环路时延，基于光纤的双向光学相位比对技术应运而生。类似于双向时间比对技术，该技术利用信号传播路径的近似对称来消除传播路径时延误差，是一种不需要有源光纤噪声补偿也可以比对远程激光频率信号的替代技术。本小节介绍基于光纤的双向光学相位比对技术，该技术理论上可突破传输时延的限制，进一步提高频率比对精度。

1. 基本原理

基于光纤的双向光学相位比对技术最早由意大利 INRiM 的 Calosso 等(2014)实现，他们在 47km 的实地光纤链路上实现了两台激光器输出激光频率的高精度

比对，频率稳定度达到 $5 \times 10^{-21}/10^4$s。该双向光学相位比对方案的原理如图 4.16 所示。处在本地端与远端的两台激光器 Laser 1 和 Laser 2 分别位于同一根光纤的两端，其相干长度均长于光纤传输距离。AOM 用于对激光频率的移频，以便从寄生反射光中提取出有用信号。AOM 1 的调制频率为 f_1，AOM 2 的调制频率为 f_2，FM1 和 FM2 为法拉第旋转镜，Laser 1(Laser 2)的输出激光分别经 50/50 分束器分成两束，其中一束经 FM 1(FM 2)反射留在本地端，作为参考光；剩余光信号送入光纤链路，由此 Laser 1 和 Laser 2 的激光信号沿着光纤相向传播，各自到达对端后分别与本地参考光合束拍频得到两者之间经光纤传输后的相对相位信息。假定 Laser 1 和 Laser 2 的激光频率均为 ν，位于远端的 Laser 2 的输出光信号传输经过 AOM 2 的频率调制后变为频率为 $\nu + f_2$ 的光信号，再通过光纤链路后进入本地端，在本地端又经 AOM 1 的频率调制后变为频率为 $\nu + f_2 + f_1$ 的光信号，与 Laser 1 的参考光合束后，进入 PD 1 得到的拍频信号频率为 $f_2 + f_1$。同样地，位于本地端的 Laser 1 的输出光信号经过 AOM 1 后，频率变为 $\nu + f_1$。该光信号通过光纤链路后到达远端，在远端经 AOM 2 的频率调制后变为频率为 $\nu + f_1 + f_2$ 的光信号，与远端 Laser2 的参考光合束后进入 PD2，也得到频率为 $f_2 + f_1$ 的拍频信号。通过比对这两个拍频信号，即实现两台激光器光学频率信号的双向相位比对。

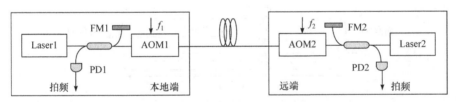

图 4.16　双向光学相位比对方案的原理图

　　两束光同时在同一根光纤上相向传播，可以近似认为这两个传播方向上叠加在激光信号上的相位噪声相等，因此两个拍频信号的差即可被动地抵消掉光纤噪声，得到对光纤噪声不敏感的光学信号比对。相对于主动噪声补偿，每束光在光纤中只传播一次，噪声和损耗都减半，因此光纤两端的光功率和信噪比更好，可以使用较少的放大器，并实现更高的跟踪带宽。由此可知，光纤双向相位比对在长距离光纤链路中有着突出优点，有利于实现更好的信号跟踪和显著减少周跳，实现自动化的远程控制。

2. 相位噪声理论极限的计算及分析

　　将本地端的 PD1 和远端的 PD2 探测到的两个射频信号所包含的相位噪声分别记为 ϕ_A、ϕ_B，其噪声成分可表示为

$$\phi_A = \phi_2(t-\tau) + \phi_{AOM2} + \phi_{21}(t) + \phi_{AOM1} - \phi_1(t)$$
$$= \left[\phi_2(t-\tau) - \phi_1(t)\right] + \phi_{AOM1} + \phi_{AOM2} + \phi_{21}(t) \tag{4.45}$$

$$\phi_B = \phi_1(t-\tau) + \phi_{AOM1} + \phi_{12}(t) + \phi_{AOM2} - \phi_2(t)$$
$$= \left[\phi_1(t-\tau) - \phi_2(t)\right] + \phi_{AOM1} + \phi_{AOM2} + \phi_{12}(t) \tag{4.46}$$

式中，ϕ_1、ϕ_2 分别表示 Laser1 和 Laser2 自身的相位噪声；ϕ_{AOM1}、ϕ_{AOM2} 分别为 AOM 1 和 AOM 2 引入的相位噪声；$\phi_{12}(t)$、$\phi_{21}(t)$ 分别为两个传播方向叠加在光纤链路上的共模相位噪声；τ 为光信号通过单程光纤链路的时延，记作 $\tau = L/c_n$，其中 c_n 为光在光纤中的传播速度，L 为光纤链路的长度。

假定 Laser1 与 Laser2 的相位噪声差异可忽略，即得到 $\left[\phi_2(t-\tau) - \phi_1(t)\right] = 0$ 及 $\left[\phi_1(t-\tau) - \phi_2(t)\right] = 0$，分别代入式(4.45)和式(4.46)，通过两式相减并求其一半，可得到双向光学比对的相位噪声，表示为

$$\phi_{two}(z,t) = \frac{1}{2}(\phi_B - \phi_A) = \frac{1}{2}\left[\phi_{12}(t) - \phi_{21}(t)\right] \tag{4.47}$$

由于两个传播方向上叠加在光纤链路上的相位噪声 ϕ_{12}、ϕ_{21} 会随着光在光纤中的传播位置和传播时间的累加而逐渐累积，其时域表达式可参考图 4.17 所示。

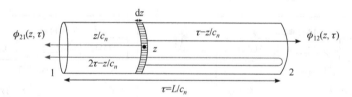

图 4.17　光纤叠加噪声示意图

当光信号从光纤端 1 向端 2 传播，经过时间 t 传播到位置 z 时叠加的光纤相位噪声可记作：

$$\phi_{12}(z,t) = \int_0^L \delta\phi\left[z, t - \left(\tau - \frac{z}{c_n}\right)\right] \mathrm{d}z \tag{4.48}$$

当光信号沿着光纤端 2 到端 1 传播，光信号经过时间 t 传播到位置 z 时所叠加的光纤相位噪声记作：

$$\phi_{21}(z,t) = \int_0^L \delta\phi\left(z, t - \frac{z}{c_n}\right) \mathrm{d}z \tag{4.49}$$

将式(4.48)和式(4.49)代入式(4.47)中，则双向比对相位差的时域表达式可以写为

$$\phi_{\text{two}}(z,t) = \frac{1}{2}\int_0^L \delta\phi\left[z, t-\left(\tau-\frac{z}{c_n}\right)\right]\mathrm{d}z - \frac{1}{2}\int_0^L \delta\phi\left(z, t-\frac{z}{c_n}\right)\mathrm{d}z \tag{4.50}$$

利用傅里叶变换的时移性质，即 $\mathcal{F}\left[f(t-a)\right] = \mathrm{e}^{-\mathrm{j}a\omega}\tilde{f}(\omega)$，对式(4.48)、式(4.49)进行傅里叶变换，记作：

$$\tilde{\phi}_{12}(\omega) = \int_0^L \mathrm{e}^{-\mathrm{j}\omega\left(\tau-\frac{z}{c_n}\right)}\delta\tilde{\phi}(z,\omega)\mathrm{d}z \tag{4.51}$$

$$\tilde{\phi}_{21}(\omega) = \int_0^L \mathrm{e}^{-\mathrm{j}\omega\frac{z}{c_n}}\delta\tilde{\phi}(z,\omega)\mathrm{d}z \tag{4.52}$$

其中，光纤位置 z 处长度为 $\mathrm{d}z$ 的光纤单元引入的光纤相位噪声记作 $\delta\tilde{\phi}(z,\omega)$。则式(4.50)经傅里叶变换后的频域表达式为

$$\begin{aligned}
\tilde{\phi}_{\text{two}}(\omega) &= \frac{1}{2}\left[\int_0^L \mathrm{e}^{-\mathrm{j}\omega\left(\tau-\frac{z}{c_n}\right)}\delta\tilde{\phi}(z,\omega)\mathrm{d}z - \int_0^L \mathrm{e}^{-\mathrm{j}\omega\frac{z}{c_n}}\delta\tilde{\phi}(z,\omega)\mathrm{d}z\right] \\
&= \frac{1}{2}\int_0^L \mathrm{e}^{-\mathrm{j}\omega\frac{\tau}{2}}\left[\mathrm{e}^{-\mathrm{j}\omega\left(\frac{\tau}{2}-\frac{z}{c_n}\right)} - \mathrm{e}^{\mathrm{j}\omega\left(\frac{\tau}{2}-\frac{z}{c_n}\right)}\right]\delta\tilde{\phi}(z,\omega)\mathrm{d}z
\end{aligned} \tag{4.53}$$

将 $\sin x = \dfrac{\mathrm{e}^{\mathrm{j}x} - \mathrm{e}^{-\mathrm{j}x}}{2\mathrm{j}}$ 代入式(4.53)，可得到

$$\tilde{\phi}_{\text{two}}(\omega) = -\int_0^L \mathrm{e}^{-\mathrm{j}\omega\frac{\tau}{2}}\left\{\mathrm{j}\sin\left[\omega\left(\frac{\tau}{2}-\frac{z}{c_n}\right)\right]\right\}\delta\tilde{\phi}(z,\omega)\mathrm{d}z \tag{4.54}$$

由相位噪声功率谱密度的定义，有 $S(\omega) = \left|\tilde{\phi}(\omega)\right|^2$。因此，光纤位置 z 处长度为 $\mathrm{d}z$ 的光纤单元引入的光纤相位噪声功率谱密度表示如下：

$$\mathrm{d}S_{\text{fiber}}(\omega, z) = \left|\delta\tilde{\phi}(\omega, z)\right|^2 \tag{4.55}$$

光纤链路引入的相位噪声功率谱密度可以通过对式(4.55)在整根光纤上积分得到。由于光纤链路引入的相位噪声与所在位置不相关，光纤相位噪声功率谱密度在光纤长度 L 上积分可写为

$$S_{\text{fiber}}(\omega) = \int_0^L \left|\delta\tilde{\phi}(\omega, z)\right|^2 \mathrm{d}z = L\times\mathrm{d}S_{\text{fiber}}(\omega, z) \tag{4.56}$$

将式(4.56)代入式(4.54)，整根光纤上的双向相位噪声密度谱公式可以记作：

$$S_{\text{fiber,two}}(\omega) = \frac{S_{\text{fiber}}(\omega)}{L} \int_0^L \left| \sin\left[\omega\left(\frac{\tau}{2} - \frac{z}{c_n} \right) \right] \right|^2 dz \tag{4.57}$$

根据正弦函数的性质 $\sin^2 x = \frac{1}{2}(1 - \cos 2x)$，可将式(4.57)化简为

$$
\begin{aligned}
S_{\text{fiber,two}}(\omega) &= \frac{S_{\text{fiber}}(\omega)}{L} \int_0^L \frac{1}{2}\left[1 - \cos 2\omega\left(\frac{\tau}{2} - \frac{z}{c_n} \right) \right] dz \\
&= \frac{S_{\text{fiber}}(\omega)}{2}\left[1 - \text{sinc}(\omega\tau) \right]
\end{aligned}
\tag{4.58}
$$

式中，$\text{sinc}(x)$ 的泰勒展开式为 $\text{sinc}(x) = 1 - \frac{x^2}{3!} + R_n(x)$，其中 $R_n(x)$ 为展开式中关于 x 的高阶无穷小余项，当 $x \ll 1$ 时，$R_n(x)$ 可忽略不计。当 $2\pi f\tau \ll 1$ 时，仅需将 $\text{sinc}(x)$ 泰勒展开式的前两项代入式(4.58)，从而得到双向光学相位比对系统的噪声抑制极限为

$$S_{\text{fiber,two}}(\omega) = \frac{S_{\text{fiber}}(\omega)}{2} \times \left(1 - 1 + \frac{\omega^2 \tau^2}{3!} \right) = \frac{S_{\text{fiber}}(\omega)}{12}\omega^2\tau^2 \tag{4.59}$$

可以看到，式(4.59)与主动抑制条件下的相位噪声极限表达式(3.35)类似，只在系数上相差 1/4，表明基于双向比对的被动补偿方案具有更低的相位噪声极限，在长距离光纤链路中有着更大的优势。

4.6.3　基于本地端测量的双向光学相位比对

在上述基于光纤的双向光学相位比对技术中，还需要额外引入一个时间同步信号去触发位于本地端与远端的频率计数器实现相位数据采集的同步性(Calosso et al., 2014)。若无该时间同步信号，则会引起两端仪器采集数据不同步。此时，虽然光路结构保持对称性，数据采集的不同步会导致数据丧失重叠度，无法通过相减的数据操作消除共模链路噪声，从而影响比对精度。为实现异地拍频信号的同步测量，Calosso 等(2014)在系统中配置两个跟踪直接数字合成器(tracking direct digital synthesizer)，虽然提高了比对系统的稳定度与可靠性，但给比对系统的电路设计带来了一定难度。之后，Bercy 等(2014a)提出将本地端与远端放置在同一实验室中，并使用一台多通道频率计数器实现了同步计数，在 100km 通信光纤上万秒频率稳定度达到 10^{-21} 量级。中国科学院国家授时中心研究团队在上述双向光学比对方案的基础上，提出一种基于本地端测量的双向光学相位比对方案。该方案最直接的优势在于两个拍频信号的测量均在同一地点完成，无须引入额外时间同步信号触发异地的多台仪器。同时，该方案所需器件少、成本低、比对精度高，

且因不存在闭环控制的锁定而具有较高的系统可靠性和连续运行能力(曹群,
2017)。本小节着重介绍基于本地端测量的双向光学相位的基本原理和相位噪声
理论极限的计算及分析。

1. 基本原理

　　基于本地端测量的双向光学相位比对方案的原理如图 4.18 所示(曹群等,
2017)。Laser 1 的输出激光分别经 50/50 分束器分成两束，其中一束经 FM 1 反射
留在本地端，作为参考光；剩余光信号送入光纤链路，到达远端后由 FM2 反射，
并与 Laser2 的输出光同向传输回到本地端，两束光与参考光拍频后再比对，即可
得到两束激光的相对相位信息。与 Calosso 等(2014)提出的方案相比，该方案只在
本地端设置光电探测器(PD)，用来接收远端光与本地端参考光之间的拍频信号，
以及本地光传输至远端后经反射原路返回的返回光与本地端参考光之间的拍频
信号。

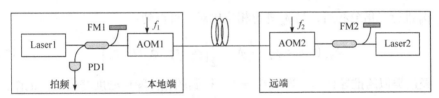

图 4.18　基于本地端测量的双向光学相位比对方案原理图

　　假定 Laser 1 和 Laser 2 的激光频率均为 ν ，远端 Laser 2 的输出光信号经过
AOM 2 后频率变为 $\nu + f_2$，再通过光纤链路后进入本地端。在本地端，该信号经
AOM 1 后频率变为 $\nu + f_2 + f_1$，与 Laser 1 的参考光合束后，进入 PD 1 进行拍频
测量，得到频率为 $f_2 + f_1$ 的拍频信号，记为 ϕ_A。类似地，本地端 Laser 1 的信号
光首先经 AOM1 频率调制后，再通过光纤链路送到远端，随后经 FM 2 反射原路
返回本地端，此时该光信号的频率为 $\nu + 2(f_2 + f_1)$，其与 Laser 1 的参考光合束后
进入 PD1 得到拍频信号，其频率为 $2(f_2 + f_1)$，记为 ϕ_B。由 Laser1 在光纤链路上
往返传输后产生的拍频信号包含二倍的单程链路噪声，对其进行二倍分频后，该
信号就与 ϕ_A 信号携带了相同倍数的链路共模噪声。将这两路信号进行相位比对可
消除链路上的相位噪声，得到高精度比对结果。

　　由于该方案使用单个光电探测器接受两个不同频率的拍频光，为了便于分辨
这两个拍频信号，需将该信号使用分束器分为两路后，分别对两路信号进行滤波。
为了消除反射光的相互作用对拍频结果的影响，AOM 1 与 AOM 2 的频点应避免
倍数关系，同时需将光路中的连接点进行熔接，减少连接点的数量，以尽量减小
光信号在连接点的插入损耗和反射现象。并且，由于该方案中的所有拍频测量均

位于本地端，双向光学比对所需要的所有拍频信号的频率/相位数据的采集、处理等操作可通过一台多通道频率计数器实现，解决了异地多台测量仪器之间难以同步触发的问题，可以实现真正意义上的异地测量。

2. 相位噪声理论极限的计算及分析

基于本地端测量的双向光学相位/频率比对方案的理论噪声极限分析可参照4.6.2 小节的理论模型。假定本地端和远端的激光器选用同源激光器，两个拍频信号 ϕ_A、ϕ_B 分别表示为

$$
\begin{aligned}
\phi_A &= \phi_2(t-\tau) + \phi_{\text{AOM2}} + \phi_{21}(t) + \phi_{\text{AOM1}} - \phi_1(t) \\
&= \left[\phi_2(t-\tau) - \phi_1(t)\right] + \phi_{\text{AOM1}} + \phi_{\text{AOM2}} + \phi_{21}(t)
\end{aligned}
\tag{4.60}
$$

$$
\begin{aligned}
\phi_B &= \phi_1(t-2\tau) + \phi_{\text{AOM1}} + \phi_{12}(t-\tau) + \phi_{\text{AOM2}} + \phi_{\text{AOM2}} + \phi_{21}(t) + \phi_{\text{AOM1}} - \phi_1(t) \\
&= \left[\phi_1(t-2\tau) - \phi_1(t)\right] + 2\left(\phi_{\text{AOM1}} + \phi_{\text{AOM2}}\right) + \phi_{12}(t-\tau) + \phi_{21}(t)
\end{aligned}
\tag{4.61}
$$

ϕ_B 进行二倍分频后，与 ϕ_A 进行相位比对，可得到：

$$
\phi_{\text{two}}(z,t) = \phi_A - \frac{1}{2}\phi_B = \frac{1}{2}\left[\phi_{21}(t) - \phi_{12}(t-\tau)\right]
\tag{4.62}
$$

经过类似的推导计算，当 $4\pi f\tau \ll 1$，得到的相位噪声密度谱公式，记作：

$$
S_{\text{fiber,two}}(\omega) = \frac{S_{\text{fiber}}(\omega)}{2} \times \left(1 - 1 + \frac{4\omega^2\tau^2}{3!}\right) = \frac{S_{\text{fiber}}(\omega)}{3}\omega^2\tau^2
\tag{4.63}
$$

可以看到，式(4.63)与主动噪声补偿下的相位噪声抑制比极限表达式[参见式(3.35)]相同，说明基于本地测量的双向光学相位比对方案抑制光纤共模相位噪声的能力与使用闭环控制来进行光纤相位噪声补偿的方案相当。由于该方案不涉及闭环锁定，提高了系统的稳定性、可靠性及连续运行能力，且所需的光学、电路器件少，结构简单，成本低，有望成为一种应用于远距离光钟或其他原子钟之间的高精度频率比对更可靠的方案。

4.6.4　通信光网络无损接入技术

利用专用光纤进行时间频率传递已经取得了巨大进展，其主要性能指标已基本满足了高性能原子钟间进行比对时对传递性能的要求。但是，实际用户分布在广域范围内，要满足在数千公里范围内的高精度时间频率传递，仅利用专用光纤是不现实的，因此利用现有光网络资源是必然的选择。

如何在不影响网络通信的情况下，利用现有光网络进行高精度时间频率传递具有重要的意义。利用光交换技术实现高精度时间频率传递引起了广泛重视，该技术采用具有波长选择效应的光学分插复用器(optical add drop multiplexer,

OADM)，在波分复用系统中将特定波长(信道)的信号光导入或导出光纤；其余波长(信道)的信号光可以不受影响地通过 OADM，并继续沿原光纤传输。已有的 OADM 包括薄膜滤波器、含环行器的光纤布拉格光栅(fiber brag grating, FBG)、自由空间光栅器件，集成平面分布式波导光栅等。图 4.19 所示为光纤光频信号无损接入通信光网络的工作原理示意图。在节点 N 处，作为本地信号光的超稳光源输出的载波频率 λ_1 被锁定到某频率基准上，载波频率的稳定度和准确度反映了频率基准的稳定度和准确度。利用 OADM，可将本地信号光 λ_1 接入光纤某一信道。在接收端节点 M 处，同样利用 OADM 将被传频率信号光 λ_1 从光纤某一信道中导出。该信号光经过 EDFA(最大输出功率约为 200mW，增益>14dB)以补偿在传输过程中的功率损耗，然后经由部分反射镜，一部分光被原路反射回节点 N 处的本地端。被返回信号光上携带的光纤噪声在本地端被探测，并通过声光调制器、光纤拉伸器和扰偏器等元件进行前置补偿。由此，在节点 M 处，用户就可以得到与节点 N 处稳定度和准确度一致的光载波频率。在这一过程中，光纤中其他信道的传输信号并未受到干扰。同时，由于采用了全光学技术，该技术没有光电和电光转换等问题。因此，原则上 OADM 方法不仅可以实现光学载波频率信号的高精度远程传递，还可以实现微波频率信号及时间编码信号的高精度远程传递。

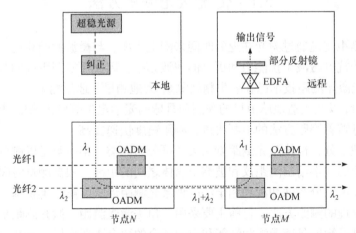

图 4.19　光纤光频信号无损接入通信光网络的工作原理示意图

第 5 章　自由空间激光时间传递和测距技术

微波传输等原因造成的系统延迟,对流层和电离层电子数量的不确定性影响,导致时间比对精度低、系统误差大。由于激光信号具有更高载波频率和带宽,且具有系统误差少等优点,利用激光进行高精度单点测距和时间传递的研究受到广泛关注,是目前公认所有测距和时间比对方法中精度最高的一种。随着脉冲锁模技术的不断成熟,具有高相干性和窄脉冲特性的飞秒光频梳技术开始在激光测距和时间传递中获得应用,通过将光学相干测量技术和脉冲飞行时间测量技术融合在一起,可以解决光学长度度量中长距离和高精度之间的矛盾。本章主要介绍目前常用的传统激光测距方法、卫星激光测距、星地激光时间传递技术,以及基于飞秒光频梳的测距技术。

5.1　传统激光测距方法

激光测距就是通过激光往返的时间来测定距离。与微波测距相比,激光测距具有良好的抗电磁波干扰能力和更高的载波频率,因此可实现更高的测量精度。目前,传统激光测距技术已在各类精密测量(大地测量、地形测量、工程测量、航空摄影测量,以及人造地球卫星的观测和月球的光学定位等航天测量)中发挥重要应用,并且随着测距方法的不断改进,测距精度快速提高。

从原理上分,传统激光测距方法大致可分为两类。第一类是以测量光速和往返时间乘积的一半给出测距仪和被测量物体之间的距离。根据测量时间方法的不同,通常又可以分为脉冲法和相干法两种激光测距形式。第二类是基于激光横向位移传感原理的测距方法,目前主要采用三角法激光测距。激光测距系统中,测量范围和测量精度是衡量测距性能和应用场合的两个重要指标。本节主要对这三种传统激光测距方法进行简要介绍。

5.1.1　脉冲法激光测距

脉冲法激光测距是通过直接测量激光脉冲往返的飞行时间来实现距离测量(舒香, 2020; 杨佩, 2010; Lange, 2000)。脉冲法激光测距的原理如图 5.1 所示。测距仪发射一束短脉冲激光,同时由计时电路记录脉冲激光发射时间;经过待测距离 L 后,脉冲激光被目标物体反射,激光接收系统收到回波信号,由计时电路记录回波信号到达时间。通过计算脉冲激光发射和回波信号到达探测器之间的时间间隔 τ，已知光在空气中的传播速度为 c，可计算出目标对象和激光测距仪之间的距离：

$$L = \frac{1}{2}c \cdot \tau \tag{5.1}$$

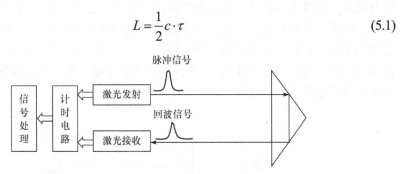

图 5.1　脉冲法激光测距原理图

当光速一定时(不考虑大气中光速的微小变化)，测距精度 ΔL 主要取决于脉冲发射到脉冲接收之间的时间间隔 τ 的精度 $\Delta \tau$，即 $\Delta L = \frac{1}{2}c \cdot \Delta \tau$。时间间隔的测量精度与多种因素有关，包括脉冲的宽度、探测器信噪比、目标物体对脉冲的反射、大气对激光的吸收散射和光学系统对脉冲的展宽等(杨佩，2010)。通过研制和采用低时间抖动的单光子探测器和高分辨率的事件计时器，设计不产生波前畸变与脉冲展宽的光学系统，应用性能更优异的锁模脉冲激光器等手段，可提升时间间隔测量的精度。此外，由于大气中光速受到气压、温度、湿度等因素的影响，需要实时监测环境变化，从而精确计算光速的实时变化，实现高精度的测距。

目前的脉冲法激光测距已实现厘米级甚至毫米级的测量精度。脉冲法激光测距的测量范围主要由脉冲激光的发送周期，即重复频率的倒数来决定。当重复频率为 1kHz 时，对应的测距范围为 30km。因此，脉冲法激光测距的测量距离大，一般在几百米到几十公里之间，进一步可拓展到几万甚至几十万公里的卫星、月亮到地球之间的距离测量，该方法是目前精密测距的主要方法之一。

5.1.2　相干法激光测距

相干法激光测距是基于连续波和相干探测体制实现相对距离位移测量的方法，可以分为干涉法激光测距和相位法激光测距。

1. 干涉法激光测距

干涉法激光测距是基于激光的长相干时间（或长相干长度）特性，利于光的干涉原理进行测距的方法(Pierce et al., 2008; Nagano et al., 2004)。图 5.2 所示为基于迈克耳孙干涉仪实现干涉测距的原理示意图。由激光器发出的光经分光镜分成两束，一束光作为参考光，该束光到达反射镜 M1 后，经反射原路返回；另一束光用作测量光束，该束光到达反射镜 M2 后，被反射回来。两束光再次经过分束器合束后，形成干涉信号。假设 M2 初始所在位置已知，通过移动反射镜 M2 直到到达待测物体所在处，可观测到干涉信号周期性地明暗变化，干涉信号的明暗变化次数 N 对应于被测物体相对 M2 初始所在位置的位移 ΔL，可表示为 $\Delta L = N \cdot \lambda/2$。因此，可以通过对 N 的计数得出被测物体相对已知位置的距离，$\lambda/2$ 被认为是度量距离的"光尺"。

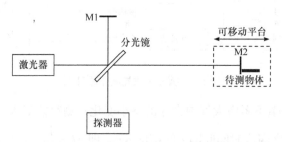

图 5.2　基于迈克耳孙干涉仪实现干涉测距的原理示意图

利用干涉法激光测距的测量距离受限于激光波长，即 $\lambda/2$。由于激光波长通常很短，只能达到微米量级，干涉法激光测距无法测量绝对距离。该方法测距的精度由测定两束干涉光之间的相对相位的测量分辨率来决定，可实现纳米甚至皮米级的测距精度。

2. 相位法激光测距

为增大相干法激光测距的模糊距离，相位法激光测距被提出。该方法是利用射频波段的频率对激光束进行调制幅度或频率调制，并测定调制光往返待测距离一次所产生的相位延迟，再根据调制波长，换算出光经往返测线所需的时间，进而通过与光速的乘积给出此相位延迟所代表的距离(Reibel et al., 2010; Hancock, 1999; Takeuchi et al., 1983)。这里以基于幅度调制(amplitude modulated continuous wave, AMCW)的相位法激光测距为例，其基本原理图如图 5.3 所示。

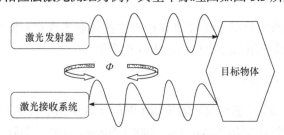

图 5.3　基于幅度调制的相位法激光测距基本原理图

　　假设调制到激光强度上的射频信号频率为 f，调制激光信号在待测距离 L 上往返传播所形成的相位差为 Φ，则光在两地间往返传播的时间可表示为

$$\tau = \frac{\Phi}{2\pi f} \tag{5.2}$$

　　将式(5.2)代入式(5.1)，得到距离的表达式为

$$L = \frac{c\tau}{2} = \frac{\Phi \cdot c}{4\pi f} \tag{5.3}$$

　　给定调制频率和大气条件下，$\dfrac{c}{4\pi f}$ 是一个常数，此时距离的测量就变成了相位差 Φ 的测量。如果测得的相位差可表示为

$$\Phi = m\pi + \Delta\varphi = \pi(m + \Delta m) \tag{5.4}$$

其中，m 为 0 或正整数；$\Delta m = \Delta\varphi / \pi$，为小数。则激光发射器到目标物体间的距离可表示为

$$L = \frac{c}{4f}(m + \Delta m) = L_s(m + \Delta m) \tag{5.5}$$

　　与干涉法测距类似，相位法测距只能精确测量出相对相位变化 $\Delta\varphi$，而不能确定出相位的整数倍 m，因此 $L_s = \dfrac{c}{4f}$ 被认为是度量距离的"光尺"。相比干涉法，$L_s \gg \lambda/2$，可度量距离大幅扩展。当被测距离 L 较长时，可通过进一步降低调制频率，使得 L_s 大于 L，但同时也使测距精度的降低。为了解决测量距离和测量精度之间的矛盾，通常采用多种频率相结合的调制方式，即通过高频调制保证测距精度，而通过低频调制保证测量的最大不模糊距离(Hancock, 1999)。

　　目前，基于幅度调制的相位法测距技术可达到的测量距离为百米量级，测距精度为毫米量级。但受峰值功率限制，其作用距离较短，且不具备速度测量的能力。基于频率调制(frequency modulated continuous wave, FMCW)、随机调制(random modulated, RM)和脉冲位置调制(pulse position modulation, PPM) 等技术的发展，都是在此基础上，以提高距离分辨率和抗干扰性能为目标，这里不再赘述。

5.1.3　三角法激光测距

　　三角法激光测距也是常用的传统激光测距方法之一。三角法激光测距系统通常由激光光源、成像系统和位置敏感的光电探测器组成，激光照射到被测物体目标后被反射，反射激光经由成像系统聚束后在位置敏感光电探测器上成像(Clarke et al., 1991)。当被测物体发生移动，其在光电探测器上的成像点也随之移动，根

据测量到的成像点的移动量和已知的基线长度，结合几何光学特性，即可求出被测物体与测距系统的距离。

　　根据入射激光与被测物体表面法线夹角的不同，三角法激光测距通常可分为用直射式和斜射式两种结构(徐俊峰，2012；莫伟，2008；唐朝伟等，1994)。直射式三角法激光测距原理如图 5.4(a)所示，激光器发出的光束经会聚透镜聚焦后垂直入射到被测物体表面上，物体移动或其表面变化导致入射点沿入射光轴的移动。入射点处的散射光经接收透镜入射到光电探测器上。若光点在成像面上的位移为 x'，则可反推出被测面沿其法线方向的位移为

$$x = \frac{ax'}{b\sin\theta - x'\cos\theta} \tag{5.6}$$

式中，a 为激光束光轴和接收透镜光轴的交点到接收透镜前的距离，即物距；b 为接收透镜到成像面中心点的距离，即像距；θ 是激光束光轴与接收透镜光轴之间的夹角。由式(5.6)可以看出，光电位置探测器的分辨率(对应 x' 的最小可分辨值)、激光束光轴与接收透镜光轴之间的夹角 θ 和光学系统中选用的透镜焦距决定了三角法激光测距的分辨率。位置敏感光电探测器通常采用高分辨率的电荷耦合器件(charge coupled device, CCD)。假设 CCD 像元大小为 4.4μm，即 x'=4.4μm，选择夹角 θ=30°，镜头焦距为 25mm，考虑到镜头对焦距离，设置物距为 a=300mm。代入式(5.6)中得到 x=0.0968mm，为最小可分辨距离。进一步增大夹角和焦距，可使三角法激光测距的最小分辨率减小。

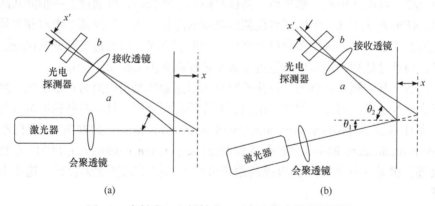

图 5.4　直射式(a)和斜射式(b)三角法激光测距原理图

　　斜射式三角法激光测距原理如图 5.4(b)所示。激光器的输出光入射到被测面上，和被测面的法线成角度 θ_1。同样地，被测面沿其法线方向的移动将导致接收透镜后成像光点在成像面上的位移。若光点在成像面上的位移为 x'，成像透镜光轴与被测面法线之间的夹角为 θ_2，则被测面在沿法线方向的移动距离为

$$x = \frac{ax'\cos\theta_1}{b\sin(\theta_1+\theta_2)-x'\cos(\theta_1+\theta_2)} \tag{5.7}$$

三角法激光测距具有结构简单、精度较高等优点，适合测量微小位移。斜射式相较直射式的测距分辨率要高，其缺点是不能用于被测物体表面法线无法确定的情形(莫伟, 2008)。目前，基于三角法激光测距精度可达到 1μm，测距范围约为百米，广泛运用于物体位移、厚度和三维面形等方面的测距。但其测量精度也跟量程相关，量程越大，精度越低，且受光学系统和探测器 CCD 分辨率的限制。

5.2 卫星激光测距

卫星激光测距(satellite laser ranging, SLR)是脉冲法激光测距技术向星地距离的延伸，通过测量激光脉冲从地面观测站到装有后向反射器的卫星之间的往返飞行时间，从而计算出卫星到观测站间的距离。1964 年，随着装有后向反射器的人造卫星 Beacon Explorer B(BE-B)的成功发射，美国 NASA 戈达德太空飞行中心(Goddard Space Flight Center, GSFC)首次成功地演示了对近地卫星的激光测距。自此，SLR 技术迅速发展，测距精度从几米提高到几毫米，测距范围达到几十万公里。目前，SLR 已被广泛用于卫星精密定轨，是地球动力学、大地测量学、地球物理学和天文学等学科的重要研究手段(Appleby et al., 2016; 李洪波等, 2013; 韩光宇等, 2012)。SLR 的地面观测站已由原来的少数几个 NASA 支持的站点发展到现在分布于全球各地 50 余个 SLR 固定观测台站及若干流动观测台站，形成的全球卫星激光测距网是国际空间大地测量观测网的重要组成部分。SLR 也成为高精度空间碎片测量的一项重要手段(张忠萍等, 2016; Kirchner et al., 2013)。

5.2.1 卫星激光测距系统的基本组成

卫星激光测距系统主要由脉冲激光器、望远镜、光电接收系统、时-频系统、控制和信号处理系统等部分组成，其工作原理如图 5.1 所示，系统框图作为星地激光时间传递系统的组成部分，将在 5.3.1 小节介绍，这里不再单独画图示意。

1) 脉冲激光器

在保证脉冲激光器输出能量足够高的条件下，激光脉冲的宽度是决定激光测距精度的主要因素。经过几十年的发展，所使用的脉冲激光器及对应可达到的激光测距精度可以分为三代。

第一代：脉冲宽度为 10～40ns，测距精度为 1～6m，多数采用带调 Q 开关的红宝石激光器。

第二代：脉冲宽度为 2～5ns，测距精度为 30～100cm。

第三代：脉冲宽度为 $0.1 \sim 0.2 \mathrm{ns}$，测距精度为 $1 \sim 3 \mathrm{cm}$，多数采用锁模掺钕钇铝石榴石(Nd:YAG)激光器。

此外，通过提高脉冲激光器的重复率，可以提高数据量，从而有效减少测量误差。因此，对高重复率激光发射系统的研究是 SLR 系统研究的热点之一，目前已实现 SLR 技术。

2) 望远镜

望远镜需要安置在转台上，可绕横轴和竖轴转动，以指向不同方位角和不同高度角的卫星。工作时，激光脉冲经发射望远镜准直扩束后射向卫星，卫星的星载反射器将激光原路返回，由望远镜接收后被光电接收系统探测。

3) 光电接收系统

光电接收系统用来探测返回的激光脉冲，进而通过时-频系统计量脉冲发射和返回时间间隔。因此，对返回脉冲的探测成功率对 SLR 系统整体性能有重要影响，其关键技术是影响探测成功率的后向散射回波的处理。目前，国际上广泛采用单光子探测器接收从卫星返回的回波脉冲。基于单光子探测技术不再需要对由于受到大气干扰等原因而产生回波脉冲畸变进行测定，提高了回波脉冲的位置测量精度。同时，采用干涉滤光片可限制其他波长的杂散光而仅让激光信号通过，能大幅度减少天空背景噪声的影响，并使激光测距有可能在白天进行。

4) 时-频系统

时-频系统包括计时器和时基两部分,计时器用来计量脉冲发射和返回时刻及两者之间的时间间隔，时基用来为计时器提供稳定的时间频率参考。因此，时-频系统的精度是 SLR 精度的基础。当卫星距离测距仪的距离为 1 万公里时，频率稳定度优于 10^{-10} 的时-频系统误差所造成的影响小于 1mm。

5) 控制和信号处理系统

控制和信号处理系统的主要功能是进行卫星轨道预报，通过伺服系统实现自动跟踪，设置距离门，采集观测数据，进行数据预处理等。根据测站坐标的方位角和激光卫星的预报星历可求出不同时刻卫星的方位角和高度角，伺服系统的马达能不断驱动望远镜绕纵轴和水平轴旋转，以平稳地、连续地跟踪卫星。

5.2.2　卫星激光测距误差来源及改正

卫星激光测距误差的来源及改正项包括：地面系统信号延迟改正、观测时间改正、大气延迟改正、卫星上的反射器偏心改正、潮汐改正、相对论改正、测站距离偏差和时间偏差改正、测站板块运动改正。

1) 地面系统信号延迟改正

这项误差是由于激光测距仪脉冲信号在测距仪内部传播时的时间延迟，以及计时器的位置与测距仪的几何中心不一致而引起的，可以通过在观测前后对地面靶的校正观测来测定。地面靶至仪器中心间的距离事先采用其他方法精确测定。

2) 观测时间改正

一般都采用激光脉冲信号到达卫星的时刻作为 SLR 观测时间。工作钟与标准时间之间存在差异，可以通过时间比对求得。此外，工作钟取样时刻和激光脉冲信号的发射时刻之间也存在差异，此改正项称为触发延迟改正。信号传播时间也需要改正。

3) 大气延迟改正

由于激光脉冲信号在传播过程中需穿过大气层往返两次，上行和下行穿过大气层引起的时延改正称为大气延迟改正，一般可分为电离层延迟和对流层延迟两项。由于激光测距仪使用的是频率极大的光信号，而电离层延迟又是与信号频率的平方成反比，电离层延迟可以视为零而无须考虑。大气延迟改正主要是对流层延迟改正。

4) 卫星上的反射器偏心改正

该项改正是卫星上反射器与卫星质心不重合导致，由于 SLR 测定的是从测距仪至卫星上反射器间的距离，而定轨时需要确定的是从测距仪至卫星质心的位置，因此需对这一位置偏差进行改正，通常在卫星发射前可精确测定该偏差。

5) 潮汐改正

固体潮和海洋负荷会引起测站坐标的变化，从而影响距离观测值，由极移变化导致的测站坐标变化称为极潮改正，大气变化产生的负荷将引起测站位移变化。

6) 相对论改正

根据爱因斯坦广义相对论原理，光线在引力场中传播时，传播速度会变慢，路径也会产生弯曲，这就是电磁波在引力场中的延迟效应。在实际系统中，主要考虑 Sagnac 效应引起的延迟变化。

7) 测站距离偏差和时间偏差改正

测站距离偏差和时间偏差是测距过程中存在的系统误差，可作为待评估参数在定轨时解算。

8) 测站板块运动改正

由国际地球参考框架(the international terrestrial reference frame, ITRF)确定的测站坐标可以给定测站运动速度和初始历元，可归算到相应历元的测站坐标和坐标运动改正。

5.3　星地激光时间传递技术

星地激光时间传递是基于卫星激光测距技术发展起来一种时间传递手段，利用激光脉冲在地面测距站和卫星或卫星间的传播实现星地、地面上两个远距离钟甚至两个卫星钟之间时间的同步(Fridelance et al., 1997, 1995; 杨福民等, 1984, 1982)。由于激光具有波长短、频率高，且系统误差少等优点，星地激光时间传递技术已显现出比微波技术高至少1～2个量级的传递精度。但由于易受天气条件的影响，该技术还不能作为常规的比对手段，但可用于对微波卫星双向时间比对系统误差及其稳定性进行标校。随着目前空间站项目的实施，星地激光时间传递技术还可用于提高空间站轨道和空间原子钟差的预报精度。星地激光时间传递不仅限于星地之间，两个卫星间也可以利用该技术进行时间传递。

5.3.1　星地激光时间传递系统构成

星地激光时间传递系统主要包括星载测量设备、地面激光测距设备和相应的数据处理系统。星地激光时间传递系统组成如图5.5所示(王元明等, 2008)。星载测量设备系统由激光反射器和激光时差测量仪组成。激光反射器主要用于反射地

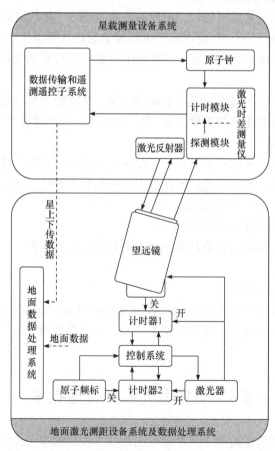

图 5.5　星地激光时间传递系统组成(王元明等, 2008)

面测距站发射的激光信号，测量星地距离；激光时差测量仪的主要功能是接收地面发来的激光信号，并精确测量出此激光信号与星钟秒脉冲的时间差，然后将此时差发回地面站。地面激光测距设备系统及数据处理系统根据地面激光发射时刻、时差测量仪测得的时间差和星地距离等数据，精确计算出星地时统的钟差，从而实现高精度星地时间同步。

5.3.2　星地激光时间传递原理

星地激光时间传递的基本原理如图 5.6 所示。地面测距站在 T_0 时刻向卫星发射激光脉冲，该脉冲到达卫星后一部分被卫星接收用于记录相对卫星时钟的脉冲到达的时刻 T_{0S}，另一部分由卫星反射器反射回地面测距站，地面测距站记录该激光脉冲返回相对地面时钟的时刻值 T_{0R}。地面测距站根据卫星传送下来星上的观测值，以及测得的两个激光脉冲发射和接收时刻可以计算出卫星时钟与地面时钟之间的钟差，完成星地之间的时间比对。

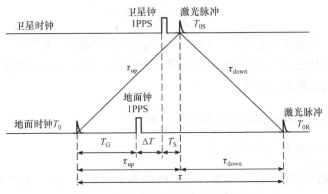

图 5.6　星地激光时间传递基本原理

如图 5.6 所示，T_G 为地面激光发射时刻与地面时钟秒脉冲的时间间隔，由地面的计时设备测量得到；T_S 为激光信号到达卫星的时刻与卫星时钟秒脉冲的间隔，由星载计时器测量得到；τ 为激光信号在地面测距站与卫星间的往返时间间隔，由卫星激光测距测得；τ_{up}、τ_{down} 分别为激光信号的上行传播时延和下行传播时延。地面测距站根据地面计时器记录的 T_G、星载计时器记录的 T_S 和解算出的激光上行传播时间 τ_{up}，可以获得卫星时钟和地面时钟的钟差 ΔT：

$$\Delta T = \tau_{up} - T_S - T_G \tag{5.8}$$

由于各种效应，τ_{up} 和 τ_{down} 不同，两者差值记为 Δ，其中包括反射器和探测器位置差异、设备引起的时延偏差 τ_{Geo}，大气上下行不一致性带来的偏差 τ_{Atm}，由于地球自转引起的 Sagnac 效应导致的相对论偏差 τ_{Rel}。

$$\Delta = \tau_{\text{Geo}} + \tau_{\text{Atm}} + \tau_{\text{Rel}} \tag{5.9}$$

其中，地球自转引起的 Sagnac 效应导致的相对论偏差 τ_{Rel} 可表示为(王元明等，2008)

$$\tau_{\text{Rel}} = \frac{2\omega \cdot S_{\text{E}}}{c^2} \tag{5.10}$$

式中，ω 为地球自转角速度；c 为光速；S_{E} 为卫星、地面站与地心构成的三角形在赤道面上投影的面积。当信号传递方向和地球自转速度同方向时，Δ 为负值，反之为正值。

根据 $\tau = \tau_{\text{down}} + \tau_{\text{up}}$，经过差值改正后，得到激光信号的上行传播时延为

$$\tau_{\text{up}} = \frac{\tau}{2} + \Delta \tag{5.11}$$

将式(5.10)代入式(5.8)，可以获得卫星时钟和地面时钟的钟差 ΔT 为

$$\Delta T = \frac{\tau}{2} - T_{\text{S}} - T_{\text{G}} + \Delta \tag{5.12}$$

星上计时器测得的激光信号到达卫星的时刻与星载原子钟秒信号的时间间隔 T_{S} 经过数据传输链路发回地面，地面测距站利用测得的 τ、T_{G} 和收到的 T_{S} 即可解算出星地时间系统的钟差 ΔT。

5.3.3 星地激光时间传递的校准和误差分析

1. 星地激光时间传递的校准

为了实现高精度的钟差测量，需要精确测定激光信号的上行传播时延 τ_{up} 和下行传播时延 τ_{down} 之间的差值 Δ，通过差值改正，获得如式(5.12)所示的卫星时钟和地面时钟的钟差 ΔT。这里主要讨论对反射器和探测器位置差异、设备引起的时延偏差 τ_{Geo} 的校准。

由于星上的激光反射器与激光探测装置通常安装在卫星的不同位置，激光信号到达反射器和激光探测器的时刻会略有差别。此外，各设备还存在额外的内部时延偏差。进行星地激光时间比对时，应提前对星载设备和地面站设备的时延，以及上述的位置误差时延进行测量和标定，进而对星地时间系统的钟差 ΔT 进行修正。系统各时延偏差的校准方法及其校准精度简述如下(王元明等，2008)。

(1) 卫星激光测距系统的时延校准。卫星激光测距系统的时延通常采用近地靶校准的方法精确测定。近地靶与望远镜距离非常近，大气对地靶校正值几乎没有影响。采用 300 次地靶测量的平均值进行校准，精度可优于 3mm。

(2) 设备延迟的校准。在激光时差测量仪原理样机的研制完成后，可在实验

室对激光探测器和激光计时器的系统时延进行仔细标定，误差小于 0.5ns。

(3) 激光探测器的位置修正。利用全站仪对激光探测器和激光反射器的位置参数进行测定，可实现相对位置的测定误差小于 2mm，激光探测器位置修正误差小于 10ps。

2. 星地激光时间传递的误差分析

根据式(5.12)，对于钟差 ΔT 的测量误差 $\sigma_{\Delta T}$ 可以表示为

$$\sigma_{\Delta T}^2 = \frac{1}{4}\sigma_\tau^2 + \sigma_{T_s}^2 + \sigma_{T_t}^2 + \sigma_{Geo}^2 + \sigma_{Atm}^2 + \sigma_{Rel}^2 \tag{5.13}$$

式中，$\sigma_{\Delta T}$ 为星地时差的测时误差；σ_τ 为星地激光测距的误差；σ_{Geo} 为反射器和探测器位置差异、设备引起的时延偏差修正后的不确定度；σ_{Atm} 为激光脉冲上行与下行路径的大气不对称性引起的剩余误差；σ_{Rel} 为 Sagnac 效应修正后的剩余误差；σ_{T_s} 为到达卫星的激光脉冲相对于卫星秒脉冲的时间间隔测时误差，此项误差包括星载激光探测器的测时误差 σ_{DS}、星载计时器的测时误差 σ_{ET} 和星载钟秒脉冲抖动 σ_{CS}，可写为 $\sigma_{T_s}^2 = \sigma_{DS}^2 + \sigma_{ET}^2 + \sigma_{CS}^2$；$\sigma_{T_t}$ 为地面激光发射时刻的测时误差，包括地面钟秒脉冲的抖动 σ_{CG}、激光发射脉冲探测器的测时误差 σ_{DG} 和计时器的测时误差 σ_{TG}，可表示为 $\sigma_{T_t}^2 = \sigma_{CG}^2 + \sigma_{DG}^2 + \sigma_{TG}^2$。

对于星地激光时间比对来说，由于对 τ_{Rel} 和 τ_{Geo} 修正的精度很高，它们的误差贡献 σ_{Geo} 和 σ_{Rel} 可以忽略不计(Samain et al., 1998)。根据对以上各种误差的影响分析，结合目前测距系统的情况和设计水平，星地激光时间比对的单次测量精度可以达到优于 100ps 水平。这些误差项最终影响激光时间传递的稳定度，由 TDEV 表示。时间稳定性 TDEV 曲线在短期和长期具有不同的变化规律。短期稳定度基本与 $1/\sqrt{\tau}$ 成正比，而长期测量稳定度则存在一个拐点，除了由测量设备决定以外，还与激光传递链路的多个环节多个因素的稳定性有关。

5.3.4　激光时间传递研究进展

自 20 世纪 70～80 年代起，随着激光测距技术及时间测量技术的发展，国外有关高校和研究所广泛开展了激光时间比对试验方面的研究，由于当时卫星通信技术尚未发达，所做的试验基本上是以地面上或地面与飞机之间的时间比对。1988 年，静止轨道激光同步(laser synchronization from stationary orbit, LASSO)试验计划实现了首个星载激光时间比对设备的发射，并成功开展了国际首次星地时间传递试验；之后，星地激光时间比对技术一直处于方案讨论和设计阶段，多次星地时间比对计划未能实施。直到 2007 年，我国北斗导航卫星星地激光时间传递(laser time transfer, LTT)系统和 2008 年法国 T2L2(time transfer by laser link)时间比对系统的顺利升空才使得激光时间传递技术又得到进一步的重视，欧洲航天局(European Space Agency, ESA)也为其 ACES 提出了欧洲激光时间(ELT)比对项目，目前正在计划实施中。本小节将对激光时间传递比对的发展进行简要介绍。

1. 地面与飞机间的激光时间比对试验

国际上首次激光时间比对试验是在地面和飞机间进行，由美国马里兰大学 Alley 研究组与惠普(Hewlett-Packard, HP)公司、海军天文台于 1975 年合作完成，其目的是验证爱因斯坦广义相对论关于时间理论的正确性(杨福民等，2004；李鑫，2003；Alley, 1983)。该试验的地面站位于帕图森特(Patuxent)的海军航空试验中心，时钟系统包括 3 台 HP 5071A 铯原子钟和 3 台 Efratom 公司的铷钟，同时配有快速光电探测器、事件计时器及计算机记录系统。试验所用飞机为一架海军 P3C 反潜机，它能够在 10700m 高空停留 15～16h。飞机上采用了相同的时钟系统、光电探测器、事件计时器及用于数据采集存储的计算机，并在飞机左右外侧各安装了一个角反射器，用于反射地面发射的激光脉冲。该试验共进行 5 次，每次 15h，通过扣除飞行前和飞行后地面与机载两组时钟的频漂，观测到飞行过程中地面时钟和机载时钟的钟差发生连续变化，变化量为(47.11 ± 0.25)ns，恰好与相对论预计的时差变化(47ns)吻合，验证了爱因斯坦广义相对论中时间理论的正确性。

2. 地面精密激光时间比对试验

随后，美国马里兰大学 Alley 研究组在美国国家航空航天局哥达德航天飞行中心(NASA/GSFC)的光学观测站和海军天文台(United States Naval Observatory, USNO)总部之间(相距约 25km)开展了地面精密激光时间比对试验(Alley et al., 1992)，实现了激光时间比对，精度达到 40ps 量级。为进一步验证地面上相对论效应对于两地钟差的影响，该研究组还尝试了搬运钟时间比对试验，通过在一辆来往于 GSFC 站和海军天文台之间的流动车上搭载一台氢原子钟(Sigma-Tau 公司生产)和测时设备，来比对两地钟差。由于测量系统误差影响，两地时差测量的准确度仅为 100ps。根据广义相对论中时间理论，在上述两站(投影到东西方向距离差约 20km)之间，基于搬运钟和激光脉冲同步方法得到的时间差应为 80ps。因此，当时的试验结果还不足以验证广义相对论效应，后来该试验未能继续进行。

3. LASSO 试验

LASSO 试验计划于 1972 年由法国蓝色海岸天文台地球动力学和天文学研究中心(Observatory Côted'Azur/Centre d'Etudes et de Recherches Géodynamiques et Astronomiques, OCA/CERGA)提出(Serene et al., 1981)，该计划拟在地面站和同步

卫星之间建立激光时间传递链路，进而实现精度达到 1ns 的洲际激光时间传递，该计划得到 ESA 的支持。

随着载有激光时间传递设备(包括激光反射器、激光接收器、事件计时器等)的地球同步卫星 Meteosat-P2 发射成功，法国 OCA/CERGA 于 1989 年在激光测月站和奥地利格拉茨技术大学(Technische Universität Graz, TUG/Graz)间首次成功开展了激光时间传递试验 (Veillet et al., 1990)。1992 年，由于气象等原因，该卫星位置被移至大西洋上空，试验开始在美国 McDonald 测月站(McDonald Lunar Ranging Station, MLRS)和 OCA 之间进行，最终得到两个测站间的时间传递精度优于 100ps，稳定度达到 10^{-13}/1000s(Fridelance et al., 1995)。

4. T2L2 试验

20 世纪 90 年代中期，法国 OCA 提出了 T2L2 计划(Samain et al., 1998; Fridelance et al., 1997)。该计划可认为是 LASSO 计划的升级，由于采用更高精度的事件计时器和单光子探测器技术，T2L2 可实现的时间传递比对精度远高于 LASSO 试验。

1998 年 6 月，T2L2 的地面模拟试验首先在 OCA 的激光测月站(Lunar Laser Ranging, LLR)和一个相距几米的可移动激光测距站之间成功演示(Samain et al., 2002)。两站共用一个 HP5071A 铯原子钟作为参考时钟信号，星载激光时间传递设备放置于距离测站 215m 的山顶，其中时钟设备采用了频率稳定度约为 $5×10^{-13}$/10s 的自研晶振。连续 10 天的试验结果表明，两个测站的时间比对精度优于 40ps，星载激光时间传递设备实现的时间传递稳定度达到 0.2ps@1000s。

2008 年 6 月，首个由法国空间研究中心(National Centre for Space Studies, CNSE)和法国 OCA 联合研制的 T2L2 载荷随 Jason-2 卫星成功发射(Samain et al., 2011)。该卫星的轨道高度为 1336km，OCA 利用其拥有的固定激光测距站 Meo 和 FTLRS 进行了首个 T2L2 试验，两站采用同一台氢钟作为时间基准，可直接反映出 T2L2 的时间传递性能。2009 年获得的 13 圈数据表明，通过 T2L2 链路和两站间直接比对的时间传递结果几乎一致，T2L2 链路的单次测量不确定度为 330ps。随后组织起来的 T2L2 国际测距联盟实现了 1155 圈的时间传递试验，其中包含 650 圈共视比对。OCA 将移动站放置到巴黎，测得在格拉斯和巴黎(Grasse-Paris)两站的氢钟钟差为 1.5ps@1000s，改进阿伦偏差达到 $3×10^{-15}$/10d，由系统带来的噪声小于钟自身的噪声误差。试验还表明，相对于传统的微波时间传递，T2L2 系统的长期稳定度较好，2 个月内提高了 2ns。

5. LTT 试验

中国科学院上海天文台自 1982 年起开始进行激光时间比对技术研究，并成功开展了从上海市徐家汇到佘山直线距离 20km 的地面激光时间比对试验(杨福民等，1982)。2005 年，中国科学院上海天文台联合中国空间技术研究院共同承担了中国北斗二代激光精密时间比对系统任务。中国科学院上海天文台作为负责单位研制星载激光时差测量仪，与中国空间技术研究院合作承担了系统总体设计和大量研制和测试工作，并研制生产了中国导航系统的全部卫星激光反射器。

2007 年 4 月，首套星载激光时差测量仪随我国北斗二号首颗导航卫星(MEO试验星，轨道高度约 21000km)发射升空。中国科学院上海天文台首先在长春站开展了星地激光时差比对试验，采用脉冲宽度为 250ps 的激光器，获得了我国研制的星载铷原子钟相对地面氢原子钟的精确钟差，单次钟差比对的精度为 300ps，测量稳定度约为 20ps@500s；并确认了我国研制的星载铷原子钟的频率稳定度达到 $3 \times 10^{-14}/2000s$。

根据首次激光时间比对试验情况，中国科学院上海天文台开展了对星载设备的改进设计工作，改进后的产品于 2010 年、2011 年和 2012 年分别搭载我国 IGSO和 MEO 导航卫星发射升空，成功进行了国际首个对 36000km 的倾斜轨道同步导航卫星激光时间比对试验(Meng et al., 2013a, 2013b)。这是国际上首次采用激光时间比对技术实现对导航卫星星载原子钟性能的评估，具有重要的科学意义和应用价值，其中的星载单光子探测器也是在国际上首次应用于航天工程。

我国的激光时间比对试验成功在 ESA 引起了很大反响，德国、捷克等国的科学家建议在 Galileo 卫星上安装激光比对设备，并进行了预研。国际 ACES 试验也将采用激光比对技术进行星地时间比对，以评估星载原子钟性能。限于我国当时的星载设备研制能力和地面系统水平，我国北斗时间比对系统的单次时间比对精度为 300ps 水平，目前中国科学院上海天文台正从地面激光系统、时延标定系统、星载探测和计时系统等几方面进行技术研究，预计可将万公里级的星地激光时间比对单次精度提高到 100ps 以下，结合高重复率的测量技术，测时稳定度可达皮秒量级。

6. ELT 计划

ELT 计划是 ESA 在 ACES 计划框架下提出的激光时频传递项目(Schreiber et al., 2010)。ELT 计划由捷克空间研究中心(Czech Space Research Centre, CSRC)承担，主要目标是验证新一代超高精度原子钟在微重力环境下的性能，并在地球和太空中进行独立的时间测量。ELT 装置将安装在国际空间站(International Space Station, ISS)的欧洲哥伦布实验室舱(European Columbus laboratory module)的外部平台上。

研制的 ELT 仪器作为 ACES 的一部分，将提供补充四条微波链路的光链路。ELT 飞行模型由 CSRC 与空客防务航天(Airbus Defence & Space)公司和捷克布拉格技术大学核科学与物理工程学院合作开发。ELT 的车载硬件包括一个角立方反射器(corner cube reflector, CCR)，一个单光子雪崩二极管探测器(single-photon avalanche photodiode, SPAD)和一个连接到 ACES 时间基准的事件计时器。激光测距地面站发射到 ACES 的光脉冲将被 SPAD 探测到，并基于 ACES 时间尺度标记时间戳。同时，CCR 将激光脉冲重新定向到地面站，提供精确的测距信息。该激光链路将对远距率时钟（包括空间站对地和地对地）进行比对，频率不确定度远低于 1×10^{-16}。由于 ACES 时钟信号的高稳定性，通过 ELT 可以对洲际距离的时钟进行非共视(non-common view)比较。

ELT 计划的比对方法和系统构成同我国北斗导航卫星激光时间比对基本一致。该计划目前仍处于研制阶段，准备应用于未来的国际空间站中，可以为空间站提供一个高精度的时间系统，同时可以和微波传输手段进行比对，也可以用于得到空间站的精确轨道数据，预计该计划测量精度可达 100ps 水平，时间比对准确度为 20ps/orbit，测量稳定度为 4ps@300s 和 7ps@1d。

ELT+计划是 ELT 的升级版本，作为 I-SOC 工程的重要组成，服务于基础物理研究和科学研究等。相比 ELT，ELT+要求更高，由于使用亚皮秒精度的事件计时器(new pico event timer, NPET)和球型反射器(Meteor 3, Blits 卫星采用)，时间同步精度和测量稳定度分别提高为 20ps、0.5ps@100s 和 1ps@10^6s。

7. 异步双向激光测距和时间传递试验

上述激光时间传递技术均基于传统的脉冲激光测距原理，其接收激光功率与距离的 4 次方成反比，作用距离有限。1996 年，美国 NASA/GSFC 的 Degnan(1996)提出利用异步双向应答技术来进行星际激光测距和时间传递的设想。地面激光测距站和空间飞行器间的异步应答式激光测距原理如图 5.7 所示。类似于双向时间传递，地面测距站和空间飞行器均分别向对方发射激光脉冲，并各自利用本地时钟分别记录发出激光脉冲和从对方收到激光脉冲的时刻，基于记录的时刻数据就可求出空间飞行器到地面测距站间距离和两地时钟的钟差。t_{E1} 和 t_{M1} 分别为地面站和空间飞行器的激光信号发射时刻；t_{E2} 和 t_{M2} 分别为地面站和空间飞行器接收对方激光信号的时刻。通过记录上述四个时刻，可以计算获得地面激光测距站和空间飞行器间的距离，同时还可以获得两地间的时差。

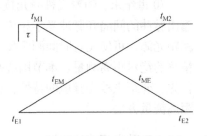

图 5.7　地面激光测距站和
空间飞行器间的异步应答式
激光测距原理

地面测距站与空间飞行器之间的距离 R 和时差 τ 的计算模型如下(Degnan, 1996)：

$$R = \frac{c}{2}\left(t_{\mathrm{ME}} + t_{\mathrm{EM}}\right) = \frac{c}{2}\left[\left(t_{\mathrm{E2}} - t_{\mathrm{E1}}\right) + \left(t_{\mathrm{M2}} - t_{\mathrm{M1}}\right)\right] \tag{5.14}$$

$$\tau = \frac{\left(t_{\mathrm{E2}} - t_{\mathrm{E1}}\right) + \left(t_{\mathrm{M2}} - t_{\mathrm{M1}}\right)}{2\left(1 + \dot{R}/c\right)} \tag{5.15}$$

式中，c 为光速；$\dot{R}$ 表征两地间的距离变化率；t_{ME} 为激光脉冲从空间飞行器到达地面测距站的飞行时间；t_{EM} 为激光脉冲从地面测距站到空间飞行器的时间。采用这种新的测距体制，接收激光功率仅与距离的平方成反比，可以极大提高卫星激光测距的作用距离，为实现深空探测提供了新的技术途径(唐嘉等，2010)。基于该体制，2001 年，法国 OCA 提出行星际光远程通信(telemetrie inter planetaire optique, TIPO)计划(Samain, 2002)。该计划拟在围绕太阳或行星运行的空间飞行器上安装激光脉冲、时钟、计时装置和光电探测器，通过测定从地面激光站向太空飞船发射的激光脉冲相对于地面时钟和飞船时钟时刻，实现太阳系内的单向激光测距。2005 年 5 月，美国的 NASA/GSFC 首次利用水星飞行器(Messenger)上的激光高度计(mercury laser altimeter, MLA)进行了异步应答式激光测距试验，测量距离为 2430 万公里，测距精度达 20cm，钟差为 1ms (Smith et al., 2006)。同年 9 月，NASA/GSFC 又利用火星探测器上的轨道激光高度计(Mars orbiter laser altimeter, MOLA)，成功进行了地球到火星飞行器的单向激光测距试验，测量距离达 8000 万公里。其中，地面测站的激光发射器频率为 56Hz，激光能量为 150mJ，发射功率为 8.4W，激光信号波长 1064nm，激光脉宽 5ns，资料分析其测距精度达到 20cm。这两次试验成功证明了采用异步双向方式的激光测距和时间比对应用于深空探测可行性。

5.4 基于飞秒光频梳的测距技术

20 世纪末，随着飞秒激光技术和激光稳频技术的发展，人们通过对飞秒激光输出脉冲的间隔和脉冲光学相位精密控制，获得稳定的飞秒脉冲序列。将其作为测距光源，可使飞行时间测距技术与干涉测距技术相结合，实现大范围、快速、精密的绝对距离测量。本节围绕基于飞秒光频梳的绝对距离测量技术进行介绍。首先，介绍飞秒光频梳的特性，然后着重介绍几种经典的基于飞秒光频梳的绝对距离测量方法。

5.4.1 飞秒光频梳的特性

激光脉冲序列在时域的特性如图 5.8 所示，其电场振幅可用以下函数表示：

$$E(t) = A(t)\mathrm{e}^{\mathrm{i}2\pi f_c t} + \mathrm{c.c.} \tag{5.16}$$

式中，$A(t)$ 表示周期性的载波包络；f_c 是载波频率；c.c. 表示前一项的复共轭。飞秒光频梳从时间上看是一系列等间隔光脉冲，脉冲序列的时域间隔表示为 τ。载波以相速度传播，而包络以群速度传播，腔内的色散效果造成两种速度不完全一样，导致光载波与包络的峰值在相邻光脉冲之间形成了相位差 $\Delta\varphi$。

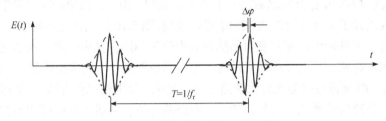

图 5.8　激光脉冲序列在时域的特性

用傅里叶级数的形式将 $A(t)$ 展开，可以写为

$$A(t) = \sum_n A_n(t - n\tau) e^{-i\left[n(2\pi f_c \tau - \Delta\varphi) + \varphi_0\right]} \tag{5.17}$$

式中，φ_0 是脉冲序列的全局相位。将式(5.17)代入式(5.16)，得到电场的表达式：

$$E(t) = \sum_n A_n(t - n\tau) e^{i\left[2\pi f_c t - n(2\pi f_c \tau - \Delta\varphi) + \varphi_0\right]} + \text{c.c.} \tag{5.18}$$

对式(5.18)进行傅里叶变换，得到

$$\tilde{E}(\omega) = 2\pi e^{i\varphi_0} \tilde{E}(\omega - 2\pi f_c) \sum_m \delta(\Delta\varphi - \omega\tau - 2\pi m) + \text{c.c.} \tag{5.19}$$

式(5.19)中用到狄拉克梳状函数的定义及其傅里叶形式：

$$\sum_{k=-\infty}^{\infty} \delta(t - kT) = \frac{1}{T} \sum_n e^{i2\pi nt/T}$$

$$\tilde{E}(\omega - 2\pi f_c) = \int dt A_n(t) e^{-i\left[(\omega - 2\pi f_c)t\right]}$$

光频梳的梳齿频率可以表示为

$$f_m = \frac{2m\pi}{\tau} - \frac{\Delta\varphi}{\tau} = m f_r + f_0 \tag{5.20}$$

式中，f_r 表示脉冲的重复频率；$f_0 = -\Delta\varphi f_r / (2\pi)$ 表示载波包络偏置频率。因此，飞秒光频梳从频率上看是等频率间隔的梳状结构，脉冲序列的时域间隔 τ 对应于频域的重复频率 f_r，表示为 $\tau = 1/f_r$。

飞秒光频梳是频率完全受控的飞秒激光器，通常来讲，脉冲重复频率 f_r 与偏置频率 f_0 都在微波频率范围内。通过锁定 f_r 与 f_0 至微波频率基准，即可获得相位稳定的激光频率梳。图 5.9 是光频梳的 f_r 与 f_0 的探测原理图。重复频率 f_r 的探测和锁定较为简单，只需要将飞秒激光器的信号直接馈入光电探测器即可在输出端产生一系列电脉冲信号。从频域上看，这个信号包含 f_r 及其谐波。只要将其中的一个频率分量进行滤波放大，即可作为 f_r 的受控信号，控制激光器的腔长来锁定重复频率 f_r，而 f_0 锁定则需要用到自参考锁定的方法。该方法要求脉冲激光频谱宽度能够覆盖从 f_n 开始之后的一个光学倍频程。当前，通用的获取光学倍频程方法是利用光子晶体光纤对激光频谱进行展宽。图 5.10 是飞秒光频梳的 f_r 与 f_0 的探测结构。飞秒锁模激光器发射的脉冲激光分为两路，其中一路用来锁定重复频率 f_r；另一路则利用光子晶体光纤将激光频谱拓展至一个光学倍频程，如图 5.10 所示。然后继续将脉冲激光分为两路等功率光束，分别用来获得第 $2n$ 个梳齿的激光和第 n 个梳齿的激光，倍频处理后，两路激光再合束进入光电探测器拍频，得到反馈信号锁定偏置频率 f_0。

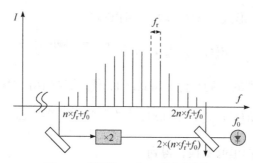

图 5.9　光频梳 f_r 和 f_0 的探测原理

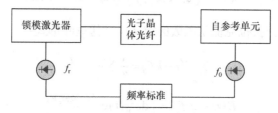

图 5.10　飞秒光频梳的 f_r 与 f_0 的探测结构

5.4.2　基于飞秒光频梳的绝对距离测量方法

在过去的十几年时间里，科学家们提出了许多基于飞秒光频梳的绝对距离测量方法。依据不同分类标准该方法可以有不同的分类，如依据光频梳是否直接参与测距可以分为两类：一类是将可调谐激光器锁定到光频梳特定光学频率梳齿上，使可调谐激光器频率稳定性可以直接溯源到标准原子钟上。可以实现的测距方法有多波长干涉(multi-wavelength interferometer, MWI)、合成波长干涉(wavelength synthesize interferometer, WSI)等多种方法。另一类是飞秒光频梳直接作为测量光

源的绝对距离测量方法，包括的测距原理分别有 MWI、利用光学互相关技术的
TOF 法、光谱干涉法、非相干 TOF 法与相干法相结合测量法。根据使用光频梳个
数可分为单光频梳法和双光频梳法。

本小节依据测量原理，介绍了六类光频梳绝对距离测量方法，分别为光频梳
作为波长基准的多波长干涉法(间接利用光频梳)、基于光频梳纵模拍频的合成波
长干涉测距法、单光频梳采样法、色散干涉法和双光频梳采样法。

1. 光频梳作为波长基准的多波长干涉法

基于干涉原理的激光测距原理如图 5.11 所示。参考光束和经目标物返回的测
量光束叠加在一起，由于光的干涉原理会产生明暗相间的干涉条纹，当参考光束
和测量光束之间的路程差 L 改变时，干涉条纹也会发生变化，根据条纹的变化量，
可以计算距离的变化量。对于光波长 λ，L 为 $L = \lambda(m+\varepsilon)/2$，其中 m 是正整数，
ε 是小数部分($0 \ll \varepsilon < 1$)，L 的测量需要确定 m 和 ε，但是使用单个波长的光学干
涉测量只能知道 ε。根据干涉测量原理，波长越短，分辨力越高，要想获得更大
的模糊范围需要使用较长波长。多波长干涉法利用多把测尺同时测量，最短波长
对应的测尺决定了测距的分辨力，最长波长对应的测尺则决定了测量量程。为了
确定 L 的绝对值，传统合成波长法采用对可调谐激光器在大范围内调频或扫描进
行调制，旨在每次以不同的波长依次进行多次测量，其结果可以表示为一组离散
方程：

$$L = \lambda_i(m_i + \varepsilon_i), \quad i = 1,2,3\cdots \tag{5.21}$$

其中，未知量是 m_i 和 L，未知量的总数总是比所提供的方程的总数大 1，L 不能
被唯一确定。然而，除了 m_i 应该是正整数的这个条件外，通过将 L 限制在一个小
的范围内可以找到其唯一解。当波长从 λ_1 连续变化到 λ_2，m 和 ε 在波长扫描过程
中的变化量分别为 Δm 和 $\Delta \varepsilon$，在这种情况下 L 可以表示为

$$L = \Lambda(\Delta m + \Delta \varepsilon), \quad \Lambda = \lambda_1\lambda_2 \cdot |\lambda_1 - \lambda_2|^{-1} \tag{5.22}$$

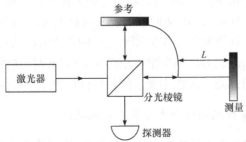

图 5.11　基于干涉原理的激光测距原理

式中，Λ 是由 λ_1 和 λ_2 合成的等效波长。该扫描方法可提供对 L 的良好初始估计，随后通过干涉方法即可对 L 进行精确估计。

利用光频梳作为波长基准的多波长干涉法通过将频率可连续调谐的连续波激光器锁定到光频梳上，在测量过程中，合成波长通过光频梳的光频率成分之间的差拍拍频直接产生，绝对距离测量通过这些差拍频率的相位分析来实现(Schuhler et al., 2006)。基于光频梳的多波长干涉测距原理如图 5.12 所示。重复频率 f_r 和偏置频率 f_0 锁定至微波基准上的稳定光频梳作为频率标尺，其第 i 个模式具有固定频率，表示为 $f_i = if_r + f_0$。可调谐激光器与锁定的光频梳拍频，瞬时频率表示为 $f_{wl} = if_r + f_0 + f_b$，其中 f_b 表示与第 i 个模式的拍频频率，整数 i 通过波长计测量。拍频频率 f_b 作为反馈信号，将可调谐激光器频率锁定到微波基准，然后再通过改变 f_r 生成合成波长，就可以实现更高精度的绝对距离测量。

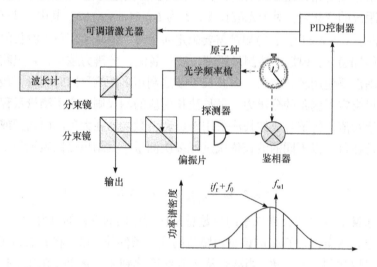

图 5.12　基于光频梳的多波长干涉测距原理

2006 年，Schuhler 等最早使用光频梳来稳定具有几兆赫兹频率差的连续波激光器，实现了约 90μm 的合成波长。随后，该方法被广泛研究(Wu et al., 2013; Denberg et al., 2012; Hyun et al., 2009; Salvadé et al., 2008; Jin et al., 2007)。相较于传统的合成波长法，使用光频梳作为频率标准的合成波长法可以实现更高精度的绝对距离测量，如 Hyun 等(2009)在测量距离为 1.195m 时，达到测距精度为 17nm。但是该方法依赖初值，测量过程中要求测量目标位置基本不变，且测量时间长。

2. 基于光频梳纵模拍频的合成波长干涉测距法

以上用光频梳作为波长基准的多波长干涉法，使用的测量光源是锁定在光频梳的可调谐激光器,系统相对而言比较复杂。2000 年,日本电气通信大学的 Minoshima 等提出了基于光频梳各纵模拍频的合成波长干涉测距法,并实现了距离为 240m 时的绝对距离测量。图 5.13 所示为基于光频梳纵模拍频的合成波长干涉测距法原理。利用一个重复频率 f_r 为 50MHz、脉宽为 180fs 的锁模光纤飞秒激光器作为测量光源,光电探测器 PD1 对测量光源和参考光源进行探测。光频梳各纵模之间的拍频为 f_r、$2f_r$、$\cdots$、mf_r,拍频相位稳定,不同的拍频相互组合就可以形成合成波长链,从而可以对绝对距离进行测量。该试验中,选取的拍频频率分别为 f_r、$2f_r$、$19f_r$,在得到 L 为 (239 ± 1)m 的粗值情况下,进一步精测得到 L 为 (239.943 ± 0.002)m,测量分辨率为 50μm。图 5.13 所示的 He-Ne 激光器和探测器 PD2 用于校准,验证了该测距系统的精度。

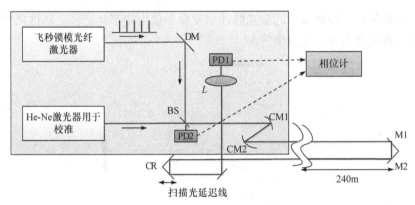

图 5.13　基于光频梳纵模拍频的合成波长干涉测距法原理(Minoshima et al., 2000)

利用光频梳等间隔梳齿的频率特性,在不需要其他激光器作为辅助的情况下就能够产生合成波长链,极大简化了光源结构。另外,相比可调谐激光器的分时测量,该方法使用不同波长对目标并行测量,测量时间被缩短。然而,该方法对初值的依赖使得它仍然不能在距离未知的大尺寸绝对距离测量上得到很好的应用。

3. 单光频梳采样法

为获得更高的测量精度,2004 年,Ye 在理论上提出了一种新的基于单光频梳采样的测距方案。该方案的测距原理如图 5.14 所示。脉冲重复频率 f_r 和载波包络相移 f_0 锁定的锁模飞秒激光脉冲序列被分成两束,分别进入迈克耳孙干涉仪的两臂。参考臂的长度为 L_1,目标臂长度为 L_2。两臂的长度差表示为 $\Delta L = L_1 - L_2$。经过距离 $L_1(L_2)$ 返回后进入探测端口的两个相邻脉冲分别标记为 $a'b'(c'd')$。该方案的探测将非相干的 TOF 法和 PH 法相结合,探测装置包括一个快速探测器,用以粗测从两臂返回的脉冲之间的时差；包括一个条纹可分辨光学互相关器，用于通过检测两个脉冲之间的干涉条纹给出精确的时差测量结果。单脉冲采样的工作原理为：首先，扫描重复频率 f_r，同时通过 TOF 测量监控两个脉冲序列之间的偏移的变化，当重复频率为 f_{r1} (对应于脉冲周期 τ_1)中，两个脉冲串在通过不同长度臂传输之后存在 Δt_1 的时差。当重复频率增加到 f_{r2} 时，时差变小为 Δt_2。因此，可以得到

$$\frac{2\Delta L}{c} = n\tau_1 - \Delta t_1 \tag{5.23}$$

$$\frac{2\Delta L}{c} = n\tau_2 - \Delta t_2 \tag{5.24}$$

其中，n 是整数。经调节后的激光脉冲重复频率值由频率计记录。从这两个方程可以唯一确定整数 n，从而预估 ΔL。

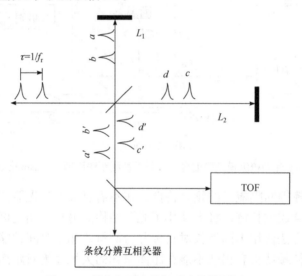

图 5.14　结合相干和非相干法的测距原理

通过连续改变 f_r 的值，直到重复频率增加到 f_{r3} 时，脉冲序列 a' b' 和 c' d' 重叠，此时产生干涉条纹，如图 5.15 实线显示。重复频率的定时抖动会降低干涉条纹的对比度，如图 5.15 中虚线所示。而通过控制脉冲载波包络相移，可使稳定的光学条纹成为可能。通过测量光学干涉条纹，即可精确给出增量长度和两个脉冲完全重叠的位置。

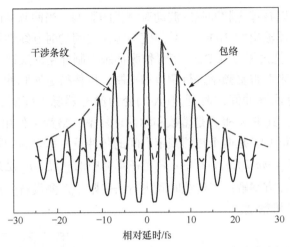

图 5.15　通过选择重复频率使得两脉冲串重合时得到的脉冲干涉条纹(Ye, 2004)

之后，很多研究小组围绕该方案开展了实验研究，在百米级测量距离内实现了亚微米的测量精度(Wei et al., 2011; Balling et al., 2009; Cui et al., 2009, 2008)。2010 年，韩国科学家 Lee 等将平衡光学互相关(balanced optical correlation, BOC)技术应用到 TOF 测量中,通过锁定飞秒脉冲激光器的重复频率,实验演示了 0.7km 的距离上 117nm 的测量精度。应用 BOC 技术实现 TOF 测量的实验方法如图 5.16 所示。该方法利用一个 II 类相位匹配倍频晶体和两个双色镜，偏振分束器(polarization beam splitter, PBS)用于将从两臂返回的两束偏振方向垂直的脉冲光合束。第一个双色镜(DM1)透射基频光，反射倍频光，第二个双色镜(DM2)反射基频光，透射倍频光。II 类相位匹配倍频晶体使得两偏振方向垂直的基频光重叠时产生倍频信号，合束后的脉冲光通过 DM1 进入倍频晶体，在晶体右端得到倍频光，并由 DM2 透射进入探测器 D1，得到倍频电信号 S_{D1}；剩余的基频光被 DM2 反射再次通过晶体产生倍频光，由 DM1 反射进入探测器 D2，得到电信号 S_{D2}。

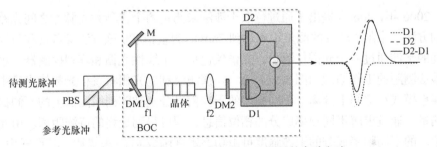

图 5.16　应用 BOC 技术实现 TOF 测量的实验方法

两个光电探测器(D1 和 D2)和一个减法器组成平衡探测系统，D1 和 D2 的输出信号相减,可以减掉光脉冲强度波动对测量的影响。当两脉冲的相对时延差较小时,平衡探测器输出的 BOC 信号强度与脉冲之间的时延线性相关,两者关系如图 5.17 所示。把过零点的 BOC 信号作为伺服控制环路的反馈信号,采用 PZT 控制激光器腔长来对重复频率进行调节和控制,可使得返回脉冲与参考脉冲保持重叠。因此,返回脉冲间的时延差(Δt_T)变为激光器脉冲间隔 t_s 的整数倍,即 $\Delta t_T = m t_s = m/f_r$,其中 m 和 f_r 是整数和脉冲重复率,整数 m 使用频闪技术确定,即 $m = f_r / \Delta f_r$,其中 Δf_r 是两个相邻锁定点间的脉冲重复率之间的频率间隔。可以得到目标距离 $\Delta L = mc/2f_r n_g$,其中 c 是光在真空中的速度,n_g 是光脉冲传播的空气群折射系数。此方案解决了传统时间飞行法受限于探测设备分辨率的缺陷,提高了 TOF 法的测量精度。

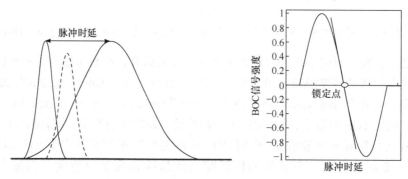

图 5.17　平衡探测器输出的 BOC 信号强度与脉冲之间的时延关系

　　单光频梳采样法避免了对初值的依赖,但是此类方法需要实现重复频率扫描或者光学延迟线扫描,重复频率反馈调节会降低测距更新率;且该方法的测量距离为脉冲间隔的整数倍,只适用于离散距离的测量。

4. 色散干涉法

　　2006 年,Joo 等提出了通过色散干涉法来测量两个飞秒激光脉冲之间光路延迟的方法,并在 0.89m 的测量距离达到 7nm 的测量精度。该方法参考臂和目标臂之间的干涉通过一个光谱仪测量,光谱仪包括一个线性光栅和阵列探测器。色散干涉法测距的工作原理如图 5.18 所示。在探测时利用光栅将飞秒光频梳光谱中的各频率模式在空间上分离,不同频率的干涉信号分别被阵列探测器上的不同探测器测量。通过求解不同频率成分的相位信息,即可得到最终的待测距离。由光谱仪给出的不同频率成分的干涉强度可由功率密度函数 $g(\nu)$ 来描述,其形式为

$$g(\nu) = a(\nu) + b(\nu)\cos\phi(\nu) \tag{5.25}$$

其中,平均强度 $a(\nu)$ 和调制幅度 $b(\nu)$ 与光源的频谱功率密度 $s(\nu)$ 关系如下:

$$a(v) = \frac{1}{2}s(v)\left[r_{\mathrm{r}}^2(v) + r_{\mathrm{m}}^2(v)\right] \tag{5.26}$$

$$b(v) = s(v)r_{\mathrm{r}}(v)r_{\mathrm{m}}(v) \tag{5.27}$$

式中，$r_{\mathrm{r}}(v)$ 和 $r_{\mathrm{m}}(v)$ 分别表示参考镜和测量镜的反射系数。一般情况下，反射系数会随着 v 缓慢变化。为了简化推导，假设反射系数在 $s(v)$ 的光谱范围内均为 1。式(5.25)可以改写为

$$g(v) = s(v)\left[1 + \cos\phi(v)\right] \tag{5.28}$$

其中，相位 $\phi(v)$ 一般可表示为

$$\phi(v) = 2\pi v\tau \tag{5.29}$$

式中，$\tau = 2nL/c$ 表示光路延迟，n 和 c 分别为空气的折射系数和真空中的光速。距离 L 是由参考臂和测量臂之间的几何路径长度差引入的。将式(5.29)代入式(5.28)，并作傅里叶变换，得到

$$G(\Delta\tau) = \mathcal{F}\left[g(v)\right] = S(\tau) \otimes \left[\frac{1}{2}\delta(\tau + \Delta\tau) + \delta(\Delta\tau) + \frac{1}{2}\delta(\tau - \Delta\tau)\right] \tag{5.30}$$

式中，$\delta(\tau)$ 是狄拉克函数；$\Delta\tau$ 是表示光路延迟的变化量。$S(\tau)$ 是 $s(v)$ 的傅里叶变换。通过使用有限宽度的带通滤波器仅隔离 $\tau - \Delta\tau$ 处的峰值，然后将其反傅里叶变换到 v 域中，其结果推导为

$$g'(v) = \mathcal{F}^{-1}\left[S(\tau) \otimes \frac{1}{2}\delta(\tau - \Delta\tau)\right] = \frac{1}{2}S(v)\exp\left[\mathrm{i}\phi(v)\right] \tag{5.31}$$

其中，相位 $\phi(v)$ 可以通过反正切运算获得：

$$\phi(v) = \tan^{-1}\frac{\mathrm{Im}\left\{g'(v)\right\}}{\mathrm{Re}\left\{g'(v)\right\}} \tag{5.32}$$

反正切运算给出了其在 $-\pi$ 到 π 范围内的缠绕相位 $\phi(v)$。解缠绕相位得一阶斜率：

$$\frac{\mathrm{d}\phi}{\mathrm{d}v} = \frac{4\pi NL}{c} \tag{5.33}$$

其中，$N = n + (\mathrm{d}n/\mathrm{d}v)v$ 表示空气折射率，最后得到距离 L 的表达式为

$$L = \frac{c}{4\pi N}\frac{\mathrm{d}\phi}{\mathrm{d}v} \tag{5.34}$$

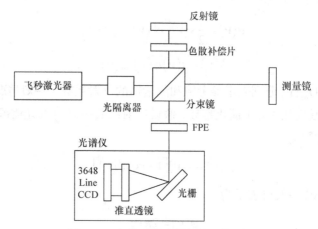

图 5.18　色散干涉法测距的工作原理

这种方法不受时域脉冲的重合要求限制,能够满足在连续范围内进行绝对距离测量。理论上讲,色散干涉法的测量范围由 f_r 决定,大小为 $c/2f_r$。实际上,由于受限于色散元件,几乎不太可能分辨出单纵模的频率。通常情况下,要想分辨单纵模,需要激光器光源重复频率在 1GHz 以上,还需要使用 F-P 标准具滤波,这也会造成激光功率的极大损失。因此,色散干涉法要求光源具有高功率和高重复频率。

5. 双光频梳采样法

2009 年,美国 NIST 的 Coddington 等提出基于双光频梳采样的干涉测距方案。双光频梳采样法利用重复频率有微小差异的两台光频梳进行绝对距离测量,确保了任意时刻脉冲的光学采样,测距的更新速率由双光频梳的重复频率差决定。双光频梳采样法测距的工作原理如图 5.19 所示,信号光频梳和本地光频梳的重复频率分别为 $f_r + \Delta f_r$ 和 f_r,对应时间间隔分别为 $T_r - \Delta T_r$ 和 T_r。本地光和信号光的脉冲序列电场可以表示为

$$E_{\mathrm{LO}}(t) = \sum_n e^{-in\theta_{\mathrm{LO}}} E_{\mathrm{LO}}(t - nT_r) \tag{5.35}$$

$$E_s(t) = \sum_n e^{-in\theta_s} E_s\big[t - n(T_r - \Delta T_r)\big] \tag{5.36}$$

式中,$E_{\mathrm{LO}}(t - nT_r)$ 是单脉冲的电场;n 表示第 n 个脉冲序列;$\theta_{\mathrm{LO}}(s)$ 是载波包络偏移相位。利用线性光学采样技术(Dorrer et al., 2003),对于第 n 个脉冲,探测到的电压信号与本地光和延迟信号脉冲之间的时间重叠成正比:

$$V(t_{\mathrm{eff}}) = \int \Big[E_{\mathrm{LO}}^*(t + t_e - \tau_r) + e^{i\psi} E_s(t + t_e - \tau_t) \Big] \mathrm{d}t \tag{5.37}$$

式中，有效时间 $t_e = n\Delta T_r$ ；ψ 包括信号脉冲被目标镜反射时引入的 π 相移及相对的 Gouy 相位；τ_r 和 τ_t 分别代表参考脉冲和目标脉冲的延迟，假设 $\theta_{LO} = \theta_s$，可以得到参考脉冲和目标脉冲之间的相对时延 $\tau = \tau_t - \tau_r$。对参考信号 $V^r(t_e)$ 和目标信号 $V^t(t_e)$ 作傅里叶变换，可以得到 $\tilde{V}^t(\nu) = \mathrm{e}^{\mathrm{i}\varphi(\nu)} + \mathrm{i}\psi\tilde{V}^r(\nu)$，其中 $\varphi(\nu) = 2\pi\tau\nu$ 为二者之间的相对频谱相位。将 τ 转换到待测距离 L，给出相对相位的表达式为

$$\varphi(\nu) = 4\pi L/\lambda_c + \left(4\pi L/\nu_g\right)\left(\nu - \nu_c\right) \tag{5.38}$$

式中，ν_c 表示脉冲的载波频率；λ_c 为对应的载波波长；ν_g 是脉冲的群速度。通过公式 $\varphi = \varphi_0 + b(\nu - \nu_c)$ 对式(5.38)进行线性拟合，可以得到基于 TOF 粗测的距离为 $L_{tof} = b(\nu_g/4\pi)$，进一步通过干涉测量得到细测距离为 $L_{int} = (\varphi_0 + 4\pi m)(\lambda_c/4\pi)$，干涉测量中固有的模糊范围为 $\lambda_c/2$。

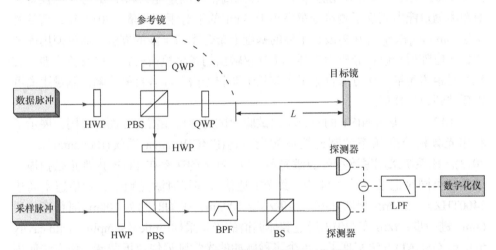

图 5.19   双光频梳采样法测距的工作原理

HWP-半波片；BPF-带通滤波片；LPF-低通滤波器；PBS-偏振分束器；QWP-四分之一波片

这种基于线性光学干涉采样的双光频梳法将干涉相位法与飞行时间法优势结合起来，满足了绝对距离测量对精度和量程的需求。该距离计算方法与色散干涉仪测量中的距离计算相似(Joo et al., 2006)。不同之处在于，双光频梳干涉测量的相位解调属于低频区域，通过改变重复率可以实现较大的可调范围。基于该方法，Coddington 等(2009)应用两台锁定到超稳腔稳频窄线宽激光器上的光频梳，在 1.5m 的测量范围获得了 5nm 的测量精度。2011 年，该小组进一步用自由运转的飞秒级掺铒光纤激光器取代之前的双光频梳系统，在简化实验装置的同时，也实现了精确的绝对距离测量，在 140μs 采集时间内实现了 2μm 的测距精度，当平均时间为 20ms 时测距精度优于 200nm(Liu et al., 2011)。简化了双光频梳实验装置，

该系统具有可以忽略不计的测量死区和 1m 的模糊距离。尽管设计比较简单,但相比以前的相干双光频梳系统,性能没有明显劣化。随后,Lee 等(2013)通过正交偏振的方法实现了测量死区的死区。该方案结合了长距离、高精度和高更新率三个测距的重要指标,是激光测距史上一个重大进步。

5.4.3　基于飞秒光频梳测距的研究进展

在 5.4.2 小节讨论的几种主要测距方法的基础上,不同测距方法的结合进一步扩展了光频梳测距的应用。例如,2008 年,Joo 等提出了将 WSI、TOF 和光谱分辨干涉测量(spectrum resolved interferometer, SRI)技术相结合的组合干涉测量方案。每种技术都提供了不同的测量分辨率和模糊范围,三种方法相互补充,在保证纳米级测量精度的情况下,将测量的动态范围扩展到了飞秒光频梳的相干长度范围。2011 年,Wei 等利用脉冲序列干涉的高精度测量能力和 TOF 方法的任意绝对距离测量能力实现了测量分辨率小于 4nm 的绝对距离测量。2012 年,荷兰科学家 van den Berg 等在多波长干涉的基础上结合光谱干涉的方法,通过使用虚拟成像相位阵列光谱仪分析迈克耳孙干涉仪输出的各个梳齿模式的多波长干涉,实现绝对距离测量。该方法克服了多波长干涉和光谱干涉各自的缺陷,测量距离可以延伸到数千公里。

2013 年,美国 NIST 的研究小组试验尝试光频梳在雷达方面的应用,展示了利用光频梳校准频率调制连续波激光雷达(FMCW ladar)系统(Baumann et al., 2013)。该系统采用紧凑型外腔激光器,以 1kHz 的速率在 1THz 内准正弦扫描。该系统可同时记录差拍 FMCW 激光雷达信号和瞬时激光频率,扫描速率高达 3400THz/s。在 1ms 更新速率下精度小于 100nm,平均时间为 100ms 时精度达到 6nm。进一步,Yang 等(2013)通过腔体调谐的光学采样(optical sampling with cavity tuning, OSCAT)方法实现了对单个飞秒脉冲的光学延迟快速可调谐。该方法使用一个高度不平衡的干涉仪放大了腔内调谐的效果以产生大延迟扫描,在实验上,已经展示了基于动态 OSCAT 的目标运动的远程跟踪。当目标振动峰峰值为 15μm 时,扫描速率可以达到 1kHz。2015 年,Han 等基于分离衍射光学元件实现了用单个飞秒脉冲激光同时测量多个目标的距离。通过将双光频梳干涉测量原理与飞行时间测量的非线性平衡互相关相结合,实现了 2kHz 更新速率下的定时分辨率为 0.01ps。在 0.5s 的平均时间下,测距稳定度为 17nm,角度稳定度是 0.073arcsec。

2016 年,Park 等针对传统光谱干涉仪由于非常短距离处或模糊距离整数倍处干涉光谱的采样限制,存在不可测量范围的问题,提出并演示了一种新的色散干涉测量方法,使用两个分开的参考镜产生两个可区分的信号,利用主要信号和次要信号具有预定的偏移量,克服了光谱干涉法中的不可测量范围。

2017 年,德国 PTB 的 Hagen 等演示了差拍合成波长干涉仪中的双色法折射率补偿，利用 532nm 和 1064nm 处产生的合成波长实现了长达 864m 的绝对距离测量，标准偏差为 50μm，并通过控制射频频率范围内的激光器频率差实现直接的 SI 溯源。

我国对于飞秒光频梳绝对距离测量技术的研究也已经蓬勃发展起来，尤其是天津大学、清华大学、哈尔滨工业大学等对基于光频梳的绝对距离测量研究已经比较深入。

2009 年，北京航空航天大学张春熹课题组演示了使用锁模飞秒光纤激光器的基于实时傅里叶变换的测距激光雷达(Xia et al., 2009)。物体返回信号和参考信号从光纤 MZ 干涉仪导入色散元件，这两个光脉冲在时间上彼此延伸和重叠，经光电探测器探测产生微波脉冲，其频率与两个信号之间的时间延迟成比例。实验表明，在 16.6cm 的距离上，采样率为 48.6MHz 时实现了 334nm 的测量精度。2011 年，华中科技大学许艳等使用光频梳实现了基于色散干涉的绝对距离测量，最小测量距离达到 9μm，非模糊范围为 5.75mm(Xu et al., 2011)。

2012 年，天津大学秦鹏等演示了基于飞秒激光飞行时间法的自由空间中 5m 的绝对距离测量。该实验使用工作在 1.04μm 的 Yb 掺杂的高重复率锁模光纤激光器作为飞秒激光源，目标反射脉冲和参考脉冲之间的时间偏移通过平衡光学互相关方法进行精确测量，并用于腔长度的反馈控制，最终在平均时间 1s 时实现 12nm 的测量精度。

2013 年，清华大学吴学健等通过频率扫描差拍干涉仪实现了绝对距离测量。实验中，可调谐激光器的激光频率扫描过程由光频梳在 200GHz 的范围内进行校准，精度为 1.3kHz，最终产生 1.499mm 的合成波长。通过测量激光频率扫描时的干涉信号相位差获得绝对距离，在 1m 的测量距离处，绝对距离测量偏差小于 5μm(Wu et al., 2013)。2013 年，国防科技大学王国超等提出了一种基于双光频梳多差拍的方法。该方法将双光频梳的多差拍互相关距离测量与基于光频梳重复频率的拍频测距相结合，理论仿真结果表明，不考虑相位解调精度，测量误差可以达到±50pm。

2014 年，清华大学张弘元等提出了一种双光频梳非线性异步光学采样方法，以简化时间间隔的确定，延长绝对距离测量中的非模糊范围(Zhang et al., 2014a)。该系统在 0.5ms 采集时间内实现了 100.6nm 的最大残差和 1.48μm 的不确定性。同年，使用两个不同重复频率的同步光频梳来实现了可靠的非模糊范围扩展(Zhang et al., 2014b)。由于非模糊范围扩展在重复率调整期间易受距离漂移的影响，把具有两种不同重复率的脉冲序列耦合在一起入射到距离测量目标上。天津大学吴翰钟等提出可通过使用干涉仪扫描参考臂并记录干涉条纹，通过强度测量来测量距离(Wu et al., 2014)。西安交通大学陶龙等提出了一种使用卡尔曼滤波技术进行动态绝对距离测量的频率扫描干涉测量方法(Tao et al., 2014)。该方法不仅补偿了常规频率扫描干涉测量中的运动误差，而且还实现了高精度和低复杂度的动态测量。

2015 年，天津大学吴翰钟等进一步提出基于光频梳的啁啾脉冲干涉测量方法来实现绝对距离测量(Wu et al., 2015)。实验结果显示，在 65m 范围内测量精度达到了 26μm。2015 年，天津大学邾继贵等提出了一种基于干涉条纹和光频梳的二阶时间相干函数的脉冲间脉冲校准方法用于绝对距离测量，研究了光频梳的二阶时间相干函数，利用数值模型分析了在不考虑色散和吸收情况下相邻干涉峰长度与中心波长之间的差值(Zhu et al., 2015)。

2016 年，哈尔滨工业大学利用频率扫描干涉测量(frequency scanned interferometer, FSI)建立了绝对距离测量中多普勒效应的理论模型，并提出了一种新型的 FSI 绝对距离测量系统(Lu et al., 2016)。该系统包含一个基本的 FSI 系统和一个激光多普勒测速仪(laser Doppler velocimeter, LDV)。LDV 结果用于校正由基本 FSI 系统获得的绝对距离测量信号中的多普勒效应。在位于 16μm 处的目标测量中，获得了 65.5μm 的测量分辨率。2016 年，天津大学吴翰钟等提出一种利用光频梳和可调谐二极管激光器锁定 F-P 腔实现绝对距离测量的多差拍系统(Wu et al., 2016)。与参考干涉仪的结果相比较，单次测量的误差在 2.5μm 以内，5 次测量的平均误差达到 1.5μm 以内。清华大学廖磊等(2016)提出了一种基于合成波长法的飞秒激光差拍干涉测距方法，系统采用两个带通滤波器产生两个具有一定波长差的单波长，用于产生合成波长。与双频激光干涉仪结果相比较，在 40mm 范围内比对残差的标准差为 91nm。2017 年，王国超等为实现基于光频梳多波长差拍干涉测量的实时绝对距离测量，提出了一种多通道同步相位解调信号处理方法，并开发了相关的相位解调模块。中国科学院国家授时中心也开展了部分基于双飞秒激光器的绝对距离测量理论和实验研究。通过数值模拟，分析了数据脉冲宽度、双光频梳重复频率差、啁啾参量、定时噪声、脉冲类型等各因素对差拍测距性能的影响(王盟盟等, 2016)。

第 6 章　量子时间同步技术

根据爱因斯坦时间同步原理，时间同步可能达到的精度由测量飞行脉冲的时间延迟的准确度(又称为时间延迟测量精度)Δt 决定。基于量子力学原理，时间延迟的测量精度依赖于飞行脉冲光场的量子属性。目前，时间传递精度仍受限于经典的技术噪声，远未达到时间传递精度的标准量子极限。然而，随着飞秒光频梳相位锁定技术的飞速进步，精度已逐渐趋近散粒噪声极限。使用什么样的测量手段可以实现更高的时间测量精度？是否存在更低的散粒噪声极限？这些都是科学家们在追求更高精度的过程中紧密关注的问题。本章将讨论目前量子时间同步技术的几个主要研究方向。

6.1　基于量子纠缠的时间同步技术

目前，国际上关于量子时间同步的研究工作还处在原理验证和技术探索的早期研究阶段，但已提出了多种量子时间同步和量子定位的技术协议。将量子纠缠光源和量子探测技术应用于时间传递的量子时间同步技术被广泛研究。根据所采用的纠缠光源及探测方式的不同，量子时间同步研究方向有：基于预纠缠共享的量子时间同步、基于分布式量子时间同步和基于频率纠缠光源到达时间测量的量子时间同步等。

6.1.1　基于预纠缠共享的量子时间同步

基于预纠缠共享的量子时间同步协议最早是由布里斯托大学和加州理工学院 Jozsa 等在 2000 年提出的，其时间同步协议是基于预先共享的纠缠及经典的通信通道来实现时钟同步。Alice 和 Bob 在时间同步开始之前共享一对纠缠态，Alice 和 Bob 各拥有该纠缠态的一半，当需要同步时，Alice 对自己的纠缠态进行测量，此时，纠缠态坍缩，量子态随时间开始演化，Alice 的量子钟也随之运行；另一边的 Bob 所持的纠缠态也由于态坍缩而开始随时间演化，其量子钟也开始运行，即实现了两个钟的同步。该协议下，并没有实际的时钟存在，而是一对抽象的"纠缠钟"，Alice 和 Bob 间不需要传递时间信息，只需要在 Alice 和 Bob 处的开展纠缠测量，并利用经典通信就可以提取出来同步时钟信号。与经典的时钟同步方法相比，该协议的时间同步精度与待同步钟的位置无关，也不依赖于传输介质的介质属性。

2002 年，美国科尔盖特大学 Krčo 等将上述协议扩展到多粒子模型中，用于同步多个空间分离的时钟。该协议的特点是，不需要用于时间同步的量子纠缠对之间的纠缠为最大纠缠态。由于协议是对称的，每对纠缠都可以独立工作，与上述协议一样，多粒子的时间同步精度与粒子相对位置无关，但是当粒子数增加时，测量的时间差精度会随着粒子数的增加而降低。

此后，基于不同量子态的多量子比特纠缠的时间同步协议相继被提出(Ren et al., 2012; Ben-Av et al., 2011)，时间同步特性的理论研究也逐步开展中(Tavakoli et al., 2015; Zhang et al., 2013; Xie et al., 2012a, 2012b)。清华大学的孔祥宇等利用一个四量子比特的核磁共振系统，在实验室内开展了多量子比特条件下的时间同步演示，获得时间同步精度大于 $30\mu s$，但应用于实际的时间同步系统中时，基于预纠缠共享的量子时间同步协议需要预先实现在多个地方之间的纠缠(Kong et al., 2018)。在目前的技术条件下，建立待同步地的纠缠预先共享是一个比较棘手的问题。

6.1.2　基于分布式的量子时间同步

2000 年，IBM 研究实验室的 Chuang(2000)提出了一种基于量子相位测量的分布式时间同步协议，也称为量子的时钟比特握手(tickling qubit handshake, TQH)协议。该协议与艾丁顿慢搬运钟法类似(Eddington, 1920)，只是两地之间搬运的不是时钟，而是一个态函数。将时刻信息附加于态函数，相当于给态函数增加一个相位项，通过数据处理提取出时间差值，反馈给待同步钟，即实现两地钟的时间同步。该系统的时间同步精度与两地信息传输时间的不确定度无关，但要实现时间差的精度达到 n 位，则两个钟之间交换的经典信息量必须达到 O^{2n}。

2004 年，清华大学龙桂鲁研究小组在一个三量子比特的核磁共振量子计算系统中开展了分布式量子时间同步协议的原理演示实验研究(Zhang et al., 2004)。该系统通过空间平均的方法制备了用于实现的有效纯态，通过测量输出态函数与初始态函数即可得到两个分离时钟间的时间差，并通过理论与实验模拟，得到最终的钟差精度与所需量子比特数的关系：当系统中的量子比特数为 34 时，可以达到的钟差精度为 100ps。但若要用于实际的量子时间同步系统中，仍有很大的距离，如量子门操作的准确度，量子态的退相干时间长度等。

6.1.3　基于频率纠缠光源到达时间测量的量子时间同步

2001 年，麻省理工学院的 Giovannetti 等(2001a)提出了量子增强的时间同步概念。与经典时间同步技术相比，当所采用光源的频率和功率相同时，利用具有频率纠缠和压缩特性的量子光源作为光源的时间同步技术,可以使时间同步精度超越散粒噪声极限,达到量子力学的最基本极限——海森堡极限。

基于爱因斯坦时间同步原理,时间同步可能达到的精度由测量飞行脉冲到达时间的准确度Δt决定。根据量子力学理论,时间延迟的测量精度最终受限于经典测量的散粒噪声极限(shot noise limit, SNL),该极限由激光脉冲的频谱宽度$\Delta\omega$、一个脉冲中包含的平均光子数N和脉冲数M决定(Giovannetti et al., 2001a):

$$(\Delta t)^{\text{tof}} \geqslant (\Delta t)^{\text{tof}}_{\text{SQL}} = \frac{1}{2\Delta\omega\sqrt{MN}} \tag{6.1}$$

在理想的光子数压缩和频率一致纠缠状态下,测量信号脉冲传播时延的准确度将达到自然物理原理所能达到的最根本极限——量子力学的海森堡极限。

$$(\Delta t)^{\text{tof}}_{\text{QM}} = \frac{1}{2\Delta\omega MN} \tag{6.2}$$

式中,下标 QM 为量子力学(quantun mechanics)的简称。

在相同条件下,该测量精度极限比散粒噪声极限提高$\sqrt{NM}$倍。因此,采用量子技术有望把时间同步精度提高上千倍,达到亚皮秒甚至飞秒量级。量子时间同步系统还可以把量子时间同步协议与量子保密通信相结合,开发出具备保密功能的量子时间同步协议,从而有效对付窃密者的偷听行为(Giovannetti et al., 2002a)。对量子时间同步的理论研究进一步揭示通过通道间的量子纠缠特性可以消除传播路径中介质色散效应对时钟同步精度的不利影响(Giovannetti et al., 2004, 2001b)。鉴于量子时间同步技术特有的高同步精度、天生的保密功能等优势,开展该技术的相关研究具有广阔的应用前景。

广泛研究的量子时间同步技术是利用量子光脉冲传递时间信号,量子符合测量技术来实现钟差测量(Giovannetti et al., 2001a)。量子脉冲主要应用频率纠缠光源。由于自发参量下转换过程是产生纠缠光源的最常用方法,基于双光子频率纠缠的量子时间同步协议被广泛研究。例如,单向量子时间同步协议利用纠缠光子对的二阶量子关联特性来实现对两个远程时钟的时间差测量,其时间传递精度受限于传递路径和测量误差,但实现简便,易于应用(Valencia et al., 2004)。2003 年,美国陆军研究实验室的 Bahder 等(2004)提出了基于纠缠光子二阶相干干涉测量。该协议无须知道两个时钟的相对位置及光学路径的介质性质,规避了传输路径误差对同步精度的影响,在远距离时钟同步中具有重要的实用意义。Giovannetti 等(2004)提出的利用纠缠消除色散效应的传送带协议,该协议不用测量信号的到达时间,避免了由此引入的测量误差;同时,基于信号光子和闲置光子的频率纠缠特性消除了两光子在光纤中受到的色散影响。在此基础上,中国科学院物理研究所的范桁小组提出了基于近地球轨道卫星的与大气色散抵消同步的量子钟同步方案(Wang et al., 2016)。在考虑地球时空背景条件下，该小组分析了重力对定时脉冲的畸变影响，卫星的源参数和高度对时钟同步的精度影响。根据频率反关联的纠缠光子对进行二阶干涉符合测量时具有色散消除的量子特性，Hou 等(2012)提出了一种可消色散的光纤量子时间同步方案，分析了频率纠缠双光子的频谱带宽及传递路径上温度变化对可达到同步精度的影响。

随着协议的提出，有关量子时间同步的原理验证性和应用实验研究也在同步开展。2004 年，美国马里兰大学的研究人员利用纠缠光子实现了在 3 公里光纤上的单向量子时间同步的原理演示实验，基于双光子符合测量实现时间差测量精度为 1ps(Valencia et al., 2004)。2016 年，中国科学院国家授时中心的研究人员在 4km 光纤距离上实现了基于纠缠光子二阶干涉符合测量的量子时间同步原理演示验证，时间同步稳定度达到 0.44ps@16000s(Quan et al., 2016)；随后，通过将超导纳米线单光子探测应用于单光子探测器，在 6km 光纤距离上将时间同步稳定度提升近一个量级，达到 60fs@25600s(Quan et al., 2019)；同时，开展了双向量子时间同步实验演示，通过引入非局域色散消除将时间同步稳定度提升一个量级，在 20km 盘绕光纤上时间同步稳定度达到 45fs@40960s，展示了量子时间同步的高精度潜力(Hou et al., 2019)。为实现非局域的二阶关联测量，2009 年，新加坡国立大学研究人员提出利用分立事件计时器结合经典数据通道，将记录到的时间序列送到同一个计算处理器，基于互相关运算演示了纳秒量级的测量精度(Ho et al., 2009)。中国科学院国家授时中心的研究人员通过优化算法，进一步将单次测量精度提高到皮秒量级；并将该非局域符合测量技术应用到双向量子时间同步实验演示，为实现异地量子时间比对和同步奠定了基础(Hou et al., 2019)。

随着量子保密通信技术的迅猛发展，量子保密通信网络已被证实可以实现无条件安全的信息传输。将量子保密通信与量子时间同步有机结合是安全量子时间同步的关键。围绕这种结合，最早在 2002 年，Giovannetti 等提出量子保密定位协议，讨论了利用双光子源的时间–频率两个共轭量间的非互易性实现 A 和 B 两地间距离的安全测量(Giovannetti et al., 2002a)。2018 年，Lamas-Linares 等进一步提出了安全量子时间同步协议，该方案采用偏振纠缠的双光子源，其安全性通过检测光子对的偏振状态是否违背贝尔不等式来完成。然而，偏振的贝尔不等式本身并不能保证时间信息没有被操纵，时间同步的安全性有赖于链路双向时延的对称性。基于频率纠缠源的非局域色散消除特性已成为量子保密通信的重要手段(Lee et al., 2014)。如何将该特性直接应用于检测时间信息的安全性，实现具有保密功能、能抵抗外界攻击的演示亟待开展。

此外，针对量子时间同步技术面临的主要缺陷——很难获得大量处于量子纠缠及压缩态的光子，一些相关的应用性探索也相继展开。例如，针对量子脉冲存在信号弱、易被传输通道噪声淹没等缺陷，量子提纯已被提出并在实验室实现验证(Takahashi et al., 2010; Dong et al., 2008; Hage et al., 2008; Fiurášek et al., 2007; Ourjoumtsev et al., 2007; Franzen et al., 2006; Heersink et al., 2006)。此外，微弱量子信号在短至百公里级近地面实地传输、长至千公里级星地传递链路上传输的实现，充分验证了量子脉冲在自由空间传输的可行性(Yin et al., 2013, 2012; Bonato et al., 2009; Villoresi et al., 2008; Schmitt-Manderbach et al., 2007; Ursin et al., 2007)。同时，由于量子光源在外层空间传播时几乎没有损耗，为人们在卫星的帮助下实现全球化的量子时间同步和量子定位提供了光明前景。

6.2 基于平衡零拍探测和飞秒光频梳的量子优化时间测量技术

目前，由于实验产生的频率纠缠光源难以实现大光子数的突破，利用高亮度的经典脉冲进行高精度的时间传递及同步仍然具有优势。基于光脉冲的单向时间传递原理如图 6.1 所示。不考虑色散情况下，每个沿 x 方向传递的脉冲都可以由一个平均光锥变量 $u = t \pm x/c$ 表示。该变量保持恒定，则测量每个脉冲的到达时间，既可以用于距离确定，也可以用于时间同步。考虑如图 6.1 所示的一般情况：A 地定期发出重复率同步到本地时钟的光脉冲；B 地接收这些脉冲，并通过测量它们相对于 B 地的本地脉冲(已同步到 B 地的参考时钟)的时间差，从而确定这些脉冲从 A 地到 B 地的时间延迟。

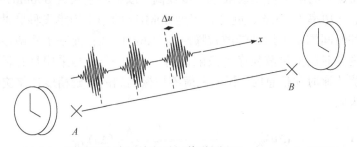

图 6.1 基于光脉冲的单向时间传递原理(Lamine et al., 2008)

如图 6.1 所示的脉冲从 A 地到 B 地的时间延迟可以由至少两种方式测量：第一种方法是测量脉冲包络峰值的到达时间，该过程称为非相干飞行时间测量。第二种方法是通过将来自 A 地的飞行脉冲与 B 地的本底振荡(local oscillator, LO)脉冲进行干涉测量，从而得到飞行脉冲的电场相位信息，该方法又称为相干相位(PH)测量。这两种方法的时间延迟测量精度均依赖于飞行脉冲光场的量子属性。对于一个中心频率为 ω_0、频谱带宽为 $\Delta\omega$ 的脉冲光场，两种方法对应的时间延迟测量精度的散粒噪声极限(shot noise limit, SNL)又称为标准量子极限(standard quantum limit, SQL)分别为

$$(\Delta u)_{\mathrm{SQL}}^{\mathrm{TOF}} = \frac{1}{2\Delta\omega\sqrt{N}}, \quad (\Delta u)_{\mathrm{SQL}}^{\mathrm{PH}} = \frac{1}{2\omega_0\sqrt{N}} \tag{6.3}$$

式中，N 为探测时间内测量到的总光子数。可以看到，当脉冲光场足够明亮，SQL 极限可以非常小，但获得高能量的脉冲光场在现实中很难实现。相反地，单个光子具有非常低的光子通量，应用光子计数技术的时间同步精度很快就受限于对应的 SQL 极限。式(6.3)还显示由于 $\omega_0 > \Delta\omega$，相干相位测量方法通常比非相干飞行时间测量方法具有更高的时间测量精度，但对飞行脉冲的空间和时间相干性也提出了更高的要求。

　　法国皮埃尔-玛丽居里大学的 Nicolas 和 Fabre 小组最先提出了结合量子测量手段和飞秒光频梳的量子优化远距离时钟同步方案 (Lamine et al., 2008)。该方案采用平衡零拍探测技术测量到达的飞行光频梳相对于本底参考光频梳的噪声起伏来实现飞行脉冲的时延测量。在该方案中，通过对本底参考光频梳进行适当时域整形，飞行光频梳的相位变化和飞行时间信息就可以同时提取出来。时延抖动的散粒噪声测量极限为

$$(\Delta u)_{\mathrm{SQL}} = \frac{1}{2\sqrt{N}} \frac{1}{\sqrt{\omega_0^2 + \Delta\omega^2}} \tag{6.4}$$

式中，ω_0 为飞行光频梳的中心频率。由于 $\omega_0 > \Delta\omega$，相比于脉冲飞行时间测量方法，时间延迟的测量精度极限进一步提高。以中心波长为 800nm，脉冲宽度为 20fs，平均功率为 1mW，重复频率为 80MHz 的相干锁模飞秒脉冲为例，基于飞行脉冲时间测量可达到的散粒噪声为 1.6×10^{-17}s；而基于平衡零拍量子测量方法实现的时间测量散粒噪声极限达到 9.4×10^{-19}s。当采用具有量子压缩特性的光频梳传递时间信息时，利用平衡零拍探测到的时延精度还将突破经典的散粒噪声极限：

$$(\Delta u)_{\mathrm{SQL}} = \frac{1}{2\sqrt{N}} \frac{\mathrm{e}^{-r}}{\sqrt{(\omega_0^2 + \Delta\omega^2)}} < (\Delta u)_{\mathrm{SQL}} \tag{6.5}$$

式中，r 为飞行脉冲的压缩参量。假设 $r = 2.3$，对应光频梳的光子数压缩度约为-10dB，可以得到时延精度达到 9.4×10^{-20}s。理论研究进一步给出，对本底参考源进行不同的时域整形，还可使测量灵敏度免受大气参数，如温度、压强、湿度等变化的影响(Jian et al., 2012)。飞秒光频梳的量子优化时间同步传递中涉及的关键技术研究近年来受到广泛关注，目前主要集中在：①飞秒光脉冲的载

波包络相位锁定及其相位噪声抑制；②本底参考光频梳的精确脉冲整形；③高压缩度量子光频梳的产生和测量。

　　围绕这些关键技术，中国科学院国家授时中心开展了系统研究，实现了 100fs 量级钛宝石飞秒脉冲激光器载波包络相位信号的高信噪比探测与锁定，环内锁定精度达到 1.32mHz(Xiang et al., 2018)；设计并搭建了低色散的宽带共振无源腔，作为主动相位噪声控制技术的补充，实现了对飞秒脉冲剩余载波包络相位噪声的有效抑制，使其在 2MHz 附近达到散粒噪声极限(项晓等, 2016)；首次采用 4-f 傅里叶脉冲整形系统对脉冲的频域进行振幅和相位调制来得到脉冲的时域微分，能量转换效率大幅提高(Zhou et al., 2017)；研制了高信噪比平衡零拍探测器；完善了基于 L-C 耦合的跨阻放大光电探测器的噪声理论模型，并基于此模型显著改善了探测器的性能，在 1mW 入射光条件下，探测信噪比在分析频率 1.5MHz 处达到 23dB(Wang et al., 2017)；基于同步泵浦光参量振荡器产生的相位压缩光频梳，实现了首个突破散粒噪声极限的高灵敏时延抖动测量实验演示，最小时延测量分辨率低至 2.4×10^{-20}s (Wang et al., 2018)。这些研究为基于平衡零拍探测和飞秒光频梳的量子优化时间测量技术的实际应用提供技术储备。

第 7 章　基于频率纠缠光源到达时间测量的量子时间同步技术

基于频率纠缠光源到达时间测量的量子时间同步技术利用具有纠缠和压缩等量子特性的光脉冲信号和高灵敏量子探测技术，可大大提高现有系统的时间同步精度；基于通道间的频率纠缠特性，量子时间同步技术可消除传播路径中色散对同步精度的影响，同时，借助频率纠缠光源的独有特点，还可以开发出安全的时间同步协议。本章首先介绍最早由 Giovannetti 等(2001a)提出的基于频率纠缠和光子数压缩光源到达时间测量的量子时间同步技术的基本原理；其次，详细介绍现有的几种重要量子时间同步协议，并针对量子脉冲光源的产生与量子测量，以及一些相关的理论模型和实验实现进行简述。

7.1　基于频率纠缠光源到达时间测量的量子时间同步原理

Alice 处发射 M 个光脉冲，并在 Bob 处探测。光子平均传递时间为 $t = \dfrac{1}{M}\sum_{i}^{M} t_i$，其中 t_i 表示第 i 个光子的传递时间，它是由第 i 个脉冲的光谱特性及平均光子数 N 决定的。当采用经典光源时，M 个相干脉冲可以由辐射场的态函数表示为

$$|\Psi\rangle_{\text{cl}} \equiv \overset{M}{\underset{i}{\otimes}} \underset{\omega}{\otimes} \left|\alpha(\varphi_\omega \sqrt{N})_i\right\rangle \tag{7.1}$$

式中，φ_ω 表征脉冲的谱型函数，且 $|\varphi_\omega|^2$ 已被归一化，即 $\int \mathrm{d}\omega |\varphi_\omega|^2 = 1$。$\left|\alpha(\varphi_\omega\sqrt{N})\right\rangle_i$ 是指向第 i 个探测器的频率为 ω、平均光子数为 N 的相干态。

假设不考虑探测器的时间分辨率(即完美分辨)，则 $t_{i,k}$ 时刻在第 i 个探测器处探测第 i 个脉冲中的 N_i 个光子的概率为(Mandel et al., 1995)

$$p(\{t_{i,k}\}) \propto \left\langle : \prod_{i=1}^{M}\prod_{k=1}^{N_i} E_i^{(-)}(t_{i,k}) E_i^{(+)}(t_{i,k}) : \right\rangle \tag{7.2}$$

式中，$t_{i,k}$ 表示第 i 个脉冲中的第 k 个光子的到达时间；$E_i^{(-)}(t) \equiv \int \mathrm{d}\omega \hat{a}_i^\dagger \mathrm{e}^{-\mathrm{i}\omega t}$ 表示

时刻 t 在第 i 个探测器处的信号光场，且满足 $E_i^{(-)}(t) = (E_i^{(-)}(t))^{\dagger}$，$\hat{a}_i(\omega)$ 表征第 i 个探测器处频率为 ω 的电场的湮灭算符。将各参数代入式(7.2)后，$p(\{t_{i,k}\})$ 可以改写为

$$p(\{t_{i,k}\}) \propto \left\langle : \prod_{i=1}^{M} \prod_{k=1}^{N_i} |g(t_{i,k})|^2 : \right\rangle \tag{7.3}$$

其中，$g(t)$ 是光谱函数 φ_{ω} 在时域的傅里叶变换。最终，在经典的相干态输入时，光子的平均到达时间为

$$t = \frac{1}{M} \sum_{i=1}^{M} \frac{1}{N_i} \sum_{k=1}^{N_i} t_{i,k} = \bar{\tau} \tag{7.4}$$

$$\Delta t \geqslant \frac{\Delta \tau}{\sqrt{MN}} \tag{7.5}$$

假定式(7.4)和式(7.5)中，$\bar{\tau} = \int dt |g(t)|^2 t$，$\Delta \tau^2 = \int dt |g(t)|^2 (t - \bar{\tau})^2$ 与 i、k 无关，对于所有的光子，其光谱均相同。在满足傅里叶变换受限条件下，$\Delta \tau = \frac{1}{2\Delta \omega}$，这时式(7.5)与式(6.1)相同。

当采用量子光源-频率纠缠源作为时间同步的光源时，为了简便起见，考虑单光子纠缠脉冲，$|\omega\rangle$ 表示频率为 ω 的电磁场的频率态，$\int d\omega \varphi_{\omega} |\omega\rangle$ 表示光谱为 $|\varphi_{\omega}|^2$ 的单光子波包。M 个光子纠缠的频率纠缠态表示如下：

$$|\Psi_{en}\rangle = \int d\omega \varphi_{\omega} |\omega\rangle_1 |\omega\rangle_2 \cdots |\omega\rangle_M \tag{7.6}$$

式中，下标 ω 代表光子所到达的探测器序号分别为 1, 2, …, M。将式(7.6)代入式(7.3)中，并且令 $N_i = 1$，则有

$$p(t_1, t_2, \cdots, t_M) \propto \left| g\left(\sum_{i=1}^{M} t_i \right) \right|^2 \tag{7.7}$$

从式(7.7)中可以看出，对于频率纠缠的光子，尽管其各自的到达时间是随机的，但其平均时间 $t = \frac{1}{M} \sum_{i}^{M} t_i$ 是高度关联的，并且 t 的概率分布满足 $|g(Mt)|^2$，从而可以得到平均到达时间的精度为

$$\Delta t \geqslant \frac{\Delta \tau}{M} \tag{7.8}$$

与经典测量到达时间的精度相比，式(7.8)中的精度提高了 $\sqrt{M}$ 倍。

为了进一步研究纠缠对时间同步精度的重要性,下面采用不纠缠的光子态作为双光子源,当 M 个光谱函数为 φ_ω 的不关联光子脉冲作为光源,则

$$|\varPsi\rangle_{un} = \overset{M}{\underset{i}{\otimes}} \int d\omega \varphi_{\omega_i} |\omega_i\rangle_i \tag{7.9}$$

根据式(7.3)可以得到不关联光子脉冲的到达时间概率:

$$p(t_1, t_2, \cdots, t_M) \propto \prod_{i=1}^{M} |g(t_i)|^2 \tag{7.10}$$

该结果与经典相干态时的结果一致[令式(7.5)中的 $N=1$ 即可]。可以看出,频率不纠缠的光子对测量精度并没有提升。

当采用光子数压缩态 $|N\rangle$ 作为光源时,此处假设 $M=1$,得到到达时间的概率为

$$p(t_1, t_2, \cdots, t_N) \propto \left| g\left(\sum_{k=1}^{N} t_k \right) \right|^2 \tag{7.11}$$

从该结果中可知,当采用 N 个光子压缩态时,到达时间的精度可以提高 $\sqrt{N}$ 倍。

从以上分析可知,采用具有频率纠缠及光子数压缩特性的量子光源可以提高到达时间的测量精度到海森堡量子极限,而频率纠缠的光子源可以通过自发参量下转换过程产生。除此之外,微弱单光子的探测技术及双光子的到达时间测量技术等都已在实际实验中实现,因此基于频率纠缠光源到达时间测量的量子时间同步技术是一项切实可行的高精度时间同步技术。而且,该方法的另一个优点是利用基于该时间同步模型还可以开展量子增强的定位研究,获得与时间同步相同的测量精度。

7.2　频率纠缠光源的产生

如 7.1 节所述,频率纠缠光源的产生和到达时间的量子探测是量子时间同步技术的重要组成部分。本节首先围绕量子纠缠的基本定义及其发展历史进行简单介绍,其次介绍利用自发参量下转换制备频率纠缠光源的理论基础,包括光源的产生、特性度量。

7.2.1　量子纠缠

纠缠是量子力学最有趣的特征之一。早在 1935 年,爱因斯坦等提出一个假想量子态,这就是著名的"EPR 佯谬"(Einstein et al., 1935)。在这个假想实验中存在两个量子系统,其中基于一个系统的观测来推断另一个系统可观测值

的能力可能比量子力学所允许的要好。这种违反直觉的量子特性显示出两个量子系统之间存在非局域、非经典的强关联。此后不久，薛定谔创造了"纠缠"一词(Schrödinger, 1935)。最初的这两篇文章意在对正统量子力学基本原理和概念的诠释质疑，却开启了科学家们对这种反直觉现象的深入研究。关于纠缠的第一个实验证据来自 1948 年 Bleuler 和 Bradt 的一个实验，他们研究了正电子湮没产生的场(Bleuler et al., 1948)。然而，对纠缠的非局域行为的决定性检验直到 1964 年贝尔提出了著名的区分局域隐藏变量模型和量子力学模型的不等式之后才能得出(Bell, 1964)。此后不久，Kasday 等(1970)证明正电子衰变违反了贝尔不等式，从而验证了量子力学模型。随后在其他系统中对量子力学模型进行了验证(Rarity et al., 1990; Lamehi-Rachti et al., 1976; Faraci et al., 1974; Clauser et al., 1974, 1969; Freedman et al., 1972)。经过大量的科学实验和工程技术验证，双光子纠缠被证明是一种精密且易于操控的纠缠光源。对纠缠光场的研究不仅包括离散变量，如光子对之间的偏振纠缠(Aspect et al., 1982a, 1982b, 1981)，也包括连续变量，如光场正交分量的纠缠(Silberhorn et al., 2001; Duan et al., 2000; Ou et al., 1992)。

　　已经证明纠缠是量子信息协议中的一种使能技术，同时反过来刺激了对其特性的进一步研究。量子纠缠不仅在量子力学研究中扮演着重要角色，而且对量子信息科学的不断发展起着至关重要的作用(Horodecki et al., 2009; Zeilinger 1999)。量子纠缠已经应用于量子保密通信(Bennett et al., 1992)、量子纠错(Kempe, 2006)、量子隐形传态(Ma et al., 2012; Yang et al., 2009; Kim et al., 2001; Bennett et al., 1993)、量子密码(Mower et al., 2013; Sergienko et al., 1999; Ekert et al., 1992; Ekert, 1991)、容错量子计算(Tasca et al., 2011; O'Brien, 2007; Walther et al., 2005)、密集编码(Li et al., 2002; Mattle et al., 1996)和量子光刻(Nagasako et al., 2001; D'Angelo et al., 2001; Boto et al., 2000)等。

7.2.2　自发参量下转换过程

　　实验中制备量子纠缠态的方法有很多种，如自发参量下转换和四波混频等。自发参量下转换(spontaneous parametric down-conversion, SPDC)是制备纠缠源最简单且成熟的方法之一，可以产生多种量子纠缠态，如偏振纠缠(Grice et al., 2001)、频率纠缠(Law et al., 2000; Huang et al., 1993)、能量纠缠(Brendel et al., 1999; Kwiat et al., 1993)、动量纠缠(Rarity et al., 1990)和轨道角动量纠缠(Franke-Arnold et al., 2002; Mair et al., 2001; Arnaut et al., 2000)。

　　从物理上讲，自发参量下转换过程是一个三波混频过程，即一束高频泵浦光作用于二阶非线性系数为 $\chi^{(2)}$ 的非线性介质，湮灭掉一个高频光子，同时产生一对孪生光子，习惯上称这两个光子为信号光子(signal)和闲置光子(idler)，

如图 7.1 所示。在这个过程中，要想获得有效的参量转换，需满足能量守恒条件和动量守恒条件，用方程表述为

$$\omega_{\text{p}} = \omega_{\text{s}} + \omega_{\text{i}}, \quad \vec{k}_{\text{p}} = \vec{k}_{\text{s}} + \vec{k}_{\text{i}} \tag{7.12}$$

式中，ω_j 表示光子的角频率；$\vec{k}_j$ 是频率为 ω_j 的光子在非线性介质中的波矢，$j = \text{p}、\text{s}、\text{i}$ 分别代表泵浦光、信号光子和闲置光子。$\vec{k}_j(\omega_j) = \vec{o}_j n_j(\omega_j)\omega_j/c$，其中 $n_j(\omega_j)$ 为光波在介质中的折射率，c 为光子在真空中的传播速度，$\vec{o}_j$ 表示光子的波矢方向。动量守恒条件即通常所说的相位匹配条件。当三束光波的波矢都在同一直线上，相应的相位匹配称为共线相位匹配；反之即为非共线相位匹配。定义 $\Delta k = \vec{k}_{\text{p}}(\omega_{\text{p}}) - \vec{k}_{\text{s}}(\omega_{\text{s}}) - \vec{k}_{\text{i}}(\omega_{\text{i}})$ 为相位失配因子，则 $\Delta k = 0$ 称为相位匹配。由于介质的色散效应，要想实现相位匹配必须采取专门的方法。传统相位匹配方法一般有两种：双折射相位匹配(birefringence phase matching, BPM)和准相位匹配(quasi phase matching, QPM)。BPM 是利用晶体的双折射效应实现的，即利用晶体的双折射效应补偿因色散造成的输入光和输出光之间的相位失配。通常可以通过调节泵浦光与晶体之间的入射角度(Magde et al., 1967)(临界相位匹配)或者调谐晶体温度(Shen, 1984)实现非线性过程的相位匹配条件(非临界相位匹配，又称为完美相位匹配条件)。如果产生的信号光子和闲置光子偏振相同，称作 I 类相位匹配；如果产生的信号光子和闲置光子偏振相互垂直，称作 II 类相位匹配。

图 7.1　非线性晶体中的自发参量下转换过程示意图

对于双折射匹配，要满足完美相位匹配条件，要么对光的入射方向，要么对晶体的切割方向，或者对晶体的工作温度有严格要求，且由于走离效应的存在，通光方向及长度受到限制，无法充分利用非线性晶体的有效非线性系数。QPM 最早由 Armstrong 等于 1962 年提出，其基本思想是通过周期性调变非线性系数，弥补由于晶体折射率色散而引起的波矢匹配，即非线性系数的正负在非线性晶体的每一个极化周期 Λ 内反转一次，从而使得非线性过程可以一直持续。对于准相位匹配，晶体的极化周期 Λ 将引入额外的波矢 $2\pi m/\Lambda$，其中，$m = 1, 2, \cdots$ 表示准相位匹配的级数。采用一阶准相位匹配($m = 1$)，Δk 改写为 $\Delta k = \vec{k}_{\text{p}}(\omega_{\text{p}}) - \vec{k}_{\text{s}}(\omega_{\text{s}}) - \vec{k}_{\text{i}}(\omega_{\text{i}}) \pm 2\pi/\Lambda$。因此，可以通过引入合适的极化周期，使得 $\Delta k = 0$。QPM 技术的最突出优点是非线性转换效率高，并且可以使那些在

通常条件下无法实现相位匹配的晶体和通光波段得以实现频率变换。随着晶体制备技术和工艺的发展和成熟，周期极化非线性晶体得到了广泛应用。

7.2.3　自发参量下转换效率

根据文献 Koch 等(1995)，对于非线性晶体、自发参量下转换产生的信号光子的功率谱密度可表示为

$$dP_s^{(B)} = (2\pi)^4 \frac{2\hbar c d_{eff}^2 \mathcal{L}\lambda_p}{\epsilon_0 n_p^2 \lambda_s^5 \lambda_i^2} P_p f(\lambda_s) d\lambda_s \tag{7.13}$$

式中，上标 B 表示非线性晶体；d_{eff} 为晶体的有效非线性系数；$\mathcal{L}$ 为晶体的长度；λ_i、λ_s、λ_p 分别表示闲置光子、信号光子及泵浦光的波长；c 为真空中的光速；n_p 是泵浦光在非线性晶体中的折射率；P_p 为泵浦光的功率。函数 $f(\lambda_s)$ 是与信号光子传播方向有关的量，可以表示为

$$f(\lambda_s) = \frac{1}{\pi} \int_0^\infty dr^{(2)} sinc^2 \left[r^2 + \frac{\mathcal{L}}{2}\gamma(\varpi - \omega_s) \right] \tag{7.14}$$

式中，ω_s 为信号光子的角频率；γ 与相位失配因子有关，与上一小节中的定义一致；ϖ 表示共线相位匹配条件下的简并频率。考虑到完美的共线条件，且假设 $f(\lambda_s) = 1$，可以发现信号光子功率随泵浦光功率和晶体长度线性变化，但是与光束形状没有关系。

根据文献 Koch 等(1995)，这种假设是合理的。但是对于非线性波导，需要对式(7.13)进行修正。根据文献 Baldi 等(2002)中的方法，可以得到信号光子功率与泵浦光功率之间的关系。利用半经典理论对信号光场和闲置光场进行电磁场的量子化(Walls et al., 2008)，一个频率为 $\omega^{(k)}$ 的准单色光可以表达为

$$\vec{E}_{s,i}(r,t) = i\sum_k [c_k u_k(r) e^{-i\omega^{(k)}(t)} + c.c.] \tag{7.15}$$

其中，u_k 满足条件：

$$\begin{cases} \left[\nabla^2 + \frac{(\omega^{(k)})^2}{n^2 c^2} \right] u_k = 0 \\ \nabla \cdot u_k = 0 \\ \int u_k^* u_k = 1 \end{cases} \tag{7.16}$$

根据电磁场在波导中的方程，可以求出一系列分离的解：

$$u_k(r) = \frac{1}{\sqrt{L}} U^{(k)}(x,y) e^{i\beta^{(k)}(z)} \tag{7.17}$$

这里引入体积归一化条件，假设电磁场存在于一个大立方体中，L 为立方体的长度，令 $L \to \infty$，则可得到自由空间中的解。$\beta^{(k)}$ 为传播常数，当积分遍及整个截面 A 时，$\int_A \mathrm{d}x\mathrm{d}y \left|U^{(k)}\right|^2 = 1$。由此，信号光场和闲置光场的量子化形式可写为

$$\hat{E}_{s,i}(r,t) = \frac{1}{2}[\hat{E}_{s,i}(r,t) + \hat{E}_{s,i}^\dagger(r,t)]$$

$$= \frac{i}{2}\sum_k \left[\left(\frac{2\hbar\omega_{s,i}^{(k)}}{n_{s,i}^2\varepsilon_0}\right)^{\frac{1}{2}} \frac{1}{\sqrt{L}} U_{s,i}^{(k)}(x,y)\mathrm{e}^{\mathrm{i}(\beta^{(k)}(z)-\omega_{s,i}^{(k)}t)}\hat{a}_{s,i}^{(k)} + \mathrm{c.c.}\right] \tag{7.18}$$

式中，ε_0 为真空介电常量；n_s、n_i 分别为信号光子及闲置光子的折射率。根据湮灭算符和产生算符的对易规则，可以将泵浦光场表达式写为

$$\hat{E}_p(r,t) = \frac{1}{2}\left[\hat{E}_p(r,t) + \hat{E}_p^\dagger(r,t)\right] = \frac{1}{2}\sqrt{\frac{2P_p}{cn_p\epsilon_0}} U_p(x,y)\mathrm{e}^{\mathrm{i}(\beta_p^{(k)}z-\omega_p^{(k)}t)} + \mathrm{c.c.} \tag{7.19}$$

式中，n_p 为泵浦光场的折射率。相互作用哈密顿量 $\hat{H}_I$ 可表示为

$$\hat{H}_I = \frac{d_{\mathrm{eff}}\sqrt{2\hbar}}{\sqrt{\varepsilon_0 cn_s^2 n_i^2 n_p}}\frac{\sqrt{P_p}}{L}\sum_{j,k}\sqrt{\omega_s^{(k)}\omega_i^{(j)}}\int \mathrm{d}z[U_p(U_s^{(k)})^*(U_i^{(k)})^*\mathrm{e}^{\mathrm{i}(\beta_p^{(k)}-\beta_s^{(k)}-\beta_i^{(j)})z}$$

$$\times \mathrm{e}^{\mathrm{i}(\omega_p-\omega_s^{(k)}-\omega_i^{(j)})t}\hat{a}_s^{(k)\dagger}\hat{a}_i^{(j)\dagger} + \mathrm{H.c.}] \tag{7.20}$$

令系统的初始态记为 $|i\rangle = |0,0\rangle$，系统末态记为 $\langle f| = \langle 0,0|\hat{a}_s^{(k)}\hat{a}_i^{(j)}$，$l$ 和 m 分别表示信号光子和闲置光子的模式，$\omega_s^{(k)} = \omega_s$，$\omega_i^{(j)} = \omega_i$，$U_s^{(k)} = U_s$，$U_i^{(k)} = U_i$。考虑到能量守恒条件，可以得到：

$$\langle f|\hat{H}_I|i\rangle = \frac{d_{\mathrm{eff}}\hbar\sqrt{2P_p\omega_s\omega_i}}{\sqrt{\varepsilon_0 cn_s^2 n_i^2 n_p}}\frac{1}{L}\int \mathrm{d}z U_p U_s^* U_i^* \mathrm{e}^{\mathrm{i}\Delta kz}$$

$$= \frac{d_{\mathrm{eff}}\hbar\sqrt{2P_p\omega_s\omega_i}}{\sqrt{\varepsilon_0 cn_s^2 n_i^2 n_p L}}\frac{\mathcal{L}}{\sqrt{A_I}}\mathrm{sinc}\frac{\Delta k\mathcal{L}}{2} \tag{7.21}$$

式中，A_I 表示相互作用的有效面积。在 1 维希尔伯特空间中，考虑能量变化引起的光子数变化为

$$\mathrm{d}N = \frac{L}{2\pi}\frac{n_s}{\hbar c}\mathrm{d}E \tag{7.22}$$

因此，系统的密度函数可以表示为

$$\rho = \frac{L^2}{2\pi} \frac{n_s n_i}{\hbar c^2} \mathrm{d}\omega_s \tag{7.23}$$

利用费米黄金法则可以得到相应的跃迁概率为

$$W = \frac{2\pi}{\hbar} \left| \left\langle f \left| \hat{H}_\mathrm{I} \right| i \right\rangle \right|^2 \rho = \frac{d_\mathrm{eff}^2 P_p \omega_s \omega_\mathrm{i}}{\pi \varepsilon_0 c^3 n_s n_\mathrm{i} n_p} \frac{\mathcal{L}^2}{A_\mathrm{I}} \mathrm{sinc}^2 \frac{\Delta k \mathcal{L}}{2} \mathrm{d}\omega_s \tag{7.24}$$

因此，信号光子的功率谱密度可以表示为

$$\mathrm{d}P_s^{(k)} = \frac{\hbar d_\mathrm{eff}^2 P_p \omega_s^2 \omega_\mathrm{i} \mathcal{L}^2}{\pi \varepsilon_0 c^3 n_s n_\mathrm{i} n_p A_\mathrm{I}} \mathrm{sinc}^2 \frac{\Delta k \mathcal{L}}{2} \mathrm{d}\omega_s$$

$$= \frac{16\pi^3 \hbar d_\mathrm{eff}^2 P_p \omega_s^2 \omega_\mathrm{i} \mathcal{L}^2}{\varepsilon_0 n_s n_\mathrm{i} n_p \lambda_s^4 \lambda_\mathrm{i} A_\mathrm{I}} \mathrm{sinc}^2 \frac{\Delta k \mathcal{L}}{2} \mathrm{d}\lambda_s \tag{7.25}$$

同样，这个关系也可以用于闲置光子。以周期极化的磷酸氧钛钾(periodically poled KTP, PPKTP)晶体和 PPKTP 波导为例，根据式(7.13)和式(7.25)，相同泵浦功率条件下它们的功率谱密度如图 7.2 所示。可以看到，相较于非线性晶体，非线性波导有更高的非线转换效率。

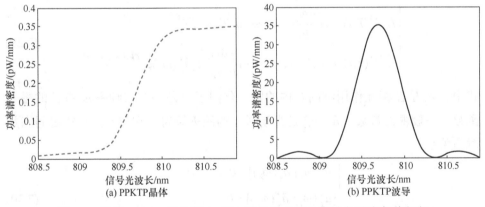

图 7.2　基于 PPKTP 晶体和 PPKTP 波导的 SPDC 信号光子功率谱密度

7.2.4　频率纠缠源的理论基础

根据量子理论，自发参量下转换产生两个纠缠光子的过程是一个经典光脉冲与两个真空输入场的三波混频过程。在相互作用绘景下，利用非线性晶体实现自发参量下转换产生的量子态随时间的演化可表示为

$$\left| \Psi(t) \right\rangle = \exp \left[\frac{1}{i\hbar} \int \mathrm{d}t' H_\mathrm{I}(t') \right] \left| \psi(t_0) \right\rangle \tag{7.26}$$

式中，$|\psi(t_0)\rangle$ 表示系统的初始态，一般为真空态；$H_I(t')$ 表示泵浦光场与非线性晶体相互作用的哈密顿量；$\exp\left[\dfrac{1}{i\hbar}\int dt' H_I(t')\right] = U_I(t)$ 为系统的时间演化算符，相互作用哈密顿量 $H_I(t)$ 可以表示为

$$H_I(t) = \frac{1}{2}\int_V d\vec{r}^3 P^{(NL)}(t) \cdot \vec{E}_p^{(+)}(\vec{r},t) + \text{H.c.} \tag{7.27}$$

$$P^{(NL)}(t) = \epsilon_0 \iint dt_1 dt_2 \chi^{(2)}(t-t_1, t-t_2) : \vec{E}_s^{(-)}(\vec{r},t_1)\vec{E}_i^{(-)}(\vec{r},t_2) \tag{7.28}$$

式中，V 表示沿 x、y、z 三个方向的有效作用范围；$P^{(NL)}$ 表示非线性介质的非线性极化强度；ϵ_0 为真空介电常量；$\chi^{(2)}$ 表示非线性晶体的二阶非线性系数；H.c.表示前面积分的共轭分量；$\vec{E}_j^{(+)}(\vec{r},t)$ 代表 j 模式下电场的正频分量；j 分别代表泵浦光(p)、信号光子(s)和闲置光子(i)；$\vec{E}_j^{(-)}(\vec{r},t)$ 代表电场的负频分量，与电场的正频分量互为共轭。假设辐射光场为线偏振光场，考虑到电磁场的量子化条件，其电场振幅算符可写为如下标量形式(Scully et al., 1997; Mandel et al., 1995)：

$$\begin{cases} \vec{E}_j^{(+)}(\vec{r},t) = i\int \dfrac{d\omega_j}{2\pi}\varepsilon_j \hat{a}_j(\omega_j) e^{i[\vec{k}_j(\omega_j)\vec{r} - \omega_j t]} \\[2mm] \vec{E}_j^{(-)}(\vec{r},t) = [\vec{E}_j^{(+)}(\vec{r},t)]^+ = -i\int \dfrac{d\omega_j}{2\pi}\varepsilon_j \hat{a}_j^+(\omega_j) e^{-i[\vec{k}_j(\omega_j)\vec{r} - \omega_j t]} \end{cases} \tag{7.29}$$

式中，ε_j 是在相互作用空间 V 内的归一化因子，是一个与频率 ω_j 有关的慢变函数，一般视为常数。$\hat{a}_j(\omega_j)$ 是光场对应的湮灭算符，它与产生算符之间满足对易关系：

$$\begin{cases} [\hat{a}_j(\omega_j), \hat{a}_k(\omega_k)] = 0 \\ [\hat{a}_j^+(\omega_j), \hat{a}_k^+(\omega_k)] = 0 \\ [\hat{a}_j(\omega_j), \hat{a}_k^+(\omega_k)] = 2\pi\delta_{jk}\delta(\omega_j - \omega_k) \end{cases} \tag{7.30}$$

不考虑归一化因子，且假定共线平面波传播时，相互作用哈密顿量进一步可写为

$$H_I(t) = \kappa \int_{-L/2}^{L/2} dz \int d\omega_s \int d\omega_i \alpha(\omega_p) \hat{a}_s^+(\omega_s) \hat{a}_i^+(\omega_i)$$
$$\times e^{i\{[k_p(\omega_p) - k_s(\omega_s) - k_i(\omega_i)]z - (\omega_p - \omega_s - \omega_i)t\}} + \text{H.c.} \tag{7.31}$$

式中，$\alpha(\omega_p)$ 表示泵浦光的振幅谱型函数；L 为非线性晶体的长度；κ 为一个

全局比例函数，后续计算中可以忽略。将时间演化算符进行泰勒展开，且只考虑保留一阶项，得到

$$U_I(t) \approx 1 + H_I(t) \tag{7.32}$$

根据微扰理论，信号光子和闲置光子的联合态函数的时域演变可以表示如下：

$$|\Psi(t)\rangle = \left[1 - \frac{i}{\hbar} \int_{-\infty}^{t} \mathrm{d}t' H_I(t') \right] |0\rangle \tag{7.33}$$

在实际应用中，仅有非真空场可以被单光子探测器探测到，因此只考虑式(7.33)中的第二项。一般情况下，泵浦脉冲的持续时间有限，因此式(7.33)的积分限可以近似认为接近无穷：$\int \mathrm{d}t' \mathrm{e}^{i(\omega_p - \omega_s - \omega_i)t'} = 2\pi\delta(\omega_p - \omega_s - \omega_i)$。根据 δ 函数可以将态函数积分公式中的频率积分项缩减为两个：

$$|\Psi\rangle = \frac{2\pi\kappa}{i\hbar} \iint \mathrm{d}\omega_s \mathrm{d}\omega_i \alpha(\omega_s + \omega_i) \hat{a}_s^+(\omega_s) \hat{a}_i^+(\omega_i) \int_{-L/2}^{L/2} \mathrm{e}^{i\Delta k(\omega_s,\omega_i)z} |0\rangle \tag{7.34}$$

$\Phi_L(\omega_s, \omega_i) \equiv \int_{-L/2}^{L/2} \mathrm{e}^{i\Delta k(\omega_s,\omega_i)z}$ 被定义为相位匹配函数，进行积分后得到：

$$\Phi_L(\omega_s, \omega_i) \equiv \frac{\sin[\Delta k(\omega_s,\omega_i)L/2]}{\Delta k(\omega_s,\omega_i)/2} \tag{7.35}$$

因此，在参量下转换条件下产生的双光子态可以表示为(Grice et al., 2001; Rubin et al., 1994)

$$|\Psi\rangle = \iint \mathrm{d}\omega_s \mathrm{d}\omega_i \alpha(\omega_s + \omega_i) \Phi_L(\omega_s, \omega_i) \hat{a}_s^+(\omega_s) \hat{a}_i^+(\omega_i) |0\rangle \tag{7.36}$$

令 $A(\omega_s, \omega_i) = \alpha(\omega_s + \omega_i)\Phi_L(\omega_s, \omega_i)$，该函数又称为双光子的联合频谱振幅函数。双光子的联合频谱密度定义为 $|A(\omega_s, \omega_i)|^2$。假设泵浦光为傅里叶变换受限脉冲，其中心频率 $\omega_{p,0}$，带宽 σ_p，其振幅谱型函数可表示为

$$\alpha(\omega_s, \omega_i) \propto \exp\left[-\frac{(\omega_s + \omega_i - \omega_{p,0})^2}{2\sigma_p^2} \right] \tag{7.37}$$

共线条件下，准相位匹配的相位失谐量 Δk 表示为

$$\Delta k(\omega_s, \omega_i) = k_p(\omega_p) - k_s(\omega_s) - k_i(\omega_i) \pm 2\pi/\Lambda$$

式中，Λ 为非线性晶体的极化周期，这里假设周期极化阶数为 1。对 $k_j(\omega_j), j =$ s、i、p 进行泰勒展开，可以得到

$$k_j(\omega_j) = k_j^{(0)} + k_j^{(1)}(\omega_j - \omega_{j,0}) + \frac{1}{2}k_j^{(2)}(\omega_j - \omega_{j,0})^2 + \cdots$$

式中，$k_j^{(m)} = (\mathrm{d}^m k_j / \mathrm{d}\omega_j^m)_{\omega_j = \omega_{j,0}} (m = 0,1,2,3,\cdots)$；$\omega_{j,0}$ 表示泵浦光与下转换光子的

中心频率。此时，对准相位匹配的相位失谐量 Δk 进行级数展开，有

$$
\begin{aligned}
\Delta k(\omega_s, \omega_i) = & k_p(\omega_{p,0}) - k_s(\omega_{s,0}) - k_i(\omega_{i,0}) \pm 2\pi/\Lambda \\
& + [k_p^{(1)}(\omega_{p,0}) - k_s^{(1)}(\omega_{s,0})]\tilde{\omega}_s + [k_p^{(1)}(\omega_{p,0}) - k_i^{(1)}(\omega_{i,0})]\tilde{\omega}_i \\
& + \frac{1}{2}[k_p^{(2)}(\omega_{p,0})(\tilde{\omega}_s + \tilde{\omega}_i)^2 - k_s^{(2)}(\omega_{s,0})\tilde{\omega}_s^2 - k_i^{(2)}(\omega_{i,0})\tilde{\omega}_i^2] + \cdots
\end{aligned}
$$

当 $\Delta k^{(0)} = k_p(\omega_{p,0}) - k_s(\omega_{s,0}) - k_i(\omega_{i,0}) \pm 2\pi/\Lambda = 0$，即非线性晶体满足准相位匹配条件时，下转换光子对围绕其中心频率的偏差表示为 $\tilde{\omega}_{s(i)} = \omega_{s(i)} - \omega_{i,0}$。在简并条件下，$\omega_{s,0} = \omega_{i,0} = \omega_{p,0}/2$。假定非线性晶体满足的是 II 类相位匹配条件，$k_s^{(1)}(\omega_{p,0}/2) \neq k_i^{(1)}(\omega_{p,0}/2)$。$\Delta k$ 可以由其一阶以下的泰勒展开式近似。在简并参量下转换条件下，此时相位匹配函数简化为

$$
\Phi_L(\omega_s, \omega_i) \equiv \frac{\sin[(\gamma_s\tilde{\omega}_s + \gamma_i\tilde{\omega}_i)L/2]}{(\gamma_s\tilde{\omega}_s + \gamma_i\tilde{\omega}_i)/2} \propto \mathrm{sinc}[(\gamma_s\tilde{\omega}_s + \gamma_i\tilde{\omega}_i)L/2] \tag{7.38}
$$

其中，$\gamma_s = k_p^{(1)}(\omega_{p,0}) - k_s^{(1)}(\omega_{p,0}/2)$；$\gamma_i = k_p^{(1)}(\omega_{p,0}) - k_i^{(1)}(\omega_{p,0}/2)$。因此，双光子的谱型振幅函数可写为

$$
A(\tilde{\omega}_s, \tilde{\omega}_i) \propto \exp\left[-\frac{(\tilde{\omega}_s + \tilde{\omega}_i)^2}{2\sigma_p^2}\right]\mathrm{sinc}[(\gamma_s\tilde{\omega}_s + \gamma_i\tilde{\omega}_i)L/2] \tag{7.39}
$$

态函数可写为

$$
|\Psi\rangle = \iint \frac{\mathrm{d}\tilde{\omega}_s}{2\pi}\frac{\mathrm{d}\tilde{\omega}_i}{2\pi} A(\tilde{\omega}_s, \tilde{\omega}_i)\hat{a}_s^+\left(\frac{\omega_{p,0}}{2} + \tilde{\omega}_s\right)\hat{a}_i^+\left(\frac{\omega_{p,0}}{2} + \tilde{\omega}_i\right)|0\rangle \tag{7.40}
$$

当泵浦光为准单色连续激光时，其谱型函数可近似为一个 δ 函数：

$$
\alpha(\tilde{\omega}_s + \tilde{\omega}_i) \propto \delta(\tilde{\omega}_s + \tilde{\omega}_i)
$$

双光子态可以演化为如下表达式：

$$
|\mathrm{TB}\rangle = \iint \frac{\mathrm{d}\tilde{\omega}}{2\pi}\mathrm{sinc}[(\gamma_s - \gamma_i)\tilde{\omega}L/2]\hat{a}_s^+\left(\frac{\omega_{p,0}}{2} + \tilde{\omega}\right)\hat{a}_i^+\left(\frac{\omega_{p,0}}{2} - \tilde{\omega}\right)|0\rangle \tag{7.41}
$$

其中，$D = \gamma_s - \gamma_i$ 表征信号光子和闲置光子间的相对走离。此时，信号光子和闲置光子具有理想的频率反相关特性，双光子的频谱分布由非线性晶体的相位匹配带宽决定。然而，一方面，任何泵浦光都有一定的线宽，随着泵浦光带宽的增加，频率反关联特性大幅减弱；另一方面，为获得高的参量下转换效率，通常采用宽带宽、高峰值功率的脉冲激光泵浦。根据文献 Giovannetti 等(2002a，2002b，2002c)，在脉冲激光泵浦条件下，当满足扩展相位匹配条件时，$\gamma_s = -\gamma_i = \gamma$。此时，相位匹配函数近似为信号光子与闲置光子频率信号的差频

函数：

$$\Phi_L(\omega_s,\omega_i)\equiv\mathrm{sinc}[(\tilde\omega_s-\tilde\omega_i)\gamma L/2]=\Phi_L(\tilde\omega_s-\tilde\omega_i) \tag{7.42}$$

因此，双光子态的态函数可表示为

$$|\psi\rangle\propto\iint d\tilde\omega_s d\tilde\omega_i\alpha(\tilde\omega_s+\tilde\omega_i)_L(\tilde\omega_s-\tilde\omega_i)\hat a_s^+\left(\frac{\omega_{p,0}}{2}+\tilde\omega_s\right)\hat a_i^+\left(\frac{\omega_{p,0}}{2}+\tilde\omega_i\right)|0\rangle \tag{7.43}$$

当晶体足够长时，$\Phi_L(\tilde\omega_s-\tilde\omega_i)\xrightarrow{L\to\infty}\delta(\tilde\omega_s-\tilde\omega_i)$，代入式(7.43)，得到理想频率一致纠缠的双光子态：

$$|\mathrm{DB}\rangle\equiv\iint\frac{d\tilde\omega}{2\pi}(2\tilde\omega+\omega_{p,0})\hat a_s^+\left(\frac{\omega_{p,0}}{2}+\tilde\omega\right)\hat a_i^+\left(\frac{\omega_{p,0}}{2}+\tilde\omega\right)|0\rangle \tag{7.44}$$

需要注意的是，扩展相位匹配条件建立在满足准相位匹配的条件的基础上，$\gamma_s=-\gamma_i$ 也可以表示为 $k_p^{(1)}(\omega_{p,0})=k_s^{(1)}(\omega_{p,0}/2)+k_i^{(1)}(\omega_{p,0}/2)$，对应群速度的相位匹配，即 $\Delta k^{(1)}=0$。由于其特殊性，在实际中可以满足扩展相位匹配条件的非线性介质也受到限制。磷酸氧钛钾(KTiOPO$_4$, KTP)晶体由于其非线性系数较大、光损伤阈值高及光折变效应较小等优点，是参量下转换产生频率纠缠光源的理想晶体之一；PPKTP 晶体也是实现扩展相位匹配条件的理想晶体。根据 KTP 晶体的折射率公式(Emanueli et al., 2003; Fradkin et al., 1999; Fan et al., 1987)，当泵浦光场的中心波长为 791nm 时，可以满足群速度相位匹配条件，即 $\Delta k^{(1)}=0$。当 PPKTP 晶体的极化周期为 $\Lambda=46.146\mu m$，将满足扩展相位匹配条件，产生的信号光子和闲置光子的中心波长在 1582nm 处，处于光纤通信波段，可直接应用到基于光纤链路的量子信息处理中(Kuzuncu et al., 2005)。

7.2.5　频率纠缠光源的量化

上面讨论了理想的频率反关联纠缠光源和频率一致纠缠光源的产生条件。实际情况下产生的纠缠光子对是不理想的，频率关联特性由泵浦光的谱型函数和相位匹配函数决定。因此，对频率纠缠光源的量化研究显得尤为重要(Hou et al., 2016; Quan et al., 2015)。

对一个频率纠缠态的量化研究主要包括纠缠类型、纠缠度、频率不可分性等方面。通过量化研究，有助于纠缠态的制备与应用。本小节将讨论频率纠缠态的频率纠缠类型、频率纠缠度、频率关联系数和频率不可分性等特性，并介绍表征其量化的参数测量手段。

1. 频率纠缠类型

由 7.2.4 小节的理论基础介绍，双光子的联合频谱密度可以表示为联合频

谱振幅的模方，即 $S(\omega_s,\omega_i)=|A(\omega_s,\omega_i)|^2$，它表征了频率联合态的二维概率分布。频率纠缠类型是指信号光子和闲置光子在频域的关联关系。定义由于对频谱特性的测量通常是在波长域实现，可以引入两个重要变量：Λ_+ 和 Λ_-，即 $\Lambda_+ \equiv \lambda_{s,0}\tilde{\omega}_+/\omega_{s,0}$，$\Lambda_- \equiv \lambda_{s,0}\tilde{\omega}_-/\omega_{s,0}$。其中 $\tilde{\omega}_+ \equiv \tilde{\omega}_s + \tilde{\omega}_i$，$\tilde{\omega}_- \equiv \tilde{\omega}_s - \tilde{\omega}_i$，$\lambda_{s,0}$ 表示信号光子的中心波长。双光子的联合频谱密度分布 $S(\omega_s,\omega_i)$ 可写为 $S(\Lambda_+,\Lambda_-)$。简单地说，$\Delta\Lambda_+$ 是双光子联合频谱沿正对角线方向的宽度，$\Delta\Lambda_-$ 是双光子联合频谱沿负对角线方向的宽度。频率关联类型示意图如图 7.3 所示。对于所测量的双光子联合频谱，$\Delta\Lambda_- < \Delta\Lambda_+$ 表示频率正关联；若 $\Delta\Lambda_- = \Delta\Lambda_+$，则频率不关联；若 $\Delta\Lambda_- > \Delta\Lambda_+$，则为频率反关联。

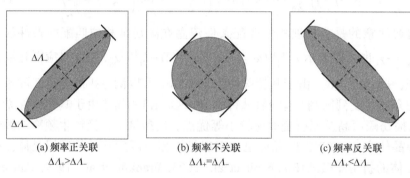

(a) 频率正关联　　　　　(b) 频率不关联　　　　　(c) 频率反关联
$\Delta\Lambda_+ > \Delta\Lambda_-$　　　　$\Delta\Lambda_+ = \Delta\Lambda_-$　　　　$\Delta\Lambda_+ < \Delta\Lambda_-$

图 7.3　频率关联类型示意图

为更直观地理解频率关联类型的定义，以极化周期为 $46.146\mu m$ 的 PPKTP 晶体为非线性介质，取泵浦光中心波长为 791nm，图 7.4 给出了频率反关联、频率不关联、频率正关联双光子源的双光子联合频谱分布，并给出了泵浦光中心波长为 532nm 时，不满足扩展相位匹配条件的双光子联合频谱分布。可以看到，当满足扩展相位匹配条件时，泵浦光的光谱对称轴与相位匹配函数的对称轴保持垂直。改变泵浦光中心波长后，扩展相位匹配条件不再满足，此时的相位匹配函数不再对称[图 7.4(d)]，因此获得的双光子对称性退化。

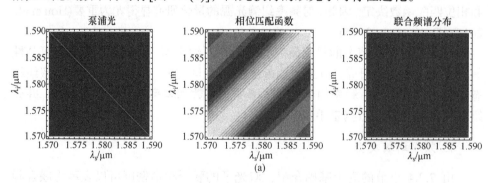

(a)

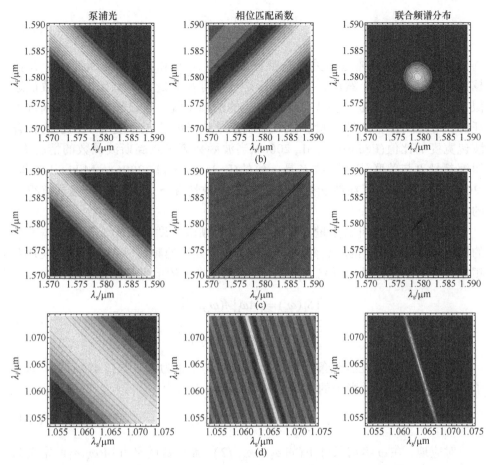

图 7.4　频率反关联(a)、频率不关联(b)、频率正关联(c)及不满足
扩展相位匹配条件(d)时的双光子联合频谱分布

2. 频率纠缠度

纠缠度是描述量子态的非经典关联特性,频率纠缠度是衡量频率纠缠源量子特性的另一个重要因素。纠缠度最初来自数学上的施密特分解(Schmidt decomposition),当两个或多个部分构成的复合系统处于纯态$|\psi\rangle$时,其施密特分解可以写为

$$|\psi\rangle = \sum_n \lambda_n |i_A\rangle\langle i_B| \tag{7.45}$$

式中,λ_n为非负实数,称为施密特系数;正交归一化基$|i_A\rangle$、$\langle i_B|$分别称为子系统 A 和 B 的施密特基矢。纠缠度采用关联施密特数(Schmidt number) K 来表征,定义为(Grobe et al.,1994)

$$K = \frac{1}{\sum \lambda_n^2} \tag{7.46}$$

如果一个两体纯态的关联施密特数 $K > 1$，表示它必定为纠缠的。K 值越大，纠缠度越高。然而，K 通常不是直接可观测量，需要寻找与其数值近似且直接可观测的量来替代。对两粒子的纠缠系统，当量子态采用波函数表征时，可定义一个纠缠参量，即 R 来表征单粒子的波包宽度与双粒子的符合波包宽度的比值(Fedorov et al., 2006)。当波函数满足双高斯波函数的情况下，纠缠参量 R 与关联施密特数 K 是一致的(Fedorov et al., 2006)。Mikhailova 等(2008)进一步讨论了在波函数为非双高斯函数情况下，R 与 K 仍然具有很好的一致性。

频率纠缠态的纠缠参量 R 定义为单光子频谱宽度与双光子符合频谱宽度的比值。围绕双光子的联合频谱密度分布及单光子的频谱分布，可以直观地对频率纠缠光源进行量化研究。信号光子和闲置光子的单光子频谱函数可表示为

$$\begin{cases} S_{\mathrm{s}}(\omega_{\mathrm{s}}) = \int d\omega_{\mathrm{i}} \left| A(\omega_{\mathrm{s}}, \omega_{\mathrm{i}}) \right|^2 \\ S_{\mathrm{i}}(\omega_{\mathrm{i}}) = \int d\omega_{\mathrm{s}} \left| A(\omega_{\mathrm{s}}, \omega_{\mathrm{i}}) \right|^2 \end{cases} \tag{7.47}$$

以简并共线相位匹配条件下产生的纠缠光子态为例，式(7.47)定义了单光子的频谱函数，信号光子的单光子频谱宽度可表示为

$$\Delta\omega_{\mathrm{s}} = \int d\omega_{\mathrm{s}} \tilde{\omega}_{\mathrm{s}}^2 S_{\mathrm{s}}(\omega_{\mathrm{s}}) \tag{7.48}$$

对应地，在 ω_{i} 给定条件下(如 $\omega_{\mathrm{i}} = \omega_{\mathrm{p},0}/2$)，波函数的平方 $\left| A(\omega_{\mathrm{s}}, \omega_{\mathrm{i}}) \right|^2$ 定义为双光子符合频谱。双光子符合频谱的宽度可表示为

$$\Delta\omega_{\mathrm{c}} = \int d\omega_{\mathrm{s}} \tilde{\omega}_{\mathrm{s}}^2 \left| A(\omega_{\mathrm{s}}, \omega_{\mathrm{i}} = \omega_{\mathrm{p},0}/2) \right|^2 \tag{7.49}$$

根据式(7.49)和式(7.48)，纠缠参量可表示为 $R = \dfrac{\Delta\omega_{\mathrm{s}}}{\Delta\omega_{\mathrm{c}}}$。

下面以 I 类简并共线相位匹配条件下产生的纠缠光子态为例，依赖信号光子频率 ω_{s} 和闲置光子频率 ω_{i} 的波函数 ψ 表示为(Mikhailova et al., 2008; Keller et al., 1997)

$$\psi(\omega_{\mathrm{s}}, \omega_{\mathrm{i}}) \propto \exp\left(-\frac{(\tilde{\omega}_{\mathrm{s}} + \tilde{\omega}_{\mathrm{i}})^2 \tau^2}{8\ln 2} \right) \mathrm{sinc}\left[\frac{L}{2c} \left(B_1(\tilde{\omega}_{\mathrm{s}} + \tilde{\omega}_{\mathrm{i}}) - B_2 \frac{(\tilde{\omega}_{\mathrm{s}} - \tilde{\omega}_{\mathrm{i}})^2}{\omega_{\mathrm{p},0}^2} \right) \right] \tag{7.50}$$

式中，τ 为脉冲泵浦光持续时间(半高全宽)；L 为晶体长度；$\omega_{\mathrm{p},0}$ 为泵浦光频谱的中心频率；B_1 和 B_2 分别代表时间走离和色散常数：

$$\begin{cases} B_1 = c\gamma_s = c\left[k_p'(\omega)\big|_{\omega=\omega_{p,0}} - k_s'(\omega)\big|_{\omega=\omega_{p,0}/2} \right] = c\left(\dfrac{1}{\upsilon_g^{(p)}} - \dfrac{1}{\upsilon_g^{(s)}} \right) \\[3mm] B_2 = \dfrac{c}{4}\omega_p k_s''(\omega)\big|_{\omega=\omega_{p,0}/2} \end{cases} \tag{7.51}$$

式中，$\upsilon_g^{(p)}$ 和 $\upsilon_g^{(s)}$ 为泵浦光和纠缠光子的群速度。在长泵浦光脉冲和短泵浦光脉冲条件下，符合频谱和单光子频谱是不同的，长、短泵浦光脉冲的区分由控制参量 η 决定(Mikhailova et al., 2008)：

$$\eta = \frac{\Delta\omega_{1\text{sinc}}}{\Delta\omega_{1\text{pump}}} \tag{7.52}$$

式中，$\Delta\omega_{1\text{sinc}} = \dfrac{2.78 \times 2c}{B_1 L}$ 为相位匹配带宽；$\Delta\omega_{1\text{pump}} = \dfrac{4\ln 2}{\tau}$ 为泵浦光带宽。将其代入式(7.52)可得到，$\eta \approx 2\dfrac{c\tau}{B_1 L}$，即等于泵浦光持续时间的 2 倍与泵浦光和信号光子/闲置光子在晶体中的传播时间差的比值。

在泵浦脉冲持续时间短时($\eta \ll 1$)，通过分析得到符合频谱和单光子频谱的半高全宽(FWHM)分别为(Mikhailova et al., 2008)

$$\begin{cases} \Delta\omega_{c,\text{short}} = \dfrac{5.56c}{B_1 L} \\[3mm] \Delta\omega_{s,\text{short}} = \sqrt{\dfrac{2\ln 2 B_1 \omega_{p,0}}{B_2 \tau}} \end{cases} \tag{7.53}$$

在泵浦光脉冲持续时间长时($\eta \gg 1$)，用类似的方法得到双光子频谱和单光子频谱的半高全宽分别为(Mikhailova et al., 2008)

$$\begin{cases} \Delta\omega_{c,\text{long}} = \dfrac{4\ln 2}{\tau} \\[3mm] \Delta\omega_{s,\text{long}} = \sqrt{\dfrac{2.78 c\omega_{p,0}}{B_2 L}} \end{cases} \tag{7.54}$$

两种情况下，对应的频率纠缠参量 R 可分别表示为(Fedorov et al., 2004)

$$R_{\text{short}} = \frac{\Delta\omega_{s,\text{short}}}{\Delta\omega_{c,\text{short}}} = \frac{B_1^{3/2}}{2.78}\sqrt{\frac{\pi\ln 2}{B_2}}\frac{L}{\sqrt{\lambda_{p,0}\, c\tau}} \tag{7.55}$$

$$R_{\text{long}} = \frac{\Delta\omega_{s,\text{long}}}{\Delta\omega_{c,\text{long}}} = \frac{\sqrt{2.78\pi}}{2^{3/2}\ln 2}\frac{c\tau}{\sqrt{B_2\, L\, \lambda_{p,0}}} \tag{7.56}$$

考虑泵浦光脉冲持续时间在任意范围内，纠缠参量 $R(\eta)$ 可近似写为

$$R(\eta)=\sqrt{R_{\text{short}}^{2}+R_{\text{long}}^{2}}=0.75\frac{B_{1}}{\sqrt{B_{2}}}\sqrt{\frac{L}{\lambda_{\text{p,0}}}}\sqrt{\eta^{2}+\frac{1}{\eta^{2}}} \tag{7.57}$$

通过计算可以得到,上述两种情况下的关联施密特数 K 分别为(Mikhailova et al., 2008)

$$K_{\text{short}}=0.785\frac{B_{1}}{\sqrt{B_{2}}\eta}\sqrt{\frac{L}{\lambda_{\text{p,0}}}} \tag{7.58}$$

$$K_{\text{long}}=0.6\frac{B_{1}\eta}{\sqrt{B_{2}}}\sqrt{\frac{L}{\lambda_{\text{p,0}}}} \tag{7.59}$$

频率纠缠参量 R 和关联施密特数 K 随不同控制参量 η 的变化曲线如图 7.5 所示。通过比较发现,在泵浦光持续时间较短时,频率纠缠参量的值和施密特数值 K 基本是一致的,在泵浦光持续时间较长时, R 和 K 也足够接近。因此,可以用可测的频率纠缠参量 R 作为频率纠缠度的量化值。

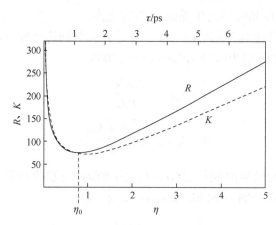

图 7.5　频率纠缠参量 R 和关联施密特数 K 随不同
控制参量 η 的变化曲线(Mikhailova et al., 2008)

3. 频率关联系数

另一个可以用来度量频率纠缠源量子特性的参数被称为频率关联系数。根据互关联的定义,频率纠缠源的联合频谱函数可以用二元正态分布近似(Sedziak et al., 2017):

$$A(\tilde{\omega}_{s},\tilde{\omega}_{i})\sim\exp\left[-\frac{1}{2(1-r^{2})}\left(\frac{\tilde{\omega}_{s}^{2}}{\sigma_{s}^{2}}+\frac{\tilde{\omega}_{i}^{2}}{\sigma_{i}^{2}}-\frac{2r\tilde{\omega}_{s}\tilde{\omega}_{i}}{\sigma_{s}\sigma_{i}}\right)\right] \tag{7.60}$$

其中，r 定义为频率关联系数，$\sigma_{s(i)}$ 表示频率纠缠的信号(闲置)光子的单光子频谱宽度。根据 r 的数值，就可以给出信号光子和闲置光子间的频率关联特性：$r=-1$，表示理想的频率反关联；$r=1$，表示理想的频率正关联；$0>r>-1$，表示频率反关联；$0<r<1$，表示频率正关联；$r=0$，表示频率不关联。

将相位匹配函数近似为一个高斯函数，式(7.38)可写为

$$\Phi_L(\omega_s,\omega_i) \propto \exp[-aL^2(\gamma_s\tilde{\omega}_s+\gamma_i\tilde{\omega}_i)^2] \tag{7.61}$$

其中，$a=0.04822$。通过比较式(7.60)与式(7.39)，并将式(7.61)代入式(7.60)，可以得到频率关联系数对参量下转换过程中的泵浦与非线性介质参数的依赖关系。

$$\begin{cases} r=-\dfrac{1+2a(\sigma_p L)^2\gamma_s\gamma_i}{\sqrt{1+2a(\sigma_p L\gamma_s)^2}\sqrt{1+2a(\sigma_p L\gamma_i)^2}} \\[4mm] \sigma_s^2=\dfrac{1+2a(\sigma_p L\gamma_i)^2}{2aL^2(\gamma_s-\gamma_i)^2} \\[4mm] \sigma_i^2=\dfrac{1+2a(\sigma_p L\gamma_s)^2}{2aL^2(\gamma_s-\gamma_i)^2} \end{cases} \tag{7.62}$$

以 PPKTP 晶体为例，当满足扩展相位匹配条件时，式(7.62)可以简化为

$$\begin{cases} r=-\dfrac{1-2a(\sigma_p L\gamma)^2}{1+2a(\sigma_p L\gamma)^2} \\[4mm] \sigma_s^2=\sigma_i^2=\dfrac{1+2a(\sigma_p L\gamma)^2}{8aL^2\gamma^2} \end{cases} \tag{7.63}$$

定义相位匹配带宽为 $\sigma_f=\sqrt{2}/(\sqrt{a}L|\gamma_s-\gamma_i|)$，则 $r=-\dfrac{\sigma_f^2-\sigma_p^2}{\sigma_f^2+\sigma_p^2}$。可以看到，在扩展相位匹配条件下，通过操控泵浦光的频谱宽度和参量下转换晶体的相位匹配宽度，可以实现下转换光子对的频谱关联特性从频率反关联到频率不关联，甚至频率正关联。给定非线性晶体，相位匹配带宽直接与晶体长度成反比。图 7.6 给出了频率关联系数 r 随泵浦光带宽及 PPKTP 晶体长度变化的等高线。如图所示，随泵浦光带宽(σ_p)及 PPKTP 晶体长度(L)的增加，纠缠双光子的频率关联($r<0$)迅速从反关联变到不关联($r=0$)，并进一步反转为频率正关联($r>0$)，但是变化趋势逐渐变缓。频率关联系数 r 可以与频率纠缠量 R 通过表达式 $R=\sqrt{1-r^2}$ 直接联系起来。

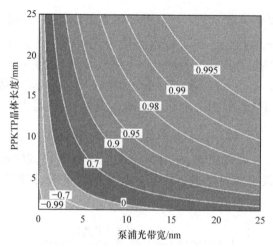

图 7.6　频率关联系数 r 随泵浦光带宽及 PPKTP 晶体长度变化的等高线

4. 频率不可分性

根据量子纠缠特性，两个频率纠缠光子的另一个重要特性就是频率不可分性，纠缠双光子态的频率不可分性表征参量下转换产生的信号光子和闲置光子光谱分布的相似程度。由式(7.47)可以看出，当 $A(\omega_s,\omega_i) \neq A(\omega_i,\omega_s)$ 时，下转换双光子的频谱分布 $S_s(\omega)$ 和 $S_i(\omega)$ 不再一致。因此，通过测量信号光子和闲置光子频谱的相对重叠度 C 也可以得到纠缠双光子的频率不可分性，理论上其计算公式可表示为

$$C = \frac{\iint d\omega_s d\omega_i \left| A(\omega_s,\omega_i) A(\omega_i,\omega_s) \right|}{\iint d\omega_s d\omega_i \left| A(\omega_s,\omega_i) \right|^2} \tag{7.64}$$

Avenhaus 等(2009a)基于该方法实现了纠缠双光子的频率不可分性测量，但通过这种方法需要测量双光子的频谱分布特性，耗时较长，且系统较复杂。因此，通常频率纠缠态的量子不可分性度量通常通过基于洪-区-曼德尔(Hong-Ou-Mandel, HOM)干涉的二阶量子符合测量(见 7.3.3 小节)来实现(Hong et al., 1987)。

值得说明的是，频率不可分性和频率关联特性体现的是纠缠光子对在频域的两个不同的方面：光子对可以同时具有理想的频率不可分性和频率不关联特性；反之，光子对也可以具有良好的频率关联特性，但频域可区分。

7.3　频率纠缠光源的量子测量

很长时间以来，提到相干性时，一般表示的都是经典光学中所研究的一阶

相干性，直到 1956 年 Hanbury、Brown 及 Twiss 在实验中首次发现远场热光的非平庸二阶相干性或关联性(Brown et al., 1956)。他们的实验装置最初用于测量双星的角间距，被称为 HBT 光强干涉仪。他们在实验中观测到：如果联合探测的时间延迟小于光场的相干时间，而且探测器 D1 和 D2 的横向距离小于光场的相干长度，两个独立探测器同时捕获到热光场的概率将增大一倍，这一观测结果令物理学界大为震惊。由于位于不同时空点的电磁波的叠加是相互独立的，光强和光强的涨落也应该是相互独立的，这种非平庸的二阶关联发现突破了传统光学的局域性，被认为是现代量子光学的奠基性实验，开启了对量子相干性的深入研究。本节将介绍频率纠缠光源的时间关联测量的原理，并讨论关联测量与非局域色散消除特性的联系。

7.3.1　二阶量子关联测量

采用量子力学的处理方法，n 个光子的符合测量可以由 $2n$ 阶量子关联函数表示。假定 n 个理想单光子探测器分别置于空间点 r_1，r_2，$\cdots$，r_n，而且在 $t=0$ 时刻受到辐射光场的照射。那么根据量子场理论，n 个单光子探测器在时空点 (r_1,t_1), (r_2,t_2), $\cdots$, (r_n,t_n) 均探测到一个光子的概率(即 n 个光子的光子符合计数率) $P^{(n)}(t)$ 可表示为

$$P^{(n)}(r_1,t_1,\cdots,r_n,t_n) \propto G^{(2n)}(r_1,t_1,\cdots,r_n,t_n) \tag{7.65}$$

其中，$G^{(2n)}$ 为光场的高阶相关函数，其表达式为

$$G^{(2n)}(r_1,t_1,\cdots,r_n,t_n) = \mathrm{Tr}[\hat{\rho}\hat{E}^{(-)}(r_1,t_1)\cdots\hat{E}^{(-)}(r_n,t_n)\hat{E}^{(+)}(r_n,t_n)\cdots\hat{E}^{(+)}(r_1,t_1)]$$
$$= \hat{E}^{(-)}(r_1,t_1)\cdots\hat{E}^{(-)}(r_n,t_n)\hat{E}^{(+)}(r_n,t_n)\cdots\hat{E}^{(+)}(r_1,t_1) \tag{7.66}$$

其中，$\hat{E}^{(-)}(r_j,t_j)$ 和 $\hat{E}^{(+)}(r_j,t_j)$ 分别表征了到达第 j 个探测器的量子化辐射光场的电场振幅算符的负频和正频部分分量，$\hat{E}(r_j,t_j) = \hat{E}^{(-)}(r_j,t_j) + \hat{E}^{(+)}(r_j,t_j)$。假设辐射光场为线偏振光场，其电场振幅算符可写为如下标量形式(Scully et al., 1997; Mandel et al.,1995)：

$$\begin{cases} \hat{E}^{(+)}(r,t) = i\sum_k \sqrt{\dfrac{\hbar\omega_k}{2\varepsilon_0 V}}\hat{a}_k(t)e^{i(kr-\omega_k t)} \\[4mm] \hat{E}^{(-)}(r,t) = -i\sum_k \sqrt{\dfrac{\hbar\omega_k}{2\varepsilon_0 V}}\hat{a}_k^+(t)e^{-i(kr-\omega_k t)} \end{cases} \tag{7.67}$$

式中，$\sqrt{\dfrac{\hbar\omega_k}{2\varepsilon_0 V}}$ 表示第 k 个量子化谐振模式的振幅；$\hbar$ 为普朗克常量；ε_0 为自由

空间的介电常数；ω_k 为其角频率。对于该量子化的光场，$\hat{a}_k$ 和 $\hat{a}_k^+$ 分别表示第 k 个模式的产生算符和湮灭算符，满足的不对易关系写为

$$\begin{cases} [\hat{a}_k,\hat{a}_{k'}^+]=\delta_{k,k'} \\ [\hat{a}_k,\hat{a}_{k'}]=[\hat{a}_k^+,\hat{a}_{k'}^+]=0 \end{cases} \tag{7.68}$$

因此，当辐射光场可表示单个量子化谐振模式时，式(7.66)又可以写为

$$G^{(2n)}(r_1,t_1,\cdots,r_n,t_n)=\langle\Psi|\hat{a}^+(r_1,t_1)\cdots\hat{a}^+(r_n,t_n)\hat{a}(r_n,t_n)\cdots\hat{a}(r_1,t_1)|\Psi\rangle \tag{7.69}$$

其中，$|\Psi\rangle$ 为辐射光场的量子态函数。下面以二阶量子关联函数为例：

$$G^{(2)}(r_1,t_1,r_2,t_2)=\langle\Psi|\hat{a}^+(r_1,t_1)\hat{a}^+(r_2,t_2)\hat{a}(r_2,t_2)\hat{a}(r_1,t_1)|\Psi\rangle \tag{7.70}$$

在稳定场，关联函数与时间原点无关：

$$G^{(2)}(r_1,t_1,r_2,t_2)=G^{(2)}(r_1,r_2;\tau=t_2-t_1) \tag{7.71}$$

因此，二阶关联函数表征辐射场到达空间点 r_1、r_2 的时间正关联特性。

实际实验系统中，纠缠光子对的这种联合时间分布不能直接测量，而是通过测量某一时间窗内的符合计数率 R_c 来实现，又称为符合测量。符合测量是指对多个同时发生的关联事件的测量。假设用于符合测量的探测器积分时间为 T，测量到的符合计数率可以表示为

$$R_c\sim\int_0^T \mathrm{d}t_1\mathrm{d}t_2 S(t_1-t_2-t_0)G^{(2)}(t_1-t_2) \tag{7.72}$$

其中，$S(t_1-t_2-t_0)$ 表示中心在 t_0 处的符合窗口函数，通常可表示为

$$S(t_{1,i}-t_{2,j}-t_0)=\begin{cases} 1, & |t_{1,i}-t_{2,j}-t_0|\leqslant\tau_{BW}/2 \\ 0, & |t_{1,i}-t_{2,j}-t_0|>\tau_{BW}/2 \end{cases} \tag{7.73}$$

式中，τ_{BW} 代表符合测量的时间窗口。当时间窗口 τ_{BW} 的取值足够小，$S(t_1-t_2-t_0)$ 近似为一个 δ 函数时，可以得到二阶关联函数 $G^{(2)}(t_1-t_2)$ 在 t_0 处的分布。因此，对上述频率纠缠光源的时间关联测量可通过符合测量来实现，它严格界定了两个或多个信号在时间上的相关性，同时可消除光强涨落的影响。

二阶量子关联测量不仅可以实现对频率纠缠光源的量子特性测量，包括频率纠缠度和频率不可分性，也是频率纠缠光源用于各种量子信息处理协议中必不可少的工具。

7.3.2　频率纠缠度及频率关联系数的测量

1. 基于单色仪扫描的二阶量子关联测量方法

前面已经介绍过，通过测量单光子频谱宽带与双光子符合频谱宽度的比值

即可得到频率纠缠光子对的纠缠参量。传统单色仪是建立在空间色散原理上的仪器，它通常由狭缝(slit)、色散元件(dispersive element)、检测器(detector)三个重要部分组成。按色散元件的不同，单色仪又可分为棱镜单色仪、光栅单色仪和干涉单色仪等。简单而言，传统单色仪的工作原理就是利用色散元件把复色光分散到空间范围，色散能力越强，光被分散得越宽，单色仪的分辨率自然越好。最为常见的是光栅单色仪，即利用光栅作为色散元件。受到光栅制作工艺限制，光栅单色仪的体积和分辨率受到了较大限制。

借助单色仪的频谱扫描来实现频率纠缠光子的单光子频谱和联合频谱测量原理的实验装置如图 7.7 所示。在信号光路(或闲置光路)接入单色仪 1，随后结合二阶量子关联测量装置便可组成一个频谱测量装置。扫描单色仪 1，记录下设定波长处的符合计数值，即可测得信号光子(或闲置光子)的光谱。测量联合频谱时，信号光路及闲置光路都要接入单色仪，通过扫描两路单色仪，即可测得频率纠缠光源的符合计数随信号光路及闲置光路的单色仪在设定波长处的变化，从而得到联合频谱分布。

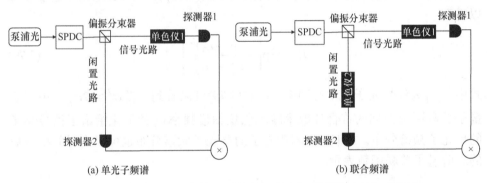

(a) 单光子频谱 　　　　　　　　　　　(b) 联合频谱

图 7.7　频率纠缠光子的单光子频谱和联合频谱测量原理实验装置

基于二阶量子关联测量实现频谱测量的工作原理如下：$\hat{E}_{1,2}^{(\pm)}$ 分别代表了在第 1 个或第 2 个探测器处电场的正负分量。经过长时间积分后(大于双光子的持续时间)的光子符合概率 $P(\tau)$ 可描述为(Giovannetti et al., 2002b)

$$P \propto \int_T \mathrm{d}t_1 \int_T \mathrm{d}t_2 \langle \Psi | \hat{E}^{(-)}(t_1)\hat{E}^{(-)}(t_2)\hat{E}^{(+)}(t_2)\hat{E}^{(+)}(t_1) | \Psi \rangle \tag{7.74}$$

当探测器测量间隔 T 远大于双光子持续时间时，可近似为 $T \to \infty$。由(7.74)式可得

$$P \propto \iint \frac{\mathrm{d}\omega_1}{2\pi}\frac{\mathrm{d}\omega_2}{2\pi} \left| \langle 0 | \hat{a}_1(\omega_1)\hat{a}_2(\omega_2) | \Psi \rangle \right|^2 \tag{7.75}$$

式中，$\hat{a}_1(\omega_1)$ 和 $\hat{a}_2(\omega_2)$ 表示在两个探测器前的光子湮灭算符。单色仪 1 和 2 的

频率传递函数可分别标识为

$$H_{1,2}(\omega) \sim \exp\left(-\frac{(\omega - \omega_{1,2})^2}{4\sigma_{f_{1,2}}^2}\right) \tag{7.76}$$

当只有信号光路接入单色仪 1 时，探测器前的光子湮灭算符可以由信号光子和闲置光子的湮灭算符表述：

$$\begin{cases} \hat{a}_1(\omega) = \hat{a}_s(\omega) H_1(\omega) \\ \hat{a}_2(\omega) = \hat{a}_i(\omega) \end{cases} \tag{7.77}$$

将式(7.77)代入式(7.74)，双光子的符合计数率可以表示为

$$P_1 \propto \iint \frac{d\omega_1}{2\pi} \frac{d\omega_2}{2\pi} \left| \langle 0 | \hat{a}_s(\omega_1) H_1(\omega_1) \hat{a}_i(\omega_2) | \Psi \rangle \right|^2$$

$$\propto \iint \frac{d\omega_1}{2\pi} \frac{d\omega_2}{2\pi} \left| A(\tilde{\omega}_1, \tilde{\omega}_2) H_1(\tilde{\omega}_1 + \omega_0) \right|^2 \tag{7.78}$$

假设频率纠缠双光子的联合频谱函数如式(7.60)所示，式(7.78)经过推导可以得到

$$P_1 \propto \exp\left[-\frac{(\omega_0 - \omega_1)^2}{\sigma_s^2 + 2\sigma_{f_1}^2}\right] \tag{7.79}$$

式中，ω_0 为信号光子的中心频率。由式(7.79)可以看到，当 $\sigma_s^2 \gg 2\sigma_{f_1}^2$，由二阶量子关联测量得到的符合计数率随单色仪扫描频率 ω_1 的变化给出了信号光子的单光子频谱分布。类似地，闲置光子的单光子频谱分布也可以由时间积分后的二阶量子关联函数表示：

$$P_2 \propto \exp\left[-\frac{(\omega_0 - \omega_2)^2}{\sigma_i^2 + 2\sigma_{f_2}^2}\right] \tag{7.80}$$

当信号光路和闲置光路均接入单色仪时，探测器前的光子湮灭算符可以由信号光子和闲置光子的湮灭算符表述：

$$\begin{cases} \hat{a}_1(\omega) = \hat{a}_s(\omega) H_1(\omega), \\ \hat{a}_2(\omega) = \hat{a}_i(\omega) H_2(\omega) \end{cases} \tag{7.81}$$

将式(7.81)代入式(7.78)，双光子的符合计数率可以表示为

$$P_c \propto \int \frac{\tilde{\omega}_1}{2\pi} \int \frac{\tilde{\omega}_2}{2\pi} \left| A(\tilde{\omega}_1, \tilde{\omega}_2) H_1(\tilde{\omega}_1 + \omega_0) H_2(\tilde{\omega}_2 + \omega_0) \right|^2$$

$$\propto \exp\left[-\frac{(\omega_0 - \omega_1)^2}{\Delta\Omega_s^2} - \frac{(\omega_0 - \omega_2)^2}{\Delta\Omega_i^2} + 2\frac{(\omega_0 - \omega_1)(\omega_0 - \omega_2)}{\Delta\Omega_c^2}\right] \tag{7.82}$$

其中，$\Delta\Omega_s$、$\Delta\Omega_i$ 及 $\Delta\Omega_c$ 可分别表示为

$$\begin{cases} \Delta\Omega_s^2 = \dfrac{(2\sigma_{f_1}^2 + \sigma_s'^2)(2\sigma_{f_2}^2 + \sigma_i'^2) - 4r^2\sigma_{f_1}^2\sigma_{f_2}^2}{(2\sigma_{f_1}^2 + \sigma_s'^2) - 4r^2\sigma_{f_1}^2(\sigma_{f_2}^2 + 2\sigma_i'^2)} \\[4mm] \Delta\Omega_i^2 = \dfrac{(2\sigma_{f_1}^2 + \sigma_s'^2)(2\sigma_{f_2}^2 + \sigma_i'^2) - 4r^2\sigma_{f_1}^2\sigma_{f_2}^2}{(2\sigma_{f_2}^2 + \sigma_i'^2) - 2r^2\sigma_{f_2}^2} \\[4mm] \Delta\Omega_c^2 = \dfrac{(2\sigma_{f_1}^2 + \sigma_s'^2)(2\sigma_{f_2}^2 + \sigma_i'^2) - 4r^2\sigma_{f_1}^2\sigma_{f_2}^2}{r\sigma_s'\sigma_i'} \end{cases} \tag{7.83}$$

式中，σ_s'、σ_i' 分别表示信号光子和闲置光子的符合宽度，由前所述(7.2.3 小节)，它们可表示为 $\sigma_{s,i}'^2 = \sigma_{s,i}^2(1-r^2)$。可以看到，只有当 $\sigma_{s,i}' \gg 2\sigma_{f_{1,2}}^2$ 时，$\Delta\Omega_{s,i} = \sigma_{s,i}'$。也就是说，由于单色仪通常有一定的分辨宽度，基于扫描单色仪、二阶关联积分测量到的信号光子和闲置光子的单光子频谱宽度、符合频谱宽度通常要比理论上的频谱宽度要宽。另外，由于该测量需要逐点扫描单色仪的出射频率，有限的双光子符合计数使得测量时间必然较长，该方法不是最优的方法之一。

2. 基于波长-时间映射的二阶量子关联测量方法

为克服传统单色仪用于频谱测量的上述限制，基于色散介质的傅里叶变换(dispersion Fourier transform, DFT)波长-时间映射技术被广泛研究，并成为实时光谱测量的重要工具，被称为波长-时间映射拉曼光谱仪。Avenhaus 等(2009b)基于波长-时间映射技术实现了单光子水平的光谱测量，图 7.8(a)为其实验装置图，工作原理简述如下：一个待测脉冲激光被分成两束，其中一束光被第一个光电探测器接收后发出的电信号经延时器后作为时间-数字转换器(time-digital converter, TDC)的触发信号或开门信号；另一束光经过 PPKTP 波导后产生偏振相互正交的信号光子和闲置光子经过色散补偿光纤(dispersion compensation fiber, DCF)后，通过半波片(half-wave plate, HWP)、四分之一波片(quarter-wave plate, QWP)及偏振分束器(PBS)实现分束后，分别被单光子探测器 APD1 和 APD2 接收。APD1 和 APD2 的输出信号接到 TDC 的关门信号。通过 TDC 的输出可分别观测 APD1 和 APD2 输出信号的强度分布随时间的分布，进而通过傅里叶变换反演得到信号光子和闲置光子的一维光谱信息。给定色散介质引入的色散系数为 $\mathcal{D}$，时间与频谱宽度的映射关系可表示为 $\Delta\tau = |\mathcal{D}|\Delta\lambda$，其中 $\Delta\tau$ 表示测量到的输出信号时间分布宽度，$\Delta\lambda$ 为脉冲的频谱宽度。因此，光谱分辨率可表示为：$\Delta\lambda_{\min} = \Delta\tau_{\min}/|\mathcal{D}|$，其中 $\Delta\tau_{\min}$ 通常由探测器的响应时间决定。在探测器的响应时间给定情况下，为实现更精细的光谱分辨率，需要增大色散系数 $|\mathcal{D}|$，而光脉冲的重复频率设定了色散系数对脉冲时域展宽的最大值和最

大检测时间,进而限制了分辨率。此外,该方法只适用于泵浦光为脉冲的情形,对连续光泵浦产生的信号光子和闲置光子的光谱分布无法测量。

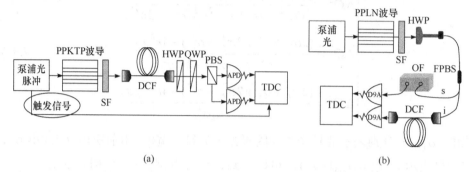

(a)　　　　　　　　　　　　　　　　(b)

图 7.8　基于传统波长-时间映射技术的单光子光谱测量实验装置示意图(a)
(Avenhaus et al., 2009b)和基于非局域波长-时间映射技术的单光子及
双光子联合频谱测量实验装置示意图(b)

　　为克服传统波长-时间映射技术仅适用于脉冲光源的频谱测量,以及光脉冲源固有的重复频率对分辨率的限制,提出基于纠缠双光子的非局域波长-时间映射技术。该技术不仅可以实现类似于经典波长-时域映射中的频谱特性测量,根据频率纠缠特性,还可以实现对待测信号光子或闲置光子频谱特性的非局域映射。因此,非局域波长-时间映射技术不仅可以实现单光子的频谱测量,还可用于实现纠缠双光子的联合频谱测量(Xiang et al., 2020b)。实验装置示意图如图 7.8(b)所示,以连续光泵浦基于Ⅱ类相位匹配条件下的周期极化铌酸锂(periodically poled Lithium Niobate,PPLN)波导为例,产生的偏振相互垂直的纠缠双光子被送入光纤偏振分束器(fiber-based polarization beam splitter,FPBS),以实现信号光子和闲置光子的空间分离。信号光子被传递到一个频率可调谐的光纤滤波器,经过频谱滤波后输出的信号光子随后被送入单光子探测器 APD1;闲置光子被接入色散系数为 $\mathcal{D}$ 的 DCF 通道,以实现从频域(波长)到时间的傅里叶变换。由于非局域波长-时间色散,滤波后信号光子的频谱特性将映射到双光子之间的到达时间峰值及时间宽度的测量结果上。

　　为帮助理解上述非局域波长-时间映射原理,下面给出了对应的理论推导。假设信号光子到达 APD1 的时刻记为 t_1,闲置光子到达 APD2 的时刻记为 t_2。信号光子和闲置光子的关联时间分布可表示为二阶关联函数 $G^{(2)}(t_1,t_2)$。假设信号光子传输路径上的滤波器在频率为 $\dfrac{\omega_{p,0}}{2}$ 处引入带宽为 σ_f 的谱型滤波,$G^{(2)}(t_1,t_2)$ 可以表示为

$$G^{(2)}(t_1, t_2) \propto \left| \iint \frac{\mathrm{d}\tilde{\omega}_s}{2\pi} \frac{\mathrm{d}\tilde{\omega}_i}{2\pi} A(\tilde{\omega}_s, \tilde{\omega}_i) \exp\left[-\frac{\tilde{\omega}_s^2}{4\sigma_f^2} + \mathrm{i}\tilde{\omega}_s t_1 + \mathrm{i}\tilde{\omega}_i(t_2 - \tau) + \mathrm{i}\mathcal{D}\tilde{\omega}_i^2 \right] \right|^2 \quad (7.84)$$

式中，τ 表示闲置光子在路径中感受到的时延。由于直接探测只能得到关于 $t_1 - t_2$ 的关联分布 $R^{(2)}(t_1 - t_2)$，对上述函数进行关于 $t_1 + t_2$ 的积分得到

$$R^{(2)}(t_1 - t_2) \propto \int \mathrm{d}(t_1 + t_2) G^{(2)}(t_1, t_2) \propto \exp\left[-\frac{(t_1 - t_2 - \tau)^2}{2\Delta^2} \right] \quad (7.85)$$

式中，$\Delta \approx |\mathcal{D}|\sigma_i\sqrt{\dfrac{\sigma_c^2 + 2\sigma_f^2}{\sigma_i^2 + 2\sigma_f^2}} = |\mathcal{D}|\sqrt{\dfrac{\sigma_c^2 + 2\sigma_f^2}{1 + 2\sigma_f^2/\sigma_i^2}}$ 表征了 $R^{(2)}(t_1 - t_2)$ 的时间宽度。从式(7.85)可以看到，信号光子路径上的光谱滤波特性被非局域地映射到闲置光子的色散展宽上，因此称为非局域波长-时间映射。为分析该技术的最小可分辨率，假设 $\sigma_f \ll \sigma_i$，此时 $\Delta \approx \dfrac{|\mathcal{D}|\sigma_f}{\sqrt{2}}\sqrt{1 + \dfrac{\sigma_c^2}{2\sigma_f^2}}$。当 $\sigma_c \ll \sigma_f$，$\Delta \approx \dfrac{|\mathcal{D}|\sigma_f}{\sqrt{2}}$，信号光子路径上光谱滤波可达到的最小分辨率为：$\sigma_{f,\min} = \sqrt{2}\Delta/|\mathcal{D}|$。当 $\sigma_c \approx \sigma_f$，$\sigma_{f,\min} = \Delta/|\mathcal{D}|$。因此，光谱分辨率最终受限于双光子的符合频谱宽度，符合频谱宽度越宽，分辨率越差。

当 $\sigma_f \gg \sigma_i$，$\Delta \approx |\mathcal{D}|\sigma_i$，此时色散介质的作用与经典的波长-时间映射作用完全相同，色散展宽的关联时间宽度正比于单光子的频谱宽度。

基于频率纠缠源的产生机制，信号光子与闲置光子成对发射，互关联只存在于一对对光子内部，因此色散展宽不再受光脉冲的重复频率限制。当 $\sigma_c \gg \sigma_f$，$\Delta \approx |\mathcal{D}|\sigma_c/\sqrt{2}$，可以看到，在信号光路加入足够窄的光谱滤波片，色散展宽的关联时间宽度正比于双光子符合宽度。因此，在信号光子路径上加或不加窄带滤波片条件下，测量色散展宽的二阶量子关联时间宽度，即可获得对单光子的频谱宽度和双光子符合宽度之间的比值，从而得到频率纠缠度及频率关联系数的测量值。进一步地，通过扫描信号光子路径上可调谐滤波器的中心波长，通过测量到的符合时间宽度，可反演给出纠缠双光子的联合频谱分布 (Xiang et al., 2020b)。

需要注意的是，连续激光源作为泵浦光时，基于参量下转换产生的双光子符合宽度取决于泵浦光的频谱宽度。因此，利用该技术，还可以实现对连续激光的光谱宽度测量。

7.3.3　频率不可分性及基于干涉的二阶量子关联测量

频率不可分性是频率纠缠光源的另一重要特性，描述了两个纠缠光子在频

域分布上的重合度。双光子的频率不可分性可以通过上述基于扫描单色仪的方法来研究双光子频谱的相对重叠度 (Avenhaus et al., 2009b)，但通过这种方法不仅系统复杂、耗时较长，测量精度也受到单色仪的分辨率限制。从数学上讲，双光子干涉表征了双光子波包的卷积或者称之为互关联，当两个纠缠的光子具有完全相同的波包，会发生"相消干涉"现象。因此，双光子是检验频率不可分性的重要工具。常用的干涉仪有 HOM 干涉仪、MZ 干涉仪、Franson 干涉仪、迈克耳孙干涉仪、F-P 腔干涉仪、Sagnac 干涉仪、菲佐(Fizeau)干涉仪等。本小节将对基于前三种干涉仪的二阶量子关联测量进行简要介绍。

1. 基于 HOM 干涉仪的二阶量子关联测量

HOM 干涉仪是测量双光子频率不可分性最常用的装置(Hong et al., 1987)。基于 HOM 干涉仪的二阶量子关联符合测量装置原理如图 7.9 所示，两个光子分别从分束器(polarization beamsplitter, BS)的两个输入端入射，之后在分束器的输出端分别被探测。一般情况下为了避免分束器透射率对实验结果的影响，分束器的透射率与反射率为 50/50，用符合装置测量双光子经过干涉仪后的符合计数。

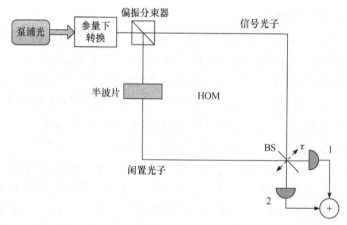

图 7.9　基于 HOM 干涉仪的二阶量子关联符合测量装置原理

基于 HOM 干涉仪的二阶量子关联测量装置中，经过长时间积分后(大于双光子的持续时间)的光子符合概率 $P(\tau)$ 可描述为(Giovannetti et al., 2002b)

$$P(\tau) \propto \int_{T} \mathrm{d}t_1 \int_{T} \mathrm{d}t_2 \langle \Psi | \hat{E}^{(-)}(t_1) \hat{E}^{(-)}(t_2) \hat{E}^{(+)}(t_2) \hat{E}^{(+)}(t_1) | \Psi \rangle \tag{7.86}$$

式中，$|\Psi\rangle$ 是干涉仪输入场的态函数；τ 是干涉仪的两臂之间的时间延迟；T 是探测器的测量间隔；$\hat{E}^{(\pm)}(t_{1,2})$ 分别代表了在第 1 个或第 2 个探测器处电场的正负

分量。当探测器测量间隔 T 远大于双光子持续时间时，可近似认为 $T \to \infty$。由式(7.86)可得

$$P(\tau) \propto \iint \frac{\mathrm{d}\omega_1}{2\pi} \frac{\mathrm{d}\omega_2}{2\pi} \left| \langle 0 | \hat{a}_1(\omega_1) \hat{a}_2(\omega_2) | \Psi \rangle \right|^2 \tag{7.87}$$

式中 $\hat{a}_1(\omega)$ 和 $\hat{a}_2(\omega)$ 表示在两个探测器前的光子湮灭算符。根据分束器的传输函数，探测器前的光子湮灭算符可以由信号光子和闲置光子的湮灭算符表述：

$$\begin{cases} \hat{a}_1(\omega) = \dfrac{\hat{a}_{\mathrm{s}}(\omega)\mathrm{e}^{\mathrm{i}\omega\tau} + \hat{a}_{\mathrm{i}}(\omega)}{\sqrt{2}} \\[3mm] \hat{a}_2(\omega) = \dfrac{\hat{a}_{\mathrm{s}}(\omega) - \hat{a}_{\mathrm{i}}(\omega)\mathrm{e}^{-\mathrm{i}\omega\tau}}{\sqrt{2}} \end{cases} \tag{7.88}$$

将式(7.88)代入式(7.87)，双光子的符合计数率可以表示为

$$P(\tau) \propto \iint \frac{\mathrm{d}\omega_1}{2\pi} \frac{\mathrm{d}\omega_2}{2\pi} \alpha(\tilde{\omega}_1 + \tilde{\omega}_2)^2 \times \left| \Phi(\tilde{\omega}_1, \tilde{\omega}_2)\mathrm{e}^{\mathrm{i}\tilde{\omega}_1\tau} - \Phi(\tilde{\omega}_2, \tilde{\omega}_1)\mathrm{e}^{\mathrm{i}\tilde{\omega}_2\tau} \right|^2 \tag{7.89}$$

从式(7.89)中可以看出，双光子的 HOM 干涉是一种"相消干涉"现象。对于该实验，若入射到干涉仪上的两个光子的频率是可区分的。这将使得双光子的变得可区分，相应地，双光子波包的叠加部分也将变小，这也将导致双光子干涉可见度的降低。基于 HOM 干涉仪的二阶量子关联测量也是用来检测双光子频率不可分性的常用方法。用于描述频率不可分性的 HOM 干涉可见度定义为

$$C = \frac{P_-(\infty) - P_-(0)}{P_-(\infty) + P_-(0)} \tag{7.90}$$

则该双光子态的 HOM 干涉可见度为 1，表征了纠缠光子对具有理想的频率不可分性。HOM 凹陷宽度由式(7.42)所示的相位匹配函数的带宽决定。基于 HOM 干涉仪的二阶量子符合测量已被验证可实现对偶数阶色散的消除。因此，在高精度量子时间同步(Quan et al., 2019，2016)和分辨率增强的量子光学相干层析成像等有着广阔的应用前景。

2. 基于 MZ 干涉仪的二阶量子关联测量

基于 MZ 干涉仪的二阶量子关联符合测量装置原理如图 7.10 所示。对于 MZ 干涉仪，探测器前的光子湮灭算符可以写为

$$\begin{cases} \hat{a}_1(\omega) = \dfrac{\hat{a}_{\mathrm{s}}(\omega)(\mathrm{e}^{\mathrm{i}\omega\tau}+1) + \hat{a}_{\mathrm{i}}(\omega)(\mathrm{e}^{\mathrm{i}\omega\tau}-1)}{\sqrt{2}} \\[3mm] \hat{a}_2(\omega) = \dfrac{\hat{a}_{\mathrm{s}}(\omega)(1-\mathrm{e}^{-\mathrm{i}\omega\tau}) + \hat{a}_{\mathrm{i}}(\omega)(1+\mathrm{e}^{-\mathrm{i}\omega\tau})}{\sqrt{2}} \end{cases} \tag{7.91}$$

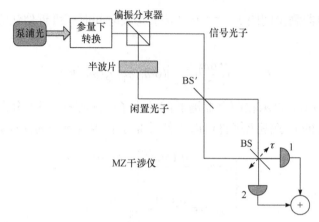

图 7.10 基于 MZ 干涉仪的二阶量子关联符合测量装置原理

将式(7.91)代入式(7.87)，双光子的符合计数率可以表示为

$$P(\tau) \propto \iint \frac{d\omega_1}{2\pi}\frac{d\omega_2}{2\pi}\alpha(\tilde{\omega}_1+\tilde{\omega}_2)^2$$
$$\times\left|\varPhi(\tilde{\omega}_1,\tilde{\omega}_2)(1+e^{i\tilde{\omega}_1\tau})(1+e^{-i\tilde{\omega}_2\tau})+\varPhi(\tilde{\omega}_2,\tilde{\omega}_1)(1-e^{-i\tilde{\omega}_2\tau})(1-e^{i\tilde{\omega}_1\tau})\right|^2 \quad (7.92)$$

同样，在 MZ 干涉实验中，干涉是双光子在干涉仪中路径的不可分性引起的。若相位匹配函数 $\varPhi(\omega_1,\omega_2)$ 是对称函数，则式(7.89)和式(7.92)可简化为

$$P_{\pm}(\tau) \propto \int \frac{d\omega_1}{2\pi}\int \frac{d\omega_2}{2\pi}\left|A(\omega_1,\omega_2)\right|^2(1\pm\cos[(\omega_1\pm\omega_2)\tau]) \quad (7.93)$$

式中，负号表示 HOM 二阶量子干涉符合计数概率；正号表示 MZ 二阶量子干涉符合计数概率。因此，二阶干涉符合测量实验中，HOM 干涉仪适用于探测频率反关联双光子态的时间关联特性，而 MZ 干涉仪适用于探测频率正关联双光子态的时间关联特性。

3. 基于 Franson 干涉仪的二阶量子关联测量

Franson 干涉仪是一种非局域的双光子干涉仪。基于 Franson 干涉仪的二阶量子关联符合测量装置原理如图 7.11 所示。该装置主要由两个不等臂 MZ 干涉仪组成。参量下转换的两个光子分别经过具有相同臂长差的不等臂 MZ 干涉仪后，被两端的单光子探测器探测，再对两个探测器输出进行符合测量。当两个干涉仪的臂长差 ΔT 满足如下条件，则可以发生双光子干涉。

$$\Delta T_{c1} \ll \Delta T \ll \Delta T_{c2} \quad (7.94)$$

式中，ΔT_{c1} 是单光子相干时间；ΔT_{c2} 是双光子相干时间。基于 Franson 干涉仪的二阶量子关联测量模型如下描述：假设 $\hat{E}_{1,2}$ 分别代表了在第 1 个或第 2 个探测器处电场的正负分量，$\hat{D}_1$ 和 $\hat{D}_2$ 分别表示双光子在两个不等臂 MZ 干涉仪中经历的色散，以量子化算符表征，则探测器前的电场算符与参量下转换产生的双光子电场算符间的关系表示为 (Zhong et al., 2013)

$$\hat{E}_{1,2} = \frac{1}{\sqrt{2}}[\hat{E}_{s,i} + \mathrm{e}^{\mathrm{i}\phi_{1,2}}\hat{D}_{1,2}^+\hat{E}_{s,i}(t-\Delta T)\hat{D}_{1,2}] \tag{7.95}$$

式中，$\phi_{1,2}$ 表示两个独立的相位控制参量，等号右侧的第二项在频域中可以表示如下：

$$\hat{D}_{1,2}^+\hat{E}_{s,i}(t-\Delta T)\hat{D}_{1,2} = \int \mathrm{d}\omega_{s,i}\mathrm{e}^{-\mathrm{i}\omega_{s,i}(t-\Delta T)-\mathrm{i}\Phi_{s,i}(\tilde{\omega}_{s,i})}\hat{a}_{\omega_{s,i}} \tag{7.96}$$

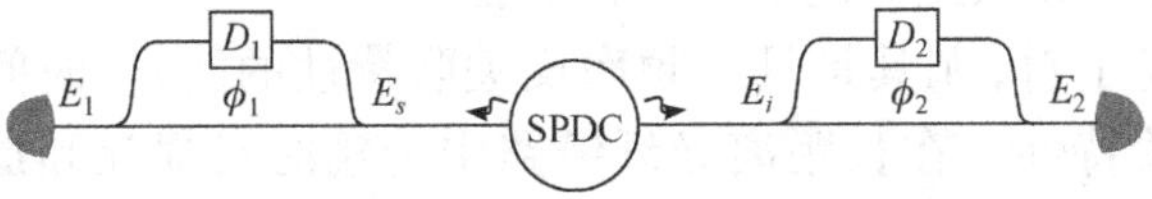

图 7.11　基于 Franson 干涉仪的二阶量子关联符合测量装置原理 (Zhong et al., 2013)

考虑简并下的转换条件，$\omega_{s,0} = \omega_{i,0} = \omega_{p,0}/2$，$\tilde{\omega}_{s,i} = \omega_{s,i} - \omega_{p,0}/2$ 表示下转换光子围绕其中心频率的偏差。$\Phi_{s,i}(\tilde{\omega}_{s,i}) = \sum_{n\geq 2}\frac{\tilde{\omega}_{s,i}^n}{n!}\Delta(\beta_n L)\Phi_{s,i}(\tilde{\omega}_{s,i}) = \sum_{n\geq 2}\frac{\tilde{\omega}_{s,i}^n}{n!}\Delta(\beta_n L)$ 表示 Franson 干涉仪的差分相位延迟，β_n 表示是光纤的 n 阶色散系数，实际中主要考虑二阶色散的影响。$\Delta(\beta_n L)$ 表示不等臂 MZ 干涉仪的长臂和短臂之间的差分量，L 是光纤长度。因此，两个探测器间的符合计数率可以表示为

$$P_c \propto \int \mathrm{d}\omega_s\mathrm{d}\omega_i\cos^2\left[\frac{\tilde{\phi} + \omega_p\Delta T - [\Phi_s(\Omega_s) + \Phi_i(\Omega_i)]}{2}\right]\hat{a}_s^+\hat{a}_i^+\hat{a}_i\hat{a}_s \tag{7.97}$$

式中，$\tilde{\phi} = \phi_1 + \phi_2$，通过改变 $\tilde{\phi}$，可以得到 Franson 干涉仪的最大符合值 $P_{c,max}$ 和最小符合值 $P_{c,min}$。Franson 干涉可见度为

$$V = \frac{P_{c,max} - P_{c,min}}{P_{c,max} + P_{c,min}} \tag{7.98}$$

可以看到，当信号光子和闲置光子在各自经过的不等臂 MZ 干涉仪时，经受大小相同但符号正好相反的差分相位延迟时，即 $\Phi_s(\Omega_s) + \Phi_i(\Omega_i) = 0$，干涉可见度保持最大值。因此，类似于 HOM 干涉仪，Franson 干涉仪实现的双光子干涉也可以实现色散消除，而且由于符合测量为非局域，可以应用需要异地色散消除特性的各种量子信息处理协议中。

7.3.4　非局域色散消除

非局域性被认为是量子纠缠的一个核心特征,经典或任何局部隐变量理论都不能解释这一点(Freedman et al., 1972; Clauser et al., 1969)。这种非局域性可以在两种不同的情况下通过违反贝尔不等式来检验。利用离散变量纠缠进行非局域性验证的实验得到广泛研究。例如,光场的偏振纠缠由于对信道损耗和噪声的鲁棒性,早在 40 年前就已被应用于贝尔不等式破坏的测试,最近基于卫星在数千公里的自由空间链路上实现了这种违反贝尔不等式的检验(Liao et al., 2018; Yin et al., 2017)。另一种情况是利用连续变量纠缠光场来验证非局域性,如利用振幅和相位分量纠缠的光场已在最近被实验报道(Thearle et al., 2018)。然而,这种正交分量纠缠光场在长距离传输中不可避免地会遇到较大的损耗和消相干,难以应用在长距离的非局部性验证。

频率纠缠光子对,尤其是具有频率反关联特性的能量-时间纠缠光子对具有强的时间相关特性,在长距离光纤链路中传输时对损耗和退相干具有很强的鲁棒性(Zhang et al., 2008),因此在基于光纤的量子通信,如量子计量、量子保密通信和量子时间同步等领域得到了广泛的应用(Hou et al., 2019; Mower et al., 2013)。Franson 提出了利用 Franson 干涉仪(Franson, 1989)和非局域色散消除(nonlocal dispersion cancellation, NDC)效应(Franson, 1992)实现基于能量-时间纠缠的非局域性检验。Aerts 等(1999)研究了基于 Franson 干涉仪的双光子干涉实验并不能排除所有的局部隐变量模型。Cabello 等(2009)进一步讨论了这一缺陷会降低基于贝尔不等式的量子密码的安全性,并给出了一种基于新型 Franson 干涉仪的贝尔实验方案,以排除局部隐变量模型。由于 Franson 干涉仪的应用需要确保两个不等臂的 MZ 干涉仪在实验过程中始终保持相同的臂长差,基于这种新型干涉仪的贝尔实验方案在实际技术上虽然是可行的,却大大增加了难度。NDC 效应描述如下:当一对能量-时间双光子通过两个具有相等和相反色散的色散介质传播,一个光子所经历的色散可以被另一个光子所抵消。受 NDC 效应的影响,色散传播后的能量-时间双光子在时间上仍保持强的时间关联。值得说明的是,基于 HOM 干涉仪的二阶量子时间关联也具有色散消除特性(Nasr et al., 2003; Steinberg et al., 1992),但不同之处在于,基于 HOM 干涉仪的色散消除是基于局域的时间测量,并已被证明具有经典类比实验验证(Prevedel et al., 2011; Lavoie et al., 2009; Kaltenbaek et al., 2009; 2008)。NDC 效应从根本上独立于两个光子之间的分离,并为量子理论的非局域性进一步提供了例证(Shapiro, 2010; Franson, 2010, 2009)。Wasak 等(2010)进一步提出了一个类贝尔不等式,用以验证非局域色散消除效应中的纠缠特性及非局域性。

1. NDC 效应和 Wasak 不等式基本理论

对于一个连续光场泵浦的 II 类参量下转换(Type-II SPDC)，当产生的能量-时间纠缠双光子分别穿过两种色散介质，其色散系数和长度分别标识为(k_s''，k_i'')和(l_1，l_2)。根据式(7.41)、式(7.61)和式(7.71)，两个探测器探测到的两个光子间符合概率正比于二阶关联函数(Baek et al., 2009)：

$$G^{(2)}(t_1 - t_2) \propto e^{\frac{[(t_1-t_2)+\bar{\tau}]^2}{2\sigma^2}} \tag{7.99}$$

式中，$\bar{\tau} = k_s' l_1 - k_i' l_2$ 表示信号光子与闲置光子经色散介质传输后总的相对时延；$\sigma = \sqrt{aD^2 L^2 + [(k_s'' l_1 + k_i'' l_2)/2]^2/(aD^2 L^2)}$ 表示二阶关联函数 $G^{(2)}$ 的时间关联宽度，其中，L 为非线性介质的长度，$D = \gamma_s - \gamma_i$ 表征信号光子和闲置光子在非线性介质中的群速度倒数之差，DL 为信号光子和闲置光子在非线性介质中的时间走离，$a = 0.04822$ 是相位匹配函数近似为高斯函数时引入的系数。当 k_s'' 和 k_i'' 具有相反的符号，且通过调节两路光纤使得 $|k_s'' l_1 + k_i'' l_2| \to 0$ 时，信号光子感受到的色散展宽会被闲置光子传输路径上的色散抵消，从而使得 $G^{(2)}$ 的时间关联宽度恢复到没有色散时的时间宽度，即 $\sigma = \sqrt{aDL}$。因此，NDC 效应可以通过测量 $G^{(2)}$ 的时间关联宽度来验证。基于 NDC 效应的量子非局域性验证通过 Wasak 等(2010)提出的类贝尔不等式来实现：两个经典光束在色散相等和相反的色散介质中传输时的时间相关性的最小展宽，可以用不等式表示：

$$\langle (\Delta \tau')^2 \rangle \geqslant \langle (\Delta \tau)^2 \rangle + \frac{(2\beta l)^2}{\langle (\Delta \tau)^2 \rangle} \tag{7.100}$$

式中，$\langle (\Delta \tau)^2 \rangle$ 和 $\langle (\Delta \tau')^2 \rangle$ 分别代表经过色散介质前和经过色散介质后的双光子时间差方差。为方便起见，假设 $2\beta l = |k_s'' l_1| = |k_i'' l_2|$。根据 Wasak 等(2010)的推导，违背由式(7.100)给出的不等式将是能量-时间纠缠双光子的非局域性的明确验证。该不等式经过归一化后可表示为

$$W = \frac{\langle (\Delta \tau')^2 \rangle \langle (\Delta \tau)^2 \rangle}{\langle (\Delta \tau)^2 \rangle^2 + (2\beta l)^2} \geqslant 1 \tag{7.101}$$

实际实验中，由于单光子探测器都具有一定的时间抖动，通常在几十皮秒以上，远大于纠缠双光子固有的时间关联宽度。因此，不等式中的 $\langle (\Delta \tau)^2 \rangle$ 应替换为 $\langle (\Delta \tau)^2 \rangle_{obs} = \langle (\Delta \tau)^2 \rangle_{source} + \langle (\Delta \tau)^2 \rangle_{jitter}$。当 $\langle (\Delta \tau)^2 \rangle_{jitter} \gg \langle (\Delta \tau)^2 \rangle_{source}$，$\langle (\Delta \tau)^2 \rangle_{jitter}$ 将成为观测到的时间关联宽度的主要贡献项。

　　自 NDC 效应被首次提出以来，多个研究小组已开展了演示验证实验。最早的实验利用时间相关单光子计数器(time-correlated single photon counting, TCSPC)，如 picoharp 300 开展了局域观测，在纳秒级分辨率下成功地验证了 NDC 效应。为克服单光子探测器的响应时间对测量分辨率的限制，通过光子对的频率上转换(O'Donnell et al., 2009; Dayan et al., 2005)实现了飞秒级时间分辨下的非局域色散消除(Lukens et al., 2013; O'Donnell et al., 2011)。但上述实验实现本质上都是局域的，可以用经典光场进行模拟(Prevedel et al., 2011)，这限制了它们在真正的量子非局域性测试中的进一步应用，因此特别需要开展非局域检测。MacLean 等(2018)利用对单光子探测的光学门控技术实验演示了对 Wasak 不等式的非局域违背，时间关联测量分辨率达到飞秒量级。但由于光学门控技术的复杂性，不适于长距离上非局域性验证的应用。因此，为实现上述 Wasak 不等式的非局域违背，基于直接二阶量子关联测量的方法应考虑两个方面：一是减少单光子探测器的抖动时间，二是增加色散幅度。最近，中国科学院国家授时中心小组利用超导单光子探测器，在 62km 长距离光纤传输上成功演示了基于 NDC 效应违背 Wasak 不等式的实验。该实验为连续变量纠缠的量子非局域特性提供了实验证明(Li et al., 2019)，并且可以有效地扩展到长距离传输信道，以进行进一步的无漏洞测试(Giustina et al., 2015; Shalm et al., 2015; Christensen et al., 2013)。

2. 有限频率纠缠的 NDC 效应量化

　　如前面所述，根据 Franson(1992)研究，NDC 效应是指通过群速度色散相反的色散介质后，保持频率纠缠光子对之间的强时间相关性。假设纠缠双光子分别穿过的色散介质的色散系数为 k_s'' 和 k_i''，长度分别为 l_1 和 l_2，则该 NDC 效应由 $|k_s''l_1 + k_i''l_2| \to 0$ 给出。对于理想的频率反相关纠缠，对应与成对光子之间的时间到达差相关，并且与成对光子到达检测器的联合检测概率成正比(Baek et al., 2009)。而对于频率正关联的纠缠源，则与不能直接检测到的光子对之间的时间到达和关联特性有关。因此，对于频率正关联的纠缠源，是否可以通过直接符合测量来观察到 NDC 效应。此外，以往对 NDC 效应的研究都是基于纠缠是理想的频率正关联或反关联的模型，但这种纠缠源在现实中是无法产生的。对于有限频率纠缠度的纠缠双光子，需要量化 NDC 效应。本小节给出了一个定量描述 NDC 效应的理论模型，它是频率关联系数 r 和光子对的信号(闲置)单光子频谱宽度 $\sigma_{s(i)}$ 的函数；对于 SPDC 过程产生的双光子源，进一步给出了 NDC 效应依赖于 SPDC 的泵浦光谱和相位匹配特性的量化分析(Xiang et al., 2020a)。

根据互关联的定义，频率纠缠源的联合频谱函数可以写为如式(7.60)所示的二元正态分布函数。当信号光子和闲置光子被传送到色散系数分别为 k_s'' 和 k_i''、长度分别为 l_1 和 l_2 的色散介质中，输出后的双光子的二阶 Glauber 关联函数可表示为(Valencia et al., 2004)

$$G^{(2)}(t_1,t_2) \propto \left| \iint \frac{\mathrm{d}\tilde{\omega}_s}{2\pi}\frac{\mathrm{d}\tilde{\omega}_i}{2\pi} \exp\left[\begin{array}{l} -\dfrac{1}{2(1-r^2)}\left(\dfrac{\tilde{\omega}_s^2}{\sigma_s^2} + \dfrac{\tilde{\omega}_i^2}{\sigma_i^2} - \dfrac{2r\tilde{\omega}_s\tilde{\omega}_i}{\sigma_s\sigma_i} \right) \\ + i\left(\tilde{\omega}_s\tau_1 + \tilde{\omega}_i\tau_2 + \dfrac{k_1''l_1\tilde{\omega}_s^2 + k_2''l_2\tilde{\omega}_i^2}{2} \right) \end{array} \right] \right|^2 \tag{7.102}$$

其中，$\tau_1 = t_1 - k_1'l_1$；$\tau_2 = t_2 - k_2'l_2$；k_1' 和 k_2' 为光子在两路传输的群速度倒数。由于直接符合测量只能给出二阶关联函数 $G^{(2)}$ 随信号光子和闲置光子之间到达时间差的关联分布，可进行如下代换：$\tau_+ = \tau_1 + \tau_2$，$\tau_- = \tau_1 - \tau_2$，并对 τ_+ 进行积分。关联函数关于时间差的分布函数可以表示为如下形式：

$$G^{(2)}(\tau_-) \propto \exp\left[-\frac{(\tau_- - \bar{\tau}_-)^2}{2\Delta^2} \right] \tag{7.103}$$

其中，$\bar{\tau}_- = k_1'l_1 - k_2'l_2$ 为两路传输路径的平均时延差。$G^{(2)}(\tau_-)$ 的时间宽度可表示为

$$\Delta^2 = \Delta_{0,\tau}^2 + \frac{(k_1''l_1)^2\sigma_s^2 - 2r(k_1''l_1)(k_2''l_2)\sigma_s\sigma_i + (k_2''l_2)^2\sigma_i^2}{2} \tag{7.104}$$

其中，$\Delta_{0,\tau}$ 表示纠缠双光子的固有时间关联宽度，由纠缠光子对的产生机制决定。对于 II 类相位匹配下的参量下转换过程产生的纠缠光子对，$\Delta_{0,\tau}$ 取决于信号光子和闲置光子在非线性介质中的群时延走离，可由 $\sqrt{a}L|\gamma_s - \gamma_i|$ 表示。为方便表述起见，下面引入一个参量来表示闲置光子所在传输路径的色散相对于信号光子所在传输路径的色散的比值，即 $t = (k_2''l_2)/(k_1''l_1)$，式(7.104)可以简化为

$$\Delta^2 = \Delta_{0,\tau}^2 + (k_1''l_1)^2\frac{\sigma_s^2 - 2rt\sigma_s\sigma_i + t^2\sigma_i^2}{2} \tag{7.105}$$

从式(7.105)得到，通过优化相对色散参量，使其满足 $t_{\mathrm{opt}} = r\sigma_s/\sigma_i$，$G^{(2)}(\tau_-)$ 的时间宽度可以达到最小值。换言之，NDC 条件由 $|k_s''l_1 + k_i''l_2| \to 0$ 变为 $\left| k_s''l_1 - \frac{\sigma_i}{r\sigma_s}k_i''l_2 \right| \to 0$。当 $\sigma_s \approx \sigma_i$，$k_i''l_2 \approx rk_s''l_1$ 时，最优 NDC 条件直接由频率关联系数 r 决定。对应的最小可达到的时间关联宽度可表示为

$$\varDelta_{\min} \approx \sqrt{\varDelta_{0,\tau}^2 + \frac{(k_1''l_1\sigma_s^c)^2}{2}} \qquad (7.106)$$

其中，$\sigma_s^c = \sigma_s\sqrt{1-r^2}$ 对应双光子的联合频谱宽度。由式(7.106)可以看出，被色散展宽的双光子符合时间宽度经非局域色散消除后，可达到的最小宽度最终受限于双光子的联合频谱所经历的色散展宽。当 $\varDelta_{0,\tau} \ll k_1''l_1\sigma_s^c/\sqrt{2}$，$\varDelta_{\min} \approx k_1''l_1\sigma_s^c/\sqrt{2}$。当 σ_s^c 足够小，以致 $\varDelta_{0,\tau} \gg k_1''l_1\sigma_s^c/\sqrt{2}$，此时对应之前的对于理想频率纠缠源（$|r|=1$）的情形，$\varDelta_{\min} \approx \varDelta_{0,\tau}$。对于理想的频率反关联纠缠源（$r=-1$），最佳 NDC 条件由 $|k_s''l_1 + k_i''l_2| \to 0$ 给出；而对理想的频率正关联纠缠源，最佳 NDC 条件由 $|k_s''l_1 - k_i''l_2| \to 0$ 给出。为了更清楚地描述最佳 NDC 条件和最小可实现时间相关宽度 $\varDelta_{\min}$ 随 r 或双光子谱宽度 σ_s^c 的变化关系，图 7.12 为理想和非理想频率反相关纠缠特性的双光子源在最佳 NDC 条件下的符合时间分布示意图。其中，图 7.12(a)表示有限纠缠(上)和最大纠缠(下)的频率反相关纠缠双光子态的联合谱强度图；图 7.12(b)为基于 NDC 的时间符合测量的示意图，$k_1''l_1$ 和 $k_2''l_2$ 分别表示信号光子和闲置光子所经历的色散；图 7.12(c)表示当闲置光子(Ⅰ)绕过或(Ⅱ)经过 NDC 装置时的关联时间分布。

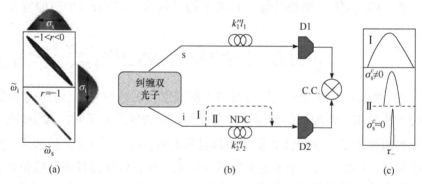

图 7.12　理想和非理想频率反相关纠缠特性的双光子源在
最佳 NDC 条件下的符合时间分布示意图

基于 SPDC 过程，频率纠缠系数和单光子宽度对参量下转换过程中的泵浦与非线性介质参数的依赖关系见式(7.62)。将式(7.62)代入式(7.104)，$G^{(2)}(\tau_-)$ 的时间关联半高全宽可以写为

$$\Delta\tau_- = 2\sqrt{2\ln 2}\sqrt{aL^2(\gamma_s - \gamma_i)^2 + (k_1''l_1)^2 \frac{(1+t)^2 + 2a(\sigma_p L)^2(t\gamma_s + \gamma_i)^2}{4aL^2(\gamma_s - \gamma_i)^2}} \qquad (7.107)$$

当泵浦光为准单色连续激光，即 $\sigma_p \to 0$，式(7.107)转化为理想频率反关联

纠缠情况，对应的 NDC 条件应满足 $t=-1$，也可写为 $k_1''l_1=-k_2''l_2$。另外，当选择 $t=-1$，式(7.107)可写为 $\Delta\tau=2\sqrt{2\ln2}\sqrt{aL^2(\gamma_\mathrm{s}-\gamma_\mathrm{i})^2+(k_1''l_1)^2\sigma_\mathrm{p}^2/2}$。在这种情况下，时间关联宽度的展宽由泵浦光的光谱宽度(σ_p)决定，因此理想 NDC 条件的实现要求泵浦光源为准单色光场。在实际实验系统中，泵浦光源都有一定的带宽，通过 NDC 条件可以实现的最小的关联时间宽度为

$$\Delta\tau_{-,\min}=2\sqrt{2\ln2}\sqrt{aL^2(\gamma_\mathrm{s}-\gamma_\mathrm{i})^2+(k_1''l_1)^2\frac{\sigma_\mathrm{p}^2}{2(1+2\sigma_\mathrm{p}^2aL^2\gamma_\mathrm{s}^2)}} \tag{7.108}$$

对应地，闲置光子传输路径上色散应满足的条件为

$$t_{\mathrm{opt}}=-\frac{1-2a(\sigma_\mathrm{p}L)^2\gamma_\mathrm{s}\gamma_\mathrm{i}}{1+2a(\sigma_\mathrm{p}L)^2\gamma_\mathrm{s}^2} \tag{7.109}$$

假定参量下转换满足扩展相位匹配条件(Giovannetti et al., 2002a)，即 $\gamma_\mathrm{s}\approx-\gamma_\mathrm{i}$，式(7.109)可进一步简化为

$$\Delta\tau_-=2\sqrt{2\ln2}\sqrt{\frac{2}{\sigma_\mathrm{f}^2}+(k_1''l_1)^2\frac{(1+t)^2+\sigma_\mathrm{p}^2\sigma_\mathrm{f}^2(1-t)^2}{2\sigma_\mathrm{f}^2}} \tag{7.110}$$

式中，$\sigma_\mathrm{f}=\sqrt{2}/(\sqrt{a}L|\gamma_\mathrm{s}-\gamma_\mathrm{i}|)$ 为相位匹配带宽(Valencia et al., 2004)。此时，通过非局域色散消除可以实现的最小关联时间宽度 $\Delta\tau_{-,\min}$ 为

$$\Delta\tau_{-,\min}=2\sqrt{2\ln2}\sqrt{\frac{2}{\sigma_\mathrm{f}^2}+\left(\frac{k_1''l_1}{2}\right)^2\frac{2\sigma_\mathrm{p}^2\sigma_\mathrm{f}^2}{\sigma_\mathrm{f}^2+\sigma_\mathrm{p}^2}} \tag{7.111}$$

闲置光子传输路径上色散应满足的条件为 $t_{\mathrm{opt}}=r=-\dfrac{\sigma_\mathrm{f}^2-\sigma_\mathrm{p}^2}{\sigma_\mathrm{f}^2+\sigma_\mathrm{p}^2}$。从式(7.111)中可以进一步分析得到，最小关联时间宽度 $\Delta\tau_{-,\min}$ 的变化在 $\sigma_\mathrm{p}\gg\sigma_\mathrm{f}$ 和 $\sigma_\mathrm{p}\ll\sigma_\mathrm{f}$ 两种情况下有不同的依赖关系。当泵浦光带宽很宽时，此时 $\sigma_\mathrm{p}\gg\sigma_\mathrm{f}$，对应的最优色散补偿系数为 $t_{\mathrm{opt}}\approx1$，可以实现的最小关联时间宽度最终由相位匹配带宽 σ_f 决定，遵循的关系式如下所示：

$$\Delta\tau_{-,\min}\approx4\sqrt{\ln2}\sqrt{\frac{1}{\sigma_\mathrm{f}^2}+\left(\frac{k_1''l_1}{2}\right)^2\sigma_\mathrm{f}^2} \tag{7.112}$$

当 $\sigma_\mathrm{p}\ll\sigma_\mathrm{f}$ 时，对应的最优色散补偿系数为 $t_{\mathrm{opt}}\approx-1$，可以实现的最小关联时间宽度最终由泵浦光带宽 σ_p 决定，遵循的关系式为

$$\Delta\tau_{-,\min} \approx 4\sqrt{\ln 2}\sqrt{\frac{1}{\sigma_{\mathrm{f}}^2} + \left(\frac{k_1''\eta_1}{2}\right)^2 \sigma_{\mathrm{p}}^2} \tag{7.113}$$

下面以基于共线 II 型周期极化 PPKTP 晶体的 SPDC 过程产生的纠缠双光子为例，假设泵浦波长为 791nm，PPKTP 晶体的极化周期为 46.146μm，满足 EPM 条件。信号光子经过长度为 10km 的单模光纤，其色散系数 k_1'' 为 $-2.35\times 10^{-26}\mathrm{s}^2/\mathrm{m}$，而闲置光子路径上的色散满足式(7.109)给出的最佳 NDC 条件。图 7.13 以包络图给出了 NDC 条件下 $\Delta\tau_{-,\min}$ 对泵浦光带宽及 PPKTP 晶体长度的依赖关系。可以看出，伴随泵浦光带宽及晶体长度增大，$\Delta\tau_{-,\min}$ 将被显著地拉伸。

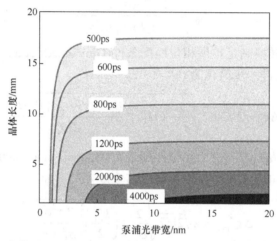

图 7.13　NDC 条件下 $\Delta\tau_{-,\min}$ 对泵浦光带宽及 PPKTP 晶体长度的依赖关系包络图

根据 Wasak 等(2010)的推导，基于能量-时间纠缠双光子的非局域性验证不等式归一化由式(7.101)给出。假设探测器的响应时间为 0，经过的双光子时间差方差 $\langle(\Delta\tau)^2\rangle$ 可以由表征纠缠双光子的固有时间关联宽度 $\Delta_{0,\tau}$ 表示。因此，NDC 条件下归一化的判据因子可写为

$$W' = \frac{\Delta_{\min}^2}{\Delta_{0,\tau}^2 + (k_1''\eta_1)^2/(2\Delta_{0,\tau}^2)} \tag{7.114}$$

将式(7.106)代入式(7.114)得到，为实现 $W'<1$，双光子的联合频谱宽度需满足 $\sigma_{\mathrm{s}}^c<1/\Delta_{0,\tau}$。假设泵浦光波长为 791nm，PPKTP 晶体的极化周期为 46.146μm，W' 对泵浦光带宽及 PPKTP 晶体长度 L 的依赖关系如图 7.14(a)所示。与图 7.6 相比较可以看到，$W'<1$ 的区域分布在 $r<0$ 的区域。因此，基于

NDC 效应的量子非局域性测试需要利用光子对的频率反相关特性,即需要采用具有时间-能量纠缠特性的双光子源。应注意的是,单光子探测器不可忽略的抖动会限制在实际情况下可达到的定时分辨率。进一步考虑到单光子探测器的抖动贡献为 Δ_{jit} ,为实现 $W'<1$,双光子的联合频谱宽度需满足

$$\sigma_s^c < \sqrt{\frac{1}{\Delta_{0,\tau}^2 + \Delta_{jit}^2}} \ \text{或} \ r < -\frac{\Delta_{jit}^2}{\Delta_{0,\tau}^2 + \Delta_{jit}^2}$$。这意味着抖动的存在将对纠缠光子对的双光

子光谱宽度提出更严格的要求,在给定探测器抖动分别为 1ps、10ps 和 100ps 条件下,假设泵浦中心波长为 791nm,PPKTP 晶体的极化周期为 46.146μm,数值模拟的归一化因子 W' 对泵浦光带宽及 PPKTP 晶体长度 L 的依赖关系如图 7.14(b)~(d)所示。同时,在给定 σ_s^c 和 Δ_{jit} 的情况下,W' 的值也取决于信号光子所经历的色散展宽。

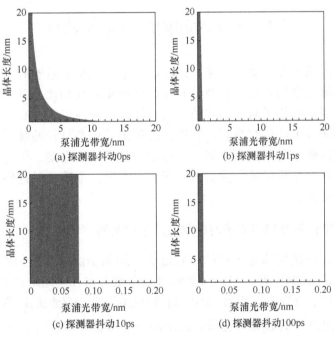

图 7.14 $W'<1$(灰色)和 $W'>1$(白色)区域与泵浦光带宽和 PPKTP 晶体长度关系

为了帮助理解,图 7.15 给出了不同探测器抖动条件下归一化因子 W' 随单模光纤长度变化的数值模拟曲线。这里假设泵浦光带宽为 0.01nm,晶体长度为 10mm。结果表明,采用具有较低定时抖动的单光子探测器,增大色散项 $k_1''l_1$(这里通过增加单模光纤长度来增大色散项)的值,将有助于实现 $W'<1$。

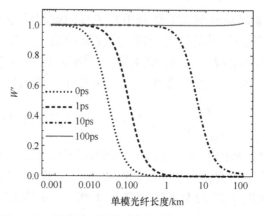

图 7.15　不同探测器抖动条件下归一化因子 W' 随
单模光纤长度变化的数值模拟曲线

7.4　量子时间同步与定位协议

量子时间同步概念提出以来，已发展出不同类型的量子时间同步协议，但是与预纠缠共享的时间同步及分布式时间同步协议相比，基于频率纠缠光源到达时间测量的量子时间同步技术具有操作简便、可行性高等优点，已成为量子时间同步中的研究热点。目前，已提出了多种可行的量子时间同步方案，包括单向量子时间同步方案、双向量子时间同步方案、传送带量子时间同步方案和基于二阶量子干涉的时间同步方案等，本节将对这些量子时间同步协议进行阐述。

7.4.1　基于符合测量纠缠光子对的单向量子时间同步协议

基于符合测量纠缠光子对的单向量子时间同步协议原理如图 7.16 所示(Valencia et al., 2004)。待同步的 A 钟和 B 钟分别分布在空间站和实验室，信号光子和闲置光子分别由探测器 D1(空间站)和探测器 D2(地面)探测，光子到达探测器的时间由 A 钟和 B 钟记录。记录的一系列 $\{t_A^{(i)}\}$ 和 $\{t_B^{(i)}\}$，$i = 1, \cdots, N$，经过经典通道进行比对，可以得到两钟的本地时间差。A 钟和 B 钟的本地时间差 $t_A - t_B$ 可由二阶量子关联函数表示(Valencia et al., 2004)：

$$G^{(2)}(t_A - t_B) = \left| \langle 0 | \hat{E}^{(+)}(r_2, t_B) \hat{E}^{(+)}(r_1, t_A) | \Psi \rangle \right|^2 \tag{7.115}$$

假设纠缠光源为理想的频率反关联纠缠双光子态，可以表示为

$$|\Psi\rangle = \int d\omega \phi(\omega) |\omega_0 - \omega_s\rangle |\omega_0 + \omega_i\rangle \tag{7.116}$$

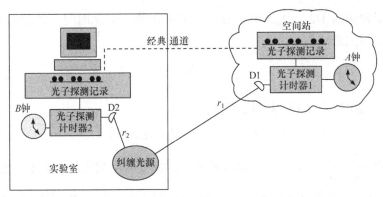

图 7.16 单向量子时间同步协议原理图(Valencia et al., 2004)

式中，$\phi(\omega)$ 为纠缠双光子的频谱振幅函数。信号光子和闲置光子分别沿路径 r_1 和 r_2 到达时 A 钟和 B 钟的电场算符可以表示为

$$\begin{cases} \hat{E}_s^{(+)}(r_1, t_A) = \int d\omega \hat{a}_s(\omega) e^{-i\omega(t_A - t_A^0 - r_1/u_s)} \\ \hat{E}_i^{(+)}(r_2, t_B) = \int d\omega \hat{a}_i(\omega) e^{-i\omega(t_B - t_B^0 - r_2/u_i)} \end{cases} \tag{7.117}$$

式中，t_A^0 和 t_B^0 分别表示 A 钟和 B 钟的初始时间，两钟钟差即为 $t_0 = t_A^0 - t_B^0$；u_s 和 u_i 分别表示信号光子和闲置光子的群速度。不考虑路径中群速度色散的影响，将式(7.116)和式(7.117)代入式(7.115)，可以得到:

$$G^{(2)}(t_A - t_B) \sim \left| \mathcal{F}_{\tau_A - \tau_B}\{\phi(\omega)\} \right|^2 \tag{7.118}$$

其中，$\mathcal{F}$ 表示傅里叶变换；$\tau_A = t_A - t_A^0 - r_4/u_s$，$\tau_B = t_B - t_B^0 - r_2/u_i$。该二阶关联函数为频谱函数 $\phi(\omega)$ 的傅里叶变换。当 $\phi(\omega)$ 为带宽 $\Delta\omega$ 的高斯函数，即 $\phi(\omega) = e^{-\frac{\omega^2}{4\Delta\omega^2}}$，式(7.118)可以写为

$$G^{(2)}(t_A - t_B) \sim e^{-2\Delta\omega^2(\tau_A - \tau_B)^2} \tag{7.119}$$

由式(7.119)可得到，二阶关联函数 $G^{(2)}$ 在 $\tau_B = \tau_A$ 处一个宽度为 $\dfrac{1}{2\Delta\omega}$ 的高斯波包。通过测量波包峰值的位置就可以得到两钟的本地时间差 $t_B - t_A$ 的测量，精度由高斯波包的宽度决定。在波包峰值位置，$t_B - t_A$ 与两钟的钟差 t_0 之间的关系如下:

$$t_A - t_B = \frac{r_1}{u_s} - \frac{r_2}{u_i} - t_0 \tag{7.120}$$

类似地，将信号光子和闲置光子的传播路径对调，闲置光子发送给 D1，

信号光子发送给 D2，由 A 钟和 B 钟记录到的光子到达时间之差为 $t'_A - t'_B$，它与钟差之间关系式为

$$t'_A - t'_B = \frac{r_1}{u_i} - \frac{r_2}{u_s} - t_0 \quad (7.121)$$

式(7.120)与式(7.121)相减，得到

$$t_- = (t_A - t_B) - (t'_A - t'_B) = D(r_1 + r_2) \quad (7.122)$$

式中，$D = \dfrac{1}{u_i} - \dfrac{1}{u_s}$ 是信号光子和闲置光子群速度的倒数之差。由于 t_- 通过测量 $t_A - t_B$ 和 $t'_A - t'_B$ 可以直接得到，当 r_2 和 D 已知，由 t_- 就可以得到纠缠光源到空间站的距离 r_1，将 r_1 代入式(7.120)或式(7.121)，就可以得到两钟钟差 t_0，其精度取决于 $t_A - t_B$ 和 $t'_A - t'_B$ 的测量精度：

$$\Delta t_0 = \sqrt{\Delta^2(t_A - t_B) + \Delta^2(t'_A - t'_B)} \quad (7.123)$$

根据式(7.119)，两钟钟差可达到的最小不确定度为 $\Delta t_{0,\min} = 1/(\sqrt{2}\Delta\omega)$。该协议也可用于远距离定位和授时。

7.4.2 基于纠缠光子的二阶量子相干符合测量的时间同步协议

基于纠缠光子的二阶量子相干符合测量的时间同步协议的实现已在文献 Bahder 等(2004)中详细阐述。该同步协议的基本原理是基于两个纠缠光子之间的 HOM 二阶量子干涉，而没有用类似经典爱因斯坦时间同步中的信息交换。为方便理解，本小节将简述其基本原理。

为确保协议成立，该同步方案中假定纠缠光源所在的惯性坐标系是静止的，且待同步 A 钟和 B 钟在纠缠光源所在的惯性坐标系下也是静止的。HOM 干涉仪需与纠缠光源处于同一位置，称为基线所在地。此外还假定待同步的时钟在同步过程中足够稳定，可以认为两钟的本地时间(hardware time，用 t 表示)是其本征时间(proper time，用 t^* 表示)的良好近似，即 $t^* = t$。在此条件下，进一步引入一个全局变量，即协调时间(coordinate time，用 τ 表示)，它是指整个实验系统所处时空的统一时间，它提供了 A 钟和 B 钟的时间联系。当假设两时钟的漂移速率相同时，应满足：

$$\frac{dt^A}{d\tau} = 1 = \frac{dt^B}{d\tau} \quad (7.124)$$

基于 HOM 干涉时间同步协议原理如图 7.17 所示。基线所在地的纠缠光源持续地产生纠缠光子对，来自光子对的一个光子在协调时间 $\tau_0^{(A)}$ 时刻到达 A 钟，

之后反射回 HOM 干涉仪，在时刻 M_0 到达干涉仪。光子对的另一个成员经过一个可调延迟介质在协调时间 $\tau_0^{(B)}$ 到达 B 钟，并再一次经过延迟介质反射回 HOM 干涉仪。在此过程中调节延迟介质的延迟值，直到来自同一光子对的两个光子在一个相同时刻 M_0 到达 HOM 干涉仪。这一相同时刻通过观察到 HOM 干涉仪后的二阶量子符合计数的最小值确定，这说明干涉仪达到了平衡。平衡条件说明了光子到达 A 钟和 B 钟的协调时间相等，即

$$\tau_0^{(A)} = \tau_0^{(B)} \tag{7.125}$$

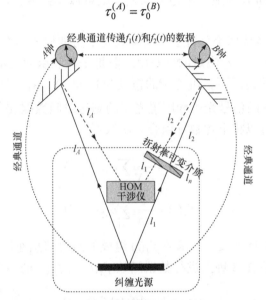

图 7.17　基于 HOM 干涉时间同步协议原理(Bahder et al., 2004)

一旦干涉仪实现平衡后，N 个纠缠光子对在时刻 $M_1,\cdots,M_N$ 从基线所在地持续发出。由于 N 个纠缠光子对到达 A 钟和 B 钟为同时事件，有

$$\tau_i^{(A)} = \tau_i^{(B)}, i = 1,\cdots,N \tag{7.126}$$

光子对到达时 A 钟和 B 钟的时间由分别连在两钟的事件计时器记录，最终构成一系列数据，$\{t_i^{(A)}\}$ 和 $\{t_i^{(B)}\}$，其中 $i = 1,\cdots,N$。在 A 钟的惯性系中，接收到第 i 个光子和第 1 个光子间流逝的本地时间 $t_i^{(A)} - t_1^{(A)}$ 可以由协调时间差 $t_i^{(A)} - t_1^{(A)}$ 给出：

$$t_i^{(A)} + \Delta\tau^{(A)} = \tau_i^{(A)} - \tau_0^{(A)} \tag{7.127}$$

式中，$\Delta\tau^{(A)}$ 是把 A 钟的协调时间与本地时间联系起来的时钟校正。类似的关系在 B 钟中也存在：

$$t_i^{(B)} + \Delta\tau^{(B)} = \tau_i^{(B)} - \tau_0^{(B)} \tag{7.128}$$

式中，$\Delta\tau^{(B)}$ 是把 B 钟的本地时间与协调时间联系起来的时钟校正。从式(7.127)和式(7.128)可以清楚地看出，A 钟和 B 钟时间之间的关系为

$$\tau_i^{(A)} - \tau_i^{(B)} = \Delta\tau^{(A)} - \Delta\tau^{(B)} = \tau_0 \tag{7.129}$$

式中，τ_0 为 A 钟和 B 钟的钟差。因此，在 HOM 干涉仪平衡条件下，通过比较光子对到达 A 和 B 两地的本地时间差，就可以得到两钟的钟差，从而实现同步。

7.4.1 小节已经从理论分析了在纠缠双光子为理想的频率反关联纠缠时，A 钟与 B 钟的时间差 $t_A - t_B$ 满足的分布由二阶量子关联函数表示。不考虑路径中群速度色散影响的情况下，可达到的精度为 $1/(2\Delta\omega)$。在实际的数据处理过程中，需要将记录到的信号光子和闲置光子的到达时间数据 $\{t_i^{(A)}\}$ 和 $\{t_i^{(B)}\}$ 进行相关运算。首先，可以将上述数据组合为函数形式：

$$\begin{cases} f_A(t) = \dfrac{1}{\sqrt{N}}\displaystyle\sum_{i=1}^{N}\delta(t - t_i^{(A)}) \\ f_B(t) = \dfrac{1}{\sqrt{N}}\displaystyle\sum_{i=1}^{N}\delta(t - t_i^{(B)}) \end{cases} \tag{7.130}$$

其中，$\delta(t)$ 是狄拉克函数。由函数 $f_A(t)$ 组成的经典信息通过经典信道从 A 钟传输到 B 钟，之后在 B 钟上进行数据函数 $f_A(t)$ 和 $f_B(t)$ 的相关运算：

$$g(\tau) = \int_{-\infty}^{+\infty} \mathrm{d}t f_A(t) f_B(t - \tau) \tag{7.131}$$

将式(7.130)代入式(7.131)中，最终得到

$$g(\tau) = \frac{1}{\sqrt{N}}\sum_{i=1}^{N}\sum_{j=1}^{N}\delta(t - t_i^{(A)} + t_j^{(B)}) \tag{7.132}$$

从式(7.132)可以看到，当 $i = j$ 时，得到 N 个相同的 τ：$\tau = t_i^{(A)} - t_i^{(B)} = \tau_0$，即 A 钟和 B 钟的钟差。

上述协议无须知道两钟的相对位置，无须了解两钟间光学路径的介质性质。同步精度取决于光学延迟的控制精度和 HOM 干涉仪的二阶量子干涉符合测量可达到的精度，因此在远距离时间同步中具有重要的实用意义。

7.4.3　基于传送带协议的色散消除量子时间同步协议

基于传送带协议的色散消除量子时间同步协议原理如图 7.18 所示(Giovannetti et al., 2004)。频率纠缠的两个光子从待同步钟 A 地出发，通过具

有相同色散特性的传输路径后到达授时钟 B 地，然后由 B 地反射回 A 地，并在 A 地的 50/50 分束器上进行 HOM 二阶量子干涉符合测量。为实现色散消除，该传送带协议分别在纠缠光源发射端和光反射器的前端引入了随时间匀速变化的 4 段可控时延，即 $\delta l_a^I(t)$、$\delta l_a^S(t)$、$\delta l_b^I(t)$ 和 $\delta l_b^S(t)$。其中，$\delta l_a^I(t)$ 和 $\delta l_b^S(t)$ 随时间增加，$\delta l_a^S(t)$ 和 $\delta l_b^I(t)$ 随时间减小，引入的时延正比于 A 地和 B 地两地的时钟显示的时间：

$$\delta l_a^I(t) = \upsilon(t - t_0^A), \quad \delta l_b^I(t) = -\upsilon(t - t_0^B),$$
$$\delta l_a^S(t) = -\upsilon(t - t_0^A), \quad \delta l_b^S(t) = \upsilon(t - t_0^B) \tag{7.133}$$

式中，t_0^A 和 t_0^B 分别是 A 钟和 B 钟的起始时间，则两时钟的钟差可表示为 $t_0 = t_0^A - t_0^B$；υ 是四段匀速变化延迟的延迟速率。由于匀速延迟的引入，利用 HOM 干涉符合测量获得的路径长度差就和钟差 τ 联系起来，通过观察符合计数的 HOM 凹陷偏移特性，就可以得到 A 和 B 两钟的钟差值，进而实现同步。在该同步方案中，同步精度不依赖于 A 钟和 B 钟的距离或路径的介质特性，只依赖于两个假设：①纠缠光子对从 A 到 B 所经历的时延与从 B 到 A 的时延完全相同，因此路径介质波动对同步精度的影响可以忽略；②路径介质对往返两个方向传播的光子的影响完全相同，因此可以忽略色散介质的空间非均匀性。

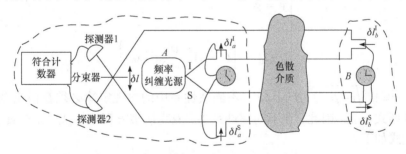

图 7.18　基于传送带协议的色散消除量子时间同步协议原理(Giovannetti et al., 2004)

假设 A 钟所在地发出的纠缠光源为理想的频率反关联纠缠双光子态，其态函数 $|\Psi\rangle$ 由式(7.116)表示。$\hat{a}_1(\omega)$ 和 $\hat{a}_2(\omega)$ 表示经过 HOM 干涉仪后，在两个探测器前的光子湮灭算符。当传输路径不加匀速时延时，即 $\upsilon = 0$，根据分束器的传输函数，$\hat{a}_1(\omega)$ 和 $\hat{a}_2(\omega)$ 可以由信号光子和闲置光子的湮灭算符表述(Giovannetti et al., 2002b)：

$$\begin{cases} \hat{a}_1(\omega) = \dfrac{[\hat{a}_s(\omega)\mathrm{e}^{\mathrm{i}\omega\tau} + \hat{a}_i(\omega)]}{\sqrt{2}} \\[2mm] \hat{a}_2(\omega) = \dfrac{[\hat{a}_s(\omega) - \hat{a}_i(\omega)\mathrm{e}^{-\mathrm{i}\omega\tau}]}{\sqrt{2}} \end{cases} \tag{7.134}$$

式中，$\tau = \delta l / c$ 为干涉仪的两臂之间的时间延迟，δl 是 HOM 干涉仪上两光子的光程差，c 表示光子的传播速度。经过长时间积分后(大于双光子的持续时间)的光子符合计数率 $P_C(\tau)$ 可描述为(Giovannetti et al., 2002b)

$$P_C(\tau) \propto \int \frac{\mathrm{d}\omega_1}{2\pi} \int \frac{\mathrm{d}\omega_2}{2\pi} \left| \langle 0 | \hat{a}_1(\omega_1) \hat{a}_2(\omega_2) | \Psi \rangle \right|^2$$

$$\propto \int \frac{\mathrm{d}\omega}{2\pi} |\phi(\omega)|^2 [1 - \cos(\omega\tau)] \tag{7.135}$$

可以看到，符合计数率 $P_C(\tau)$ 是光程差 δl 的函数。当 $\delta l = 0$ 时，即两臂平衡时，出现双光子干涉凹陷。为理解传送带协议，下面进一步讨论了当 $\upsilon \neq 0$ 时，闲置光子湮灭算符在进入 HOM 干涉仪之前所经历的演化。首先，闲置光子穿过一段时延匀速变化的路径 $\delta l_a^{\mathrm{I}}(t)$，根据狭义相对论，不同惯性系间的时空坐标变换满足洛伦兹关系式。设两个惯性系为 S 系和 S' 系，它们相应的笛卡儿坐标系彼此平行，S' 系相对于 S 系沿 x 方向运动，速度为 υ，且当 $t = t' = t_0$ 时，S' 系与 S 系的坐标原点重合，假设笛卡儿坐标原点为 $(x_0, 0, 0)$，则事件在这两个惯性系的时空坐标之间的洛伦兹变换为

$$\begin{cases} x' - x_0 = \gamma[(x - x_0) - \upsilon(t - t_0)] \\ y' = y \\ z' = z \\ t' - t_0 = \gamma\left[(t - t_0) - \dfrac{\upsilon}{c^2}(x - x_0)\right] \end{cases} \tag{7.136}$$

其中，$\gamma = 1/\sqrt{1 - \beta^2}$，$\beta = \upsilon/c$。不同惯性系中的物理定律必须在洛伦兹变换下保持形式不变。因此，在不同惯性系中，麦克斯韦方程组均成立。在真空下，其表达式如下：

$$\begin{cases} \nabla \cdot \vec{E} = 0 \\ \nabla \times \vec{E} = -\dfrac{\mathrm{d}\vec{B}}{\mathrm{d}t} \\ \nabla \cdot \vec{B} = 0 \\ \nabla \times \vec{B} = \mu_0 \varepsilon_0 \dfrac{\mathrm{d}\vec{E}}{\mathrm{d}t} \end{cases} \tag{7.137}$$

在不同惯性系下电磁场的变换关系可使用偏微分关系式推导，有

$$\frac{\partial}{\partial i} = \frac{\partial x'}{\partial i}\frac{\partial}{\partial x'} + \frac{\partial y'}{\partial i}\frac{\partial}{\partial y'} + \frac{\partial z'}{\partial i}\frac{\partial}{\partial z'} + \frac{\partial t'}{\partial i}\frac{\partial}{\partial t'} \tag{7.138}$$

其中，$i = x, y, z, t$。将式(7.136)代入式(7.138)，可以得到

$$\begin{cases} \dfrac{\partial}{\partial x} = \gamma\left(\dfrac{\partial}{\partial x'} - \dfrac{\upsilon}{c^2}\dfrac{\partial}{\partial t'} \right) \\[2mm] \dfrac{\partial}{\partial y} = \dfrac{\partial}{\partial y'} \\[2mm] \dfrac{\partial}{\partial z} = \dfrac{\partial}{\partial z'} \\[2mm] \dfrac{\partial}{\partial t} = \gamma\left(\dfrac{\partial}{\partial t'} - \upsilon\dfrac{\partial}{\partial x'} \right) \end{cases} \tag{7.139}$$

将式(7.139)代入式(7.137)进行推导，得到

$$\begin{aligned} E'_x &= E_x, & B'_x &= B_x, \\ E'_y &= \gamma(E_y - \upsilon B_z), & B'_y &= \gamma\left(B_y - \dfrac{\upsilon}{c^2}E_z \right), \\ E'_z &= \gamma(E_z + \upsilon B_z), & B'_z &= \gamma\left(B_z - \dfrac{\upsilon}{c^2}E_y \right) \end{aligned} \tag{7.140}$$

将式(7.140)中的 υ 改为 $-\upsilon$，即可得到反向变换关系。为简化推导，假设闲置光子为沿 y 方向线偏振的光场态，其电场和磁场的量子化算符表达式可写为

$$\begin{cases} \hat{E}_{\mathrm{I},y}(x,t) = \mathrm{i}\displaystyle\int \mathrm{d}\omega \sqrt{\dfrac{\hbar\omega}{2\varepsilon_0 V}}\,\hat{a}_{\mathrm{I}}(\omega)\mathrm{e}^{-\mathrm{i}\omega\left(t - t_0^a - \frac{x-x_0}{c} \right)} + \mathrm{c.c.} \\[4mm] \hat{B}_{\mathrm{I},z}(x,t) = \mathrm{i}\displaystyle\int \mathrm{d}\omega \sqrt{\dfrac{\hbar\omega\mu_0}{2V}}\,\hat{a}_{\mathrm{I}}(\omega)\mathrm{e}^{-\mathrm{i}\omega\left(t - t_0^a - \frac{x-x_0}{c} \right)} + \mathrm{c.c.} = \dfrac{1}{c}\hat{E}_{\mathrm{I},y}(x,t) \end{cases} \tag{7.141}$$

将式(7.141)代入式(7.140)，惯性坐标系 S' 和 S 下的电场算符之间满足的关系为

$$\hat{E}'_{\mathrm{I},y}(x',t') = \gamma(1-\beta)\hat{E}_{\mathrm{I},y}(x,t) = \dfrac{1}{\chi}\hat{E}_{\mathrm{I},y}(x,t) \tag{7.142}$$

式中，$\chi = \sqrt{(1+\beta)/(1-\beta)}$。而惯性坐标系 S 下，对应的电场算符为

$$\hat{E}'_{\mathrm{I},y}(x',t') = \mathrm{i}\int \mathrm{d}\omega \sqrt{\dfrac{\hbar\omega}{2\varepsilon_0 V}}\,\hat{a}'_{\mathrm{I}}(\omega)\mathrm{e}^{-\mathrm{i}\omega\left(t' - t_a^0 - \frac{x'-x_0}{c} \right)} + \mathrm{c.c.} \tag{7.143}$$

由式(7.142)和式(7.143)之间的对等关系可以得到，经过时延匀速变化的路径 $\delta l_a^{\mathrm{I}}(t)$ 后，闲置光子的湮灭算符演化为

$$\hat{a}'_{\mathrm{I}}(\omega) = \sqrt{\chi}\,\hat{a}_{\mathrm{I}}(\chi\omega)\mathrm{e}^{-\mathrm{i}\omega(1-\chi)\left(t_a^0 - \frac{x_0}{c} \right)} \tag{7.144}$$

随后，闲置光子经过长度为 L 的路径后到达 B 钟所在地，演化为

$$\hat{a}_I''(\omega) = \hat{a}_I'(\omega) e^{\frac{i\omega L}{c} + i\mathcal{K}_t^I(\omega)} \tag{7.145}$$

式中，$\mathcal{K}_t^I(\omega)$ 表示从 A 钟到 B 钟的路径色散特性引入的相位延迟。在 B 钟端，闲置光子再次经过一段匀速缩短的 δl_b^I，再应用上述惯性坐标系下的洛伦兹变换，可以得到：

$$\hat{E}_{I,y}'(x',t') = \gamma(1+\beta)\hat{E}_{I,y}(x,t) = \chi\hat{E}_{I,y}(x,t) \tag{7.146}$$

相应地，闲置光子的湮灭算符演化为

$$\hat{a}_I'(\omega) = \hat{a}_I(\omega) e^{-i\omega\frac{(1-\chi)}{\chi}\left(t_a^0 - t_b^0 - \frac{x_0}{c}\right) + \frac{i\omega L}{\chi c} + i\mathcal{K}_t^I\left(\frac{\omega}{\chi}\right)} \tag{7.147}$$

之后，闲置光子经过长度为 L 的路径返回 A 钟，演化后的闲置光子的湮灭算符为

$$\hat{a}_I''(\omega) = \hat{a}_I(\omega) e^{-i\omega\left[\frac{(1-\chi)}{\chi}\left(t_0^a - t_0^b - \frac{x_0}{c}\right) - \frac{1}{c}\left(\frac{L}{\chi} + L\right)\right] + i\mathcal{K}_t^I\left(\frac{\omega}{\chi}\right) + i\mathcal{K}_f^I(\omega)} \tag{7.148}$$

其中，$\mathcal{K}_f^I(\omega)$ 表示从 B 钟到 A 钟的返回路径色散特性引入的相位延迟。类似地，对信号光子算符的演化推导可以得到：

$$\hat{a}_S''(\omega) = \hat{a}_S(\omega) e^{-i\omega\left[\frac{(1-\chi)}{\chi}\left(t_b^0 - t_a^0 + \frac{x_0}{c}\right) - \frac{1}{c}\left(\frac{L}{\chi} + L\right)\right] + i\mathcal{K}_t^S(\omega) + i\mathcal{K}_f^S\left(\frac{\omega}{\chi}\right)} \tag{7.149}$$

将式(7.148)和式(7.149)代入式(7.135)，得到 HOM 干涉仪后的符合计数率：

$$P_C \propto \int d\omega \phi^2(\omega)\left\{1 - \cos\left[2\omega\left(\frac{2(\chi-1)}{\chi}\tau - \frac{\delta l}{c}\right) + \Delta\mathcal{K}(\omega)\right]\right\} \tag{7.150}$$

其中，$\Delta\mathcal{K}(\omega)$ 表示传递路径中色散的总体贡献：

$$\Delta\mathcal{K}(\omega) = \left[\mathcal{K}_t^I\left(\frac{\omega_0 - \omega}{\chi}\right) + \mathcal{K}_f^I(\omega_0 - \omega) - \mathcal{K}_t^S\left(\frac{\omega_0 - \omega}{\chi}\right) - \mathcal{K}_f^S(\omega_0 - \omega)\right]$$

$$- \left[\mathcal{K}_t^I\left(\frac{\omega_0 + \omega}{\chi}\right) + \mathcal{K}_f^I(\omega_0 + \omega) - \mathcal{K}_t^S\left(\frac{\omega_0 + \omega}{\chi}\right) - \mathcal{K}_f^S(\omega_0 + \omega)\right] \tag{7.151}$$

根据之前的假设：路径介质对往返两个方向传播的光子的影响完全相同，得到 $\Delta\mathcal{K}(\omega) = 0$。假设纠缠双光子的联合频谱函数 $\phi^2(\omega)$ 为带宽 $\Delta\omega$ 的高斯函数，符合计数率的表达式可以写为

$$P_C \propto 1 - e^{-2\Delta\omega^2\left(\frac{\delta l - \delta l_0}{c}\right)^2} \tag{7.152}$$

其中，$\delta l_0 = 2(1-1/\chi)c\tau$，当延迟速度 $\upsilon \ll c$，$\delta l_0 \approx 2\upsilon\tau$。由式(7.152)可得到 P_C 在 $\delta l = \delta l_0$ 处有一个宽度为 $c/(2\Delta\omega)$ 的凹陷。通过测量凹陷的位置就可以得到钟差 τ。当不考虑延迟速度 υ 的控制精度影响，钟差 τ 的测量精度为

$$\Delta\tau = 1/(4\Delta\omega\beta)$$

这种时间同步协议的优点是不用测量信号的到达时间，避免了由此引入的测量误差。同时，由于信号光子和闲置光子是频率纠缠的，进行符合测量的时候两光子在光纤中的色散效应会消除。然而，本方案中延迟速度 υ 通常有一定的控制精度，如 $\Delta\upsilon$，钟差 τ 的测量精度将受限于：

$$\Delta\tau = \sqrt{\left(\frac{1}{4\Delta\omega\beta}\right)^2 + \left(\frac{\Delta\upsilon\tau}{\upsilon}\right)^2} \tag{7.153}$$

7.4.4　消色散光纤量子时间同步协议

前面已讨论了几种量子时间同步协议，在此基础上，根据频率反关联的纠缠光子对进行量子干涉符合测量时具有色散消除的量子特性，一种可消除光纤色散影响的光纤量子时间同步方案被提出(Hou et al., 2012)，该协议的原理如图 7.19 所示。假设待同步的 A 与 B 两地由长度(d)未知的光纤连接，利用频率反关联纠缠光子对作为时间信号载体，其中信号光子经过光纤从 A 地到达 B 地并反射回 A 地，闲置光子在 A 地经过一段长度可控且可测量的盘纤(l_0)。传输后的信号光子与闲置光子在 A 地的 50/50 分束器上干涉，通过对干涉后的双光子源进行符合测量，实现对信号光子与闲置光子的 HOM 量子干涉测量，得到符合计数率 P_C 随 l_0 的变化曲线。当盘纤长度 l_0 调整到与 A、B 两地光纤回路长度相等时，符合计数达到最小值，这时信号光子和闲置光子在光纤中的时延相等。

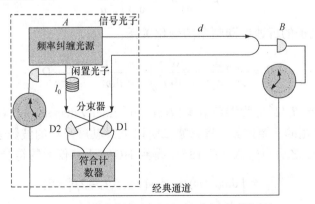

图 7.19　消色散光纤量子时间同步协议原理

假设 A 地时钟记录自发参量下转换产生光子对的时间为 t_A，B 地时钟记录信号光子到达 B 地探测器的时间为 t_B。两钟记录的时间 $\{t_A^i\}$ 和 $\{t_B^i\}$ 通过经典通道集合到一起，测量光子到达时间的最大关联度来获得时间差 $t_B - t_A$。A 与 B 两钟的钟差 $t_0 = t_B - t_A - \tau_d$，其中 τ_d 是信号光子在光纤中单向传播的时延。钟差的测量精度取决于：

$$\Delta t_0 = \sqrt{\Delta^2(t_B - t_A) + \Delta^2 \tau_d} \tag{7.154}$$

下面理论推导基于该协议，$\Delta(t_B - t_A)$ 和 $\Delta \tau_d$ 分别可达到的精度。与前面类似，假设双光子态为理想的频率反关联纠缠光子对。根据分束器的传输函数，探测器 D1 和 D2 前的光子湮灭算符 $\hat{a}_1(\omega)$ 和 $\hat{a}_2(\omega)$ 可以表示为

$$\begin{cases} \hat{a}_1(\omega) = \dfrac{i\hat{a}_s(\omega)e^{i\beta^S(\omega)2d} + \hat{a}_I(\omega)e^{i\beta^I(\omega)l_0}}{\sqrt{2}} \\[3mm] \hat{a}_2(\omega) = \dfrac{\hat{a}_s(\omega)e^{i\beta^S(\omega)2d} + i\hat{a}_I(\omega)e^{i\beta^I(\omega)l_0}}{\sqrt{2}} \end{cases} \tag{7.155}$$

式中，$\beta^S(\omega)$ 和 $\beta^I(\omega)$ 分别表示信号光子和闲置光子在光纤中传递的波数，在泰勒展开下，它可以写为(Agrawal, 2001)

$$\beta(\omega) = \beta_0 + \beta_1(\omega - \omega_0) + \frac{1}{2!}\beta_2(\omega - \omega_0)^2 + \cdots + \frac{1}{m!}\beta_m(\omega - \omega_0)^2 + \cdots \tag{7.156}$$

其中，β_m 定义为

$$\beta_m = (\mathrm{d}^m \beta / \mathrm{d}\omega^m)_{\omega = \omega_0}, m = 1, 2, 3, \cdots \tag{7.157}$$

β_1 表征光子传播的群速度的倒数：

$$\beta_1 = \frac{1}{c}\left(n + \omega \frac{\mathrm{d}n}{\mathrm{d}\omega}\right) = \frac{1}{u} \tag{7.158}$$

β_2 表征光子的群速度随频率的变化关系：

$$\beta_2 = \frac{1}{c}\left(2\frac{\mathrm{d}n}{\mathrm{d}\omega} + \omega\frac{\mathrm{d}^2 n}{\mathrm{d}\omega^2}\right) \approx \frac{\omega}{c}\frac{\mathrm{d}^2 n}{\mathrm{d}\omega^2} \approx -\frac{\lambda^2}{2\pi c}D \tag{7.159}$$

其中，$D = -2\pi c\beta_2 / \lambda^2$ 称为群色散参数(group velocity dispersion, GVD)，该参数是导致脉冲展宽的主要因素。将忽略二阶以上泰勒展开项的波数表达式(7.156)代入式(7.155)，之后再代入式(7.135)，得到 HOM 干涉仪后的符合计数率满足：

$$P_C \propto \int \mathrm{d}\omega \phi^2(\omega)\{1 - \cos[2\omega(\beta_1^I l_0 - 2\beta_1^S d)]\} \tag{7.160}$$

假设纠缠双光子的联合频谱 $\phi^2(\omega)$ 为带宽 $\Delta\omega$ 的高斯函数，符合计数率的

表达式可以写为

$$P_C \propto 1 - e^{-2\Delta\omega^2(\beta_1^I l_0 - 2\beta_1^S d)^2} \tag{7.161}$$

由此得到，符合凹陷位于 $\beta_1^I l_0 = 2\beta_1^S d$ ，且凹陷宽度为 $1/(2\Delta\omega)$ 。当考虑盘纤 l_0 的长度可精确调节及测量，$\Delta l_0 = 0$ ，则通过观测凹陷可以确定信号光子经过光纤从 A 地传输到 B 地的时延均值为 $\tau_d = \beta_1^S d = \beta_1^I l_0/2$ ，该时延的不确定度为 $\Delta\tau_d = 1/(2\Delta\omega)$ 。相应地，测量得到该光纤长度为 $d = \beta_1^I l_0/(2\beta_1^S)$ ，测量误差约为 $\Delta d = 1/(2\Delta\omega\beta_1^I)$ 。

如前所述，A 钟与 B 钟的本地时间差 $t_B - t_A$ 可由二阶关联函数表示(Valencia et al., 2004)：

$$G^{(2)}(t_A - t_B) = \left| \langle 0 | \hat{E}_S^+(d, t_B) \hat{E}_I^+(0, t_A) | \Psi \rangle \right|^2$$

其中，

$$\begin{cases} \hat{E}_S^+(d, t_B) \sim \int d\omega \hat{a}_S(\omega) e^{-i\omega(t_B - t_B^0)} e^{i\beta^S(\omega)d} \\ \hat{E}_I^+(0, t_A) \sim \int d\omega \hat{a}_I(\omega) e^{-i\omega(t_A - t_A^0)} \end{cases} \tag{7.162}$$

将式(7.162)和式(7.116)代入二阶关联函数表达式，并忽略二阶以上的色散项，可以得到：

$$G^{(2)}(t_B - t_A) = \left| \int d\omega' \phi(\omega) e^{i\frac{\omega^2}{2}\beta_2^S d} e^{-i\omega\tau} \right|^2 = \left| \text{FT}_\tau \left[\phi(\omega) e^{i\frac{\omega^2}{2}\beta_2^S d} \right] \right|^2 \tag{7.163}$$

其中，FT 表示傅里叶变换表达式；$\tau = (t_B - t_A) - \tau_0 - \beta_1^S d$ 。当 $\phi^2(\omega)$ 为带宽 $\Delta\omega$ 的高斯函数，在满足远场近似条件下，上述二阶关联函数可近似为

$$G^{(2)}(t_B - t_A) \sim \left| \left(\omega = \frac{\tau}{\beta_2^S d} \right) \right|^2 \sim e^{-\frac{1}{2\Delta\omega^2}\left(\frac{\tau}{\beta_2^S d}\right)^2} \tag{7.164}$$

可以看到，该函数与不考虑群色散条件下的二阶关联函数相比，展宽 $2\Delta\omega^2\beta_2^S d$ 。由于光纤长度 d 可以通过前述 HOM 干涉符合测量精确测定，且光纤的群色散通常已知，理论上，式(7.164)给出的 $t_B - t_A$ 测量精度应与 $G^{(2)}$ 宽度等同。因此，式(7.154)所示的钟差测量精度在理想情况下应为

$$\Delta\tau_0 = \sqrt{\Delta^2(t_B - t_A) + \Delta^2(\beta_1^S d)} = \sqrt{\frac{1}{2\Delta\omega^2}} \tag{7.165}$$

由式(7.164)得到，基于该方案实现的钟差测量精度仅依赖于双光子频谱带

宽 $\Delta\omega$ 。然而，由于环境等因素的影响，可控光纤盘纤的延迟有一定的抖动，即 $\Delta\tau_{l_0} \neq 0$ ，从而信号光子经过光纤从 A 地传输到 B 地的时延精度变为

$$\Delta\tau_d = \sqrt{(1/2\Delta\omega)^2 + \Delta^2(\beta_1^{\mathrm{I}} l_0 / 2)} \tag{7.166}$$

在所有影响因素中，环境温度变化的影响是主要因素之一。由温度变化引起的光纤时延变化可表示为

$$\Delta\tau_{l_0} = \Delta_{T_{l_0}}(\beta_1'' l_0) = l_0 \frac{\partial \beta_1''}{\partial T} \Delta T_{l_0} + \beta_1'' \frac{\partial l_0}{\partial T} \Delta T_{l_0} \tag{7.167}$$

式中， ΔT_{l_0} 表示光纤盘纤所处环境的温度变化量。其中，第二个等号右侧第一项描述了群速度随温度变化的关系，第二项为光纤绝对长度的热膨胀系数。同样，本地时间差 $t_B - t_A$ 的测量精度受温度变化的影响的理论分析如下：

$$\begin{aligned}
\Delta(t_B - t_A) &= \sqrt{\left(\frac{1}{2\Delta\omega}\right)^2 + [\Delta\omega \cdot \Delta_{T_d}(\beta_2' d)]^2} \\
&= \sqrt{\left(\frac{1}{2\Delta\omega}\right)^2 + [\Delta\lambda \cdot \Delta_{T_d}(D' d)]^2}
\end{aligned} \tag{7.168}$$

式中， ΔT_d 表示光纤长度为 d 链路的温度变化。将式(7.166)和式(7.167)代入式(7.168)，在温度变化影响下，钟差测量精度为

$$\begin{aligned}
\Delta t_0 &= \sqrt{\Delta^2(t_B - t_A) + \Delta^2\tau_d} \\
&\approx \sqrt{\frac{1}{2\Delta\omega^2} + \Delta^2_{T_{l_0}}\left(\frac{\beta_1^{\mathrm{I}} l_0}{2}\right) + [\Delta\lambda \cdot \Delta_{T_d}(D' d)]^2}
\end{aligned} \tag{7.169}$$

假定双光子源中心波长为 $1.55\mu m$ ，频谱带宽 $\Delta\omega \approx 10^{13} Hz$ ，对应的波长宽度 $\Delta\lambda \approx 13\, nm$ 。根据文献 Śliwczyński 等(2010)，在 $1.55\mu m$ 传输窗口的光纤时延温度敏感系数约为 37ps/(km·℃)。当光纤盘纤长度 l_0 取 20km，且其温度控制精度 ΔT_{l_0} 约为 0.001℃，则式(7.167)的时延抖动 $\Delta\tau_{l_0}$ 约为 0.74ps。将其代入式(7.166)中，得到 $\Delta\tau_d \approx 0.37ps$ 。另外，单模光纤群速度色散因子的温度敏感系数为 $-1.5\times10^{-3}ps/(nm\cdot km\cdot ℃)$ (Śliwczyński et al., 2010a)。对于长度 $d \approx l_0/2 \approx 10km$ 、温度变化约为 2℃ 的光纤链路来说，由温度变化引起的 $t_B - t_A$ 抖动 $\Delta\lambda \cdot \Delta_{T_d}(D' d)$ 约为 0.39ps。将该抖动引入到式(7.168)中，得到总的 $\Delta(t_B - t_A)$ 约为 0.39ps。因此，温度变化增加钟差测量误差，以上面所举的 10km 光纤链路为例，可达到的钟差测量精度 Δt_0 为 0.54ps。

该协议的优点在于，在进行二阶量子干涉时，信号光子和闲置光子受到的色散效应会抵消，因此该协议不受传递介质色散的影响。该协议时间同步精度

取决于：①纠缠光源的频谱带宽；②纠缠光子在光纤中群速度色散受温度变化的影响。

7.4.5　双向量子时间同步协议

图 7.20 所示为基于光纤链路的双向量子时间传递原理(这里传输路径不局限于光纤，也可以是自由空间)(Hou et al., 2017)。待同步的两钟分别位于 A、B 两地光纤链路连接。两地分别有一个频率纠缠光源，产生的频率纠缠光子对，分别称为信号光子和闲置光子，作为时间信号。光纤环行器和传递光纤把 A、B 两地的时间信号和单光子探测器连接起来，构成双向回路。对于频率纠缠光源 A，信号光子通过长度为 d 的传递光纤从 A 地传递到 B 地，闲置光子保持在 A 地。信号光子到达 B 地的单光子探测器 D2 的时间被记为 $\{t_2^{(i)}\}$，闲置光子在 A 地被单光子探测器 D1 记录的时间记录为 $\{t_1^{(i)}\}$，其中 $i=1,\cdots,N$，N 表示测量时间内到达两探测器的光子对数。到达时间差 t_2-t_1 通过寻找光子到达时间 $\{t_2^{(i)}\}$ 和 $\{t_1^{(i)}\}$ 的最大符合得到。从经典的双向时间比对模型出发，假设 A、B 两钟之间的钟差为 $t_0=t_B^0-t_A^0$，则 $t_2-t_1=t_0+\dfrac{d}{\upsilon_g}$，其中 υ_g 是信号光子在传递光纤里的群速度。对于 B 地的纠缠光源做相同的操作，即信号光子通过传递光纤从 B 地传递到 A 地，由探测器 D4 探测并记录的到达时间为 $\{t_4^{(i)}\}$，闲置光子在 B 地被单光子探测器 D3 记录的时间记录为 $\{t_3^{(i)}\}$。到达时间差 $t_4-t_3=-t_0+\dfrac{d}{\upsilon_g'}$ 通过寻找光子到达时间 $\{t_4^{(i)}\}$ 和 $\{t_3^{(i)}\}$ 的最大符合来得到，其中 υ_g' 是 B 地纠缠光源的信号光子在传递光纤里的群速度。假设两个纠缠光源产生的频率纠缠光子对完全相同，则 $\upsilon_g'=\upsilon_g$。将得到的时间差 t_2-t_1 和 t_4-t_3 两式相减，得到两个时钟之间的钟差 $t_0=\dfrac{(t_2-t_1)-(t_4-t_3)}{2}$。

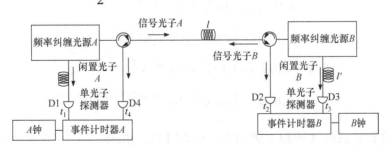

图 7.20　基于光纤链路的双向量子时间传递原理

　　根据量子场论，在时空点 $(D1,t_1)$、$(D2,t_2)$、$(D3,t_3)$、$(D4,t_4)$ 同时探测到光子的概率正比于光场的四阶关联函数(Glauber, 1963)：

$$G^{(4)} = \langle\Psi|E^{(-)}(t_1)E^{(-)}(t_2)E^{(-)}(t_3)E^{(-)}(t_4)E^{(+)}(t_1)E^{(+)}(t_2)E^{(+)}(t_3)E^{(+)}(t_4)|\Psi\rangle$$

(7.170)

式中，$E^{(\pm)}(t_j)$ 表示 t_j 时刻到达第 j 个探测器处电场的正的和负的分量，可以表示为

$$\begin{cases} E_j^{(+)}(D_j,t_j) \propto \hat{a}_j(D_j,t_j) \\ E_j^{(-)} = (E_j^{(+)})^+ \end{cases} \quad j=1,2,3,4 \tag{7.171}$$

式中，$\hat{a}_j$ 表征在第 j 个探测器处电场的湮灭算符。设 $|\Psi\rangle$ 为输入场的态函数，给定 A 和 B 两地的频率纠缠光场标识为 $|\Phi_A\rangle$ 和 $|\Theta_B\rangle$，$|\Psi\rangle$ 可表示为这两个态函数的直积形式，即 $|\Psi\rangle = |\Phi_A\rangle \otimes |\Theta_B\rangle$。假设两地的频率纠缠光源为频率简并的理想频率反关联纠缠，态函数可写为

$$\begin{cases} |\Phi_A\rangle = \int d\Omega f(\Omega)\hat{a}_{s,A}^+(\omega_0+\Omega)\hat{a}_{i,A}^+(\omega_0-\Omega)|0\rangle \\ |\Theta_B\rangle = \int d\Omega g(\Omega)\hat{a}_{s,B}^+(\omega_0+\Omega)\hat{a}_{i,B}^+(\omega_0-\Omega)|0\rangle \end{cases} \tag{7.172}$$

式中，$\hat{a}_{s,A(B)}^+$ 和 $\hat{a}_{i,A(B)}^+$ 指处在 $A(B)$ 地的信号光子和闲置光子的产生算符；$|0$ 指真空态；$f(\Omega)$ 和 $g(\Omega)$ 分别为两个频率纠缠态的联合频谱振幅函数；ω_0 表示纠缠单光子的中心频率；Ω 表示相对中心频率的偏离值。为简化计算，可假定这两个谱型函数具有相同的分布且满足高斯函数，其带宽为 $\Delta\omega$，即 $|f(\Omega)|^2 = |g(\Omega)|^2 = e^{-\frac{\Omega^2}{2\Delta\omega^2}}$。经过传输路径后，在第 j 个探测器处电场的湮灭算符 $\hat{a}_j$ 就可通过下列表达式给出其与纠缠光子之间的关系：

$$\begin{cases} \hat{a}_1(0,t_1) = \int d\omega\,\hat{a}_{i,A}(\omega)e^{-i\omega(t_1-t_A^0)} \\ \hat{a}_2(l,t_2) = \int d\omega\,\hat{a}_{s,A}(\omega)e^{-i\omega(t_2-t_B^0)}e^{i\beta(\omega)l} \\ \hat{a}_3(0,t_3) = \int d\omega\,\hat{a}_{i,B}(\omega)e^{-i\omega(t_3-t_B^0)} \\ \hat{a}_4(l,t_4) = \int d\omega\,\hat{a}_{s,B}(\omega)e^{-i\omega(t_4-t_A^0)}e^{i\beta(\omega)l} \end{cases} \tag{7.173}$$

式中，t_A^0 和 t_B^0 表示 A 钟和 B 钟的本征初始时刻；$\beta(\omega) = \dfrac{n(\omega)\omega}{c}$ 表示传输路径 l 的传输常数。对 $\beta(\omega)$ 的泰勒展开表达式见式(7.156)~式(7.159)。将 $\beta(\omega)$ 的泰

勒展开式代入式(7.173)，并保持泰勒展开到二阶项，在满足远场近似条件下，可以得到四阶关联函数的表达式：

$$G^{(4)}(\tau,\tau') = e^{\frac{\tau^2+\tau'^2}{2\sigma^2}} \tag{7.174}$$

式中，$\sigma = \sqrt{\dfrac{1}{4\Delta\omega^2} + (\beta_2 l)^2 \Delta\omega^2}$ 为双光子经过色散介质传输后的时域关联宽度；$\tau = (t_4-t_3) + (t_B^0 - t_A^0) - \beta_1 l$ 和 $\tau' = (t_2-t_1) + (t_A^0 - t_B^0) - \beta_1 l$ 分别表示基于相向传输的两个频率纠缠光源的二阶关联测量得到的时间差期望值。通过积分 $\iint \mathrm{d}\tau \mathrm{d}\tau' (\tau-\tau') G^{(4)}(\tau,\tau')$，可以得到 $\tau-\tau'$ 的期望值为 0，因此可以得到与经典双向模型完全相同的结论：$t_0 = \dfrac{(t_4-t_3)-(t_2-t_1)}{2}$。$\tau-\tau'$ 的误差为

$$\Delta(\tau-\tau') = \left(\iint \mathrm{d}\tau \mathrm{d}\tau' [(\tau-\tau') - \overline{\tau-\tau'}]^2 G^{(4)}(\tau,\tau') \right)^{\frac{1}{2}} \tag{7.175}$$

将式(7.174)代入式(7.175)，$\tau-\tau'$ 的误差可以由式(7.176)得到

$$\Delta(\tau-\tau') = \frac{1}{\sqrt{2}\Delta\omega} \tag{7.176}$$

将 τ 和 τ' 的值代入式(7.176)，得到钟差 $t_0 = t_A^0 - t_B^0$ 的误差表达式：

$$\Delta t_0 = \Delta\left[\frac{(t_4-t_3)-(t_2-t_1)}{2} \right] = \frac{1}{\sqrt{2}} \sqrt{\frac{1}{4\Delta\omega^2} + (\beta_2 l)^2 \Delta\omega^2} \tag{7.177}$$

假定探测器具有理想的时间分辨率，式(7.177)给出了在测量时间内仅检测到 1 对纠缠光子情况下的精度。如果探测到的平均光子对数是 N，那么钟差的误差可表示为

$$\Delta t_{0,N} = \frac{\Delta t_0}{\sqrt{N}} = \frac{1}{\sqrt{2N}} \sqrt{\frac{1}{4\Delta\omega^2} + (\beta_2 l)^2 \Delta\omega^2} \tag{7.178}$$

总而言之，目前量子时间同步技术还处在发展初期阶段，量子通信领域、时间频率领域的科学家们均在探索适用于远距离传输的高精度时间同步技术，相较之下，基于二阶量子干涉的时间同步技术由于对传递通道的依赖性小、时间同步精度高等特点，是实现远距离量子时间同步的重要方法之一。相比于经典的双向时间同步协议，具有强时间相干性的频率纠缠光源等效为天然时间戳，避免了经典方法由于时间信息的调制/解调引入的不可避免的各种额外时延噪声。同时，由于频率纠缠光源具有非局域色散消除特性(Franson, 1992)，在实际光纤链路中应用还可避免光纤或者大气色散的影响，可大大提高同步测量的准确度。

7.4.6　量子定位协议

2004 年，星基量子定位系统(QPS)的设计方案最早由美国陆军研究实验室的 Bahder 结合传统卫星定位思想与基于纠缠光子二阶量子相干符合测量的干涉式测距技术提出(Bahder, 2008)。如图 7.21(a)所示，六个位置已知的卫星(R_j，$j=1,\cdots,6$)两两组合成三条基线($R_1 \leftrightarrow R_2$、$R_3 \leftrightarrow R_4$、$R_5 \leftrightarrow R_6$)，用户处于由基线组成的双曲面的交点位置。根据这三条基线可以将用户位置确定在三个双曲面的相交点上。通过建立并解算三个距离差方程，即可确定用户的三维坐标。其中一条基线的实现功能框图如图 7.21(b)所示，基线($R_1 \leftrightarrow R_2$)的中点位置包含一个纠缠态光子源($E1$)、一个可调光延迟器($D1$)，纠缠态光子源二阶量子相干的到达时间差测量原理见 7.4.2 小节。通常包括一个 50/50 分束器和一对单光子探测器，用以实现 HOM 干涉测量。与传统卫星定位测距方式类似，由三个到达时间差就可以确定用户的三维位置坐标。

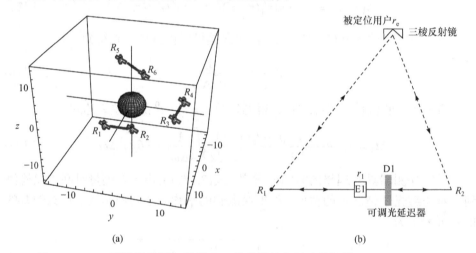

(a)　　　　　　　　　　　　　　　　　　(b)

图 7.21　QPS 配置示意图(a)及其中一条基线的实现功能框图(b)(Bahder, 2008)

基本原理如下所述，纠缠光子对 E1 产生后分别沿左右两路到达卫星所在的基线位置 R_1 和 R_2 处，再分别被卫星转发到被定位用户位置 r_0。右侧路径通过一个可调光延迟器 D1 实现对两路路径等臂长的精确调整。纠缠光子对到达用户位置后，被三棱反射镜沿原路径反射，经 R_1 和 R_2 端点后到达 E1，经 50/50 分束器进行 HOM 干涉后分别进入一个单光子探测器。这里需要保证双光子源和 HOM 干涉仪位于同一位置。假设 E1 位于基线中点，通过可调光延迟器 D1 和 HOM 干涉符合测量使得 E1 左右两路经卫星到达用户的长度精确相等。Δt_1 是干涉仪平衡时，对应可调光延迟器的延迟时间。假设传输环境为真空，c 为真空中的光速。通过基线($R_1 \leftrightarrow R_2$)建立的路径差公式可表示为

$$|r_0 - R_1| = |r_0 - R_2| + c\Delta t_1 \tag{7.179}$$

同样地，通过另外两条基线还可以建立两个距离差方程如下：

$$|r_0 - R_3| = |r_0 - R_4| + c\Delta t_2 \tag{7.180}$$

$$|r_0 - R_5| = |r_0 - R_6| + c\Delta t_3 \tag{7.181}$$

通过解算式(7.179)~式(7.181)，就可以确定用户的三维坐标 $r_0(x_0, y_0, z_0)$。这种定位方式下，理论上用户只需要 3 个三棱镜和 1 个用于接收定位结果的经典信道接收设备。

QPS 也可以采用类似全球定位系统的方式在用户端进行位置解算。此时，用户需要携带 3 个 HOM 干涉符合测量装置和 3 个可调光延迟器，以及 1 个经典信道接收设备用来接收基线位置信息。纠缠光子对发射源仍位于基线上。无论采用何种方式，如果用户有时钟同步需求，则需要额外增加一个与系统时钟之间的同步测量通道。

Bahder(2008)在 QPS 设计方案中进一步仿真分析了当三条基线上的卫星均绕低轨地球轨道(low earth orbit, LEO)运转时，QPS 可达到的精度与三条基线的间距和相对几何位置关系。在忽略其他外因对该基线干涉式 QPS 影响的条件下，计算结果表明，当三条基线测量标准偏差均为 1.0μm，用户位于地球表面可达到的定位误差为 0.1cm，用户在地球表面上方且高度小于 5312km 时，定位误差仍可低于 1cm。

第8章 基于平衡零拍探测和飞秒光频梳的量子优化时延测量

基于平衡零拍探测和飞秒光频梳的量子优化时延测量技术通过实现高压缩度量子光频梳产生、本底参考光频梳的精确脉冲整形及飞秒光脉冲载波包络相位噪声的抑制，不仅可以使时延的测量精度突破相位法测量的散粒噪声极限，还可使测量灵敏度免受大气参数的影响，是未来有望进一步提升量子时间同步精度的前瞻性技术之一。本章将介绍基于平衡零拍探测和飞秒光频梳的量子优化时延测量的基本原理和部分关键技术的实现方案。

8.1 基于平衡零拍探测和飞秒光频梳的量子优化时延原理

如 6.2 节所述，基于平衡零拍探测和飞秒光频梳的量子优化时间同步系统中，通过对本底参考光频梳进行适当时域整形，飞行光频梳的相位信息和飞行时间信息就可以同时提取出来(Lamine et al., 2008)。其基本原理描述如下：假定由 A 地发出的信号(signal)脉冲电场算符的正频分量可写为 $E_0^{(+)}$，在不考虑扰动情况下，该算符可分解为若干个时域模式：

$$E_0^{(+)} = \varepsilon \sum_n \hat{a}_n v_n(u) e^{i\theta_s} \tag{8.1}$$

式中，$\hat{a}_n$ 表示这些时域模式的湮灭算符；$\varepsilon = i\sqrt{\hbar\omega_0/2\varepsilon_0 cT}$ 为单光子的量纲，T 为探测器的响应时间；θ_s 为信号光场总的初相位；$v_n(u)$ 为相互正交的各本征时域模式，由随时间变化的(复)振幅模式 $g_n(u)$ 与传播相位因子 $e^{i\omega_0 u}$ 的乘积表示：

$$v_n(u) = g_n(u)e^{i\omega_0 u} \tag{8.2}$$

在高斯脉冲近似下，$g_n(u)$ 表示第 n 阶时域厄米-高斯函数，不同阶模式之间彼此正交，构成一组完备基矢。

$$g_n(u) = \frac{1}{\sqrt{2^n n!}} H_n\left(\frac{u\Delta\omega}{\sqrt{2}}\right) e^{\frac{(u\Delta\omega)^2}{4}} \tag{8.3}$$

由图 8.1 看到，不同阶时域振幅分布模式 $g_n(u)$ 和空间的厄米-高斯光束 TEM_{mn}

模具有类似的特性。因此，根据对空间光场模式的已有认识，有助于对时间模式的研究和应用。

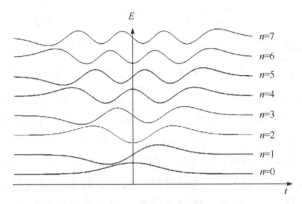

图 8.1　n 为 0~7 阶时域厄米-高斯模式的振幅分布

通常情况下，可以选取 0 阶时域厄米-高斯模式作为信号光场，其平均光子数为 N，则该电场的算符和期望值分别为 $E_0^{(+)} = \varepsilon \hat{a}_0 v_0(u)$ 及 $E_0^{(+)} = \varepsilon \sqrt{N} v_0 \mathrm{e}^{\mathrm{i}\theta_s}$。

对信号光场 $v_0(u)$ 任意微小的时间扰动 Δu，如同一个微弱调制信号一样加载在信号光场 $v_0(u)$ 上。利用泰勒公式可以对 $v_0(u - \Delta u)$ 进行泰勒展开，并且仅考虑它的一阶微扰项：

$$v_0(u - \Delta u) \approx v_0(u) - \frac{\mathrm{d}v_0(u)}{\mathrm{d}u} \Delta u \tag{8.4}$$

利用式(8.2)得到

$$\frac{\mathrm{d}v_0(u)}{\mathrm{d}u} = -\mathrm{i}\omega_0 v_0(u) + \frac{\mathrm{d}g_0(u)}{\mathrm{d}u} \mathrm{e}^{-\mathrm{i}\omega_0 u} \tag{8.5}$$

对于高斯脉冲来说，式(8.5)中等号右侧第二项可写为

$$\frac{\mathrm{d}g_0(u)}{\mathrm{d}u} \mathrm{e}^{-\mathrm{i}\omega_0 u} = \Delta\omega v_1(u) \tag{8.6}$$

$v_1(u)$ 与 $v_0(u)$ 为彼此间相互正交的脉冲时域模式，它们在时域的包络分布函数和厄米-高斯光束 TEM$_{01}$ 模及 TEM$_{00}$ 模在空间的横向分布具有相同的特性。将式(8.5)和式(8.6)代入式(8.4)中，得到

$$v_0(u - \Delta u) \approx v_0(u) + \frac{\Delta u}{u_0} w_1(u) \tag{8.7}$$

式中，$v_0(u)$ 表征信号光场内包含的主要模式；$w_1(u)$ 是一阶微扰的结果，表征信号光场由于微小的时间扰动 Δu 而激发出来的新的模式成分，又称时间模式 (temporal mode)；Δu 为时延变化项；u_0 为时间模式 $w_1(u)$ 的归一化因子，是一个

常量，$u_0 = 1/\sqrt{\omega_0^2 + \Delta\omega^2}$ 。 $w_1(u)$ 的表达式为

$$w_1(u) = \frac{1}{\sqrt{\alpha^2 + 1}}[i\alpha v_0(u) + v_1(u)], \quad \alpha = \frac{\omega_0}{\Delta\omega} \tag{8.8}$$

由式(8.8)可以看到，$w_1(u)$ 由两个部分构成：①与主要模式 $v_0(u)$ 相对相位为 $\pi/2$、比例为 $\alpha/\sqrt{\alpha^2 + 1}$ 的基模 $v_0(u)$，给出计时信号的相位变化信息(与测距干涉法等效)；②相对相位为 0、比例为 $1/\sqrt{\alpha^2 + 1}$ 的一阶模式 $v_1(u)$，反映脉冲包络随时间的变化(与飞行时间技术类似)。α 近似等于单个脉冲内载频的振荡次数，对于超短飞秒脉冲激光而言，为 $10^0 \sim 10^2$ 量级。选择与 $w_1(u)$ 相同的模式作为平衡零拍探测的本地振荡(LO)光，即可实现对信号光场 $v_0(u - \Delta u)$ 中包含的 $w_1(u)$ 成分的探测，从而得到时延扰动 Δu 的测量值。利用平衡零拍探测实现时延测量的系统框图如图 8.2 所示。A 地的飞秒脉冲激光器以特定的重复频率发出 Signal 激光脉冲，并且要求激光脉冲的重复频率和载波包络相位要与 A 地的本地时钟 1 同步，这样就将时钟 1 的时间信息加载在了实现锁相的激光脉冲上。B 地激光器发出的脉冲光同步到本地时钟 2 上，用作实现平衡零拍探测的 LO 光。

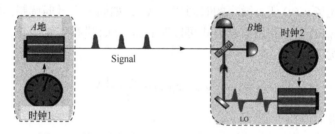

图 8.2　利用平衡零拍探测实现时延测量的系统框图

为实现对 A 地发来的激光脉冲时间延迟变化项的测量，本地振荡脉冲光场则需要对 LO 光进行脉冲整形，满足式(8.8)给出的时间模式。B 地经过整形的 LO 光与携带时钟 1 信息的 Signal 光在 50/50 光学分束器上进行干涉，然后采用一对平衡零拍探测器对其输出场进行探测。假设 N_{LO} 和 θ_{LO} 分别为 LO 光场的平均光子数和相位，其电场振幅可表示为 $E_{LO}^{(+)} = \varepsilon\sqrt{N_{LO}}w_1(u)e^{i\theta_{LO}}$。$\hat{b}_n$ 为其场湮灭算符，则平衡零拍探测器的输出信号为

$$\hat{D} = |\varepsilon|^2(\hat{c}^+\hat{c} - \hat{d}^+\hat{d}) = |\varepsilon|^2\sum_n(\hat{a}_n^+\hat{b}_n - \hat{b}_n^+\hat{a}_n) \tag{8.9}$$

该信号的均值为

$$\hat{D} = 2|\varepsilon|^2\sqrt{N \cdot N_{LO}}\left(\frac{\Delta u}{u_0}\cos\theta + \frac{\alpha}{\sqrt{\alpha^2 + 1}}\sin\theta\right) \tag{8.10}$$

其中，$\theta = \theta_s - \theta_{LO}$ 为信号光场与 LO 光场的相对相位。当 $\theta = 0$ 时，$\dfrac{\Delta u}{u_0}\cos\theta$ 取最大值，为最佳探测。在此情况下，式(8.10)可简化为

$$\hat{D} = 2|\varepsilon|^2 \sqrt{N \cdot N_{LO}} \frac{\Delta u}{u_0} \tag{8.11}$$

$$\Delta\hat{D} = \sqrt{\delta\hat{D}^2} = |\varepsilon|^2 \sqrt{\frac{N_{LO}}{\alpha^2+1}(\alpha^2\Delta\hat{Y}_0^2 + \Delta\hat{X}^2)}$$

$$= |\varepsilon|^2 \frac{\sqrt{N_{LO}}}{u_0} \sqrt{\omega_0^2 \Delta\hat{Y}^2 + \Delta\omega^2 \Delta\hat{X}_1^2} \tag{8.12}$$

其中，$\Delta\hat{Y}_0^2$ 和 $\Delta\hat{X}_1^2$ 分别表示信号光场 0 阶时域模式的正交相位噪声和 1 阶时域模式的正交振幅噪声。

$$\hat{Y}_0 = \mathrm{i}(\hat{a}_0^+ - \hat{a}_0), \hat{X}_1 = \hat{a}_1^+ + \hat{a}_1 \tag{8.13}$$

平衡零拍探测器输出信号的期望值和噪声起伏之比为

$$\frac{\hat{D}}{\Delta\hat{D}} = \frac{2\sqrt{N}\Delta u}{u_0^2 \sqrt{\omega_0^2\Delta\hat{Y}_0^2 + \Delta\omega^2\Delta\hat{X}_1^2}} \tag{8.14}$$

假定信号光场刚好淹没在噪声中，即 $\hat{D} = \Delta\hat{D}$，可以得到最小可分辨的时延抖动为

$$(\Delta u)_{\min} = \frac{1}{2\sqrt{N}} \frac{\sqrt{\omega_0^2\Delta\hat{Y}_0^2 + \Delta\hat{X}_1^2}}{\omega_0^2 + \Delta\omega^2} \tag{8.15}$$

在相干态条件下，$\Delta\hat{Y}_0^2 = \Delta\hat{X}_1^2 = 1$。此时，不考虑任何经典技术噪声的影响，可以得到时延变化项 Δu 的散粒噪声极限：

$$(\Delta u)_{SQL,BHD} = \frac{1}{2\sqrt{N}} \frac{1}{\sqrt{\omega_0^2 + \Delta\omega^2}} \tag{8.16}$$

式(8.16)与式(6.4)完全相同。同理，当信号光场 0 阶时域模式的正交相位和 1 阶时域模式的正交振幅均为压缩态时，为简化分析，假设压缩度相同，即 $\Delta\hat{Y}_0^2 = \Delta\hat{X}_1^2 = \mathrm{e}^{-r}$（$r > 1$ 为压缩因子），式(8.15)演化为

$$(\Delta u)_{SQL,BHD} = \frac{1}{2\sqrt{N}} \frac{\mathrm{e}^{-r}}{\sqrt{\omega_0^2 + \Delta\omega^2}} \tag{8.17}$$

8.2　量子光频梳的产生

与经典光频梳相比，量子光频梳拥有特殊的噪声特性，可以帮助实现突破量

子噪声极限的时间精确计量。众所周知，光学参量振荡器(optical parametric oscillator, OPO)是实验产生具有高质量压缩特性的非经典光源的最好方案之一。同步泵浦光学参量振荡器(synchronously pumped optical parametric oscillator, SPOPO)是制备量子光频梳的重要手段，相比于普通 OPO，SPOPO 也是通过非线性参量过程来实现脉冲光的量子压缩特性，不同的是，光在 SPOPO 谐振腔内通过所用的时间必须与信号光场脉冲间隔相同，这样当超短脉冲光在腔内循环一周后，恰好能与下一个注入谐振腔的脉冲光在输入耦合镜处相遇。或者说，只有让注入谐振腔的脉冲光信号在腔内循环一周所用时间恰好等同于飞秒激光器输出脉冲光的脉冲间隔，才能保证不同时刻达到谐振腔的脉冲光信号发生相干叠加，下一个脉冲光信号对上一个脉冲光信号进行放大，脉冲放大作用在 SPOPO 中持续进行，最终输出稳定的参量光。其特点是不仅保证了光频梳结构不被破坏，而且光频梳内的所有频率成分在 SPOPO 谐振腔内同时共振。本节首先介绍高压缩度量子压缩光场的产生直至量子光频梳的研究进展，其次详细介绍 SPOPO 对飞秒脉冲光噪声特性的影响的理论模型。

8.2.1　高压缩度量子压缩光场到量子光频梳的研究进展

基于二阶非线性效应的OPO是产生具有压缩(Wu et al.,1986)和纠缠(Ou et al.,1992)特性的连续变量非经典光源的最常用方法之一。由于非经典光源在高灵敏量子测量和量子信息等应用中已展现的优越性，人们不断努力优化量子下转换过程以期获得更大压缩度和纠缠度，如采用强泵浦源和谐振腔等方式增强非线性转换效率。由于参量转换是瞬态过程，非线性效应与泵浦光的瞬时功率成正比，锁模飞秒脉冲激光源是进行参量下转换的最佳泵浦光源。而且，由于飞秒脉冲光与非线性晶体的作用时间短，在高功率条件下大大降低了对晶体的热损伤。利用飞秒脉冲光单次穿过三阶非线性介质，如光纤，已获得高达–6.8dB 的压缩度(Dong et al., 2008)，然而，由于光纤中固有的瑞利散射和布里渊散射效应，破坏了输出光场的相干性。利用飞秒脉冲光单次穿过二阶非线性晶体也被用于产生高性能的压缩光场(Hirano et al., 2005)。获得理想的压缩特性要求泵浦光峰值功率趋近无穷大。为提高峰值功率而采用的Q调制及光放大手段都是以损失泵浦脉冲间的相干特性为代价的(Levenson et al., 1993)；此外，由于该过程产生的信号光受空间分布变形的影响，可达到的压缩度仅为–6dB，为突破该限制，需要使用共振腔或波导(La Porta et al., 1991)。另外，利用高精细度的共振腔在有限的泵浦功率下即可产生完美的量子特性，利用连续激光源泵浦处于高精细度谐振腔中的光学参量下转换晶体已经实现了高达–12dB 的振幅压缩度(Mehmet et al., 2011)。因此，在利用参量下转换产生量子光源的装置中，结合高峰值功率和谐振腔的优势变得极为有吸引力，该装置又称为同步抽运光学参量振荡器。泵浦光或(和)信号光在谐振腔内往返一周的时间应与飞秒光脉冲的重复频率一致，以保证多个泵浦脉冲的参量效应相干叠加，达到降低阈值功率的目的。这种 SPOPO 早被广泛用于产生可调谐的超短脉冲光源(McCarthy et al., 1993; Mak et al., 1992; Maker et al., 1990)，并且它们的时域特性也已被深入分析(McCarthy et al.,1993; Cheung et al., 1991, 1990; Becker et al., 1974)。然而，基于 SPOPO 产生具有量子特性的超短脉冲源的理论直到 2006 年才被提出(de Valcarcel et al., 2006)。根据理论研究，基于 SPOPO 产生的量子光频梳将获得高达−25dB 的压缩度(Patera et al., 2009)。2012 年，基于 SPOPO 技术的量子光频梳产生实验首次被报道(Pinel et al., 2012)，利用中心波长为 795nm、脉宽为 120fs 的钛宝石(Ti: Sapphire)锁模激光源的大部分倍频后与偏硼酸钡晶体(β-BaB$_2$O$_4$, BBO)非线性晶体相互作用，其中一小部分用作种子光，当 SPOPO 谐振腔工作在参量衰减条件时，实验获得了−1.2dB 的振幅压缩度。2013 年，山西大学也开展了类似的实验研究，当 SPOPO 运转在参量放大状态下，实验获得−2.6dB 的正交相位压缩光，测得的压缩度与理论值还有较大差距(刘洪雨等，2013)。中国科学院国家授时中心利用中心波长为 815nm 的锁模飞秒脉冲激光二次谐波为泵浦源，基于 SPOPO 实现了压缩真空态量子光频梳的产生(王少锋，2018)。在 1MHz 分析频率处压缩真空场的压缩度为 3dB，考虑到系统总损耗为 0.72，推测实际压缩度为 5.15dB(王少锋等，2018)；并且制备了用于精密时延测量的正交相位压缩量子光频梳。通过注入少量信号光和泵浦光相位锁定，使 SPOPO 工作在参量放大，同时锁定本底光相对相位到π/2，在 2MHz 分析频率处压缩度为 1.5dB(Wang et al., 2018)。压缩度的进一步提高还需要进行深入理论分析和实验优化来实现。

8.2.2　同步泵浦光学参量振荡器的理论模型

为了具体分析 SPOPO 对飞秒脉冲光噪声特性的影响，下面通过结合谐振腔的量子郎之万方程和输入输出关系具体分析了这一过程。该理论模型已有文献详细给出(Patera et al., 2009; de Valcarcel et al., 2006)，这里简述如下。图 8.3 所示为 SPOPO 理论模型。由图可见 I 型共线、近简并的 SPOPO 驻波谐振腔，腔长为 L，腔内晶体长度为 l。这里假设谐振腔对于入射的泵浦光场和信号光场双共振(通过在 SPOPO 内放置色散补偿晶体实现)。

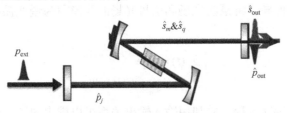

图 8.3　SPOPO 理论模型(刘洪雨等，2013)

假设泵浦光场和信号光场的中心频率分别为 $\omega_{p,0}$ 和 $\omega_{s,0}$，满足关系 $\omega_{p,0}=2\omega_{s,0}$，则其他共振腔模与中心频率之间的关系为 $\omega_{p,m}=\omega_{p,0}+m\Omega$，$\omega_{s,m}=\omega_{s,0}+m\Omega$。在海森堡表象下，信号光场和泵浦光场量子化后的算符分别表示为

$$\hat{E}_p(z,t)=\mathrm{i}\sum_m\xi_{p,m}[\hat{p}_m(t)\mathrm{e}^{\mathrm{i}k_{p,m}z}-\hat{p}_m^+(t)\mathrm{e}^{\mathrm{i}k_{p,m}z}] \tag{8.18}$$

$$\hat{E}_s(z,t)=\mathrm{i}\sum_m\xi_{s,m}[\hat{s}_m(t)\mathrm{e}^{\mathrm{i}k_{s,m}z}-\hat{s}_m^+(t)\mathrm{e}^{\mathrm{i}k_{s,m}z}] \tag{8.19}$$

$\xi_{s(p)}=\sqrt{\hbar\omega_{s(p)}/[\varepsilon_0 n(\omega_{s(p)})A_{s(p)}L]}$ 表示信号(泵浦)光的单光子量级振幅，$A_{s(p)}$ 为信号(泵浦)光场在非线性晶体中的横向光斑面积。由于非线性晶体中心位于光场的腰斑处，且光场的瑞利长度远大于晶体长度，可近似认为晶体长度范围内的光场为平行光场，$A_{s(p)}=\pi w_{s(p)}^2$，其中 $w_{s(p)}$ 为信号光(泵浦光)在晶体中心的腰斑半径。描述该参量下转换过程的相互作用哈密顿量可表示为

$$\mathcal{H}_I=A_I\int_{-l/2}^{+l/2}\mathrm{d}z[\hat{E}_p(z,t)\hat{P}_p(z,t)+\hat{E}_s(z,t)\hat{P}_s(z,t)] \tag{8.20}$$

式中，$\hat{P}_p(z,t)$ 和 $\hat{P}_s(z,t)$ 分别表示非线性晶体对泵浦光场和信号光场的非线性电极化强度；A_I 为信号光场和泵浦光场在横截面上的相互作用面积，$A_I=\left(\dfrac{2}{A_s}+\dfrac{1}{A_p}\right)^{-1}$。

旋波近似下，相互作用哈密顿量可表示为

$$\mathcal{H}_I=2\mathrm{i}A_I\varepsilon_0\chi l\sum_{m,q}\xi_{p,m+q}\xi_{s,m}\xi_{s,q}f_{m,q}\hat{p}_{m+q}(t)\hat{s}_m^+(t)\hat{s}_q^+(t)+\mathrm{H.c.} \tag{8.21}$$

式中，l 为晶体长度；A_I 为信号光场和泵浦光场在横截面上的相互作用面积；χ 是晶体的非线性磁化率；$\xi_{p,m}$ 和 $\xi_{s,m}$ 分别表示第 m 个频率模式对应的抽运脉冲和信号脉冲的振幅；$f_{m,q}$ 为泵浦光场模与两个下转换场模 m 和 q 之间的相位匹配系数，有

$$f_{m,q}=\frac{\sin\Phi_{m,q}}{\Phi_{m,q}},\Phi_{m,q}=\frac{l}{2}(k_{p,m+q}-k_{s,m}-k_{s,q}) \tag{8.22}$$

为简化公式推导，将泵浦光场和信号光场的腔模写为慢变振幅项和快变相位因子项的乘积：

$$\begin{cases}\hat{p}_m(t)=\hat{p}_m\mathrm{e}^{-\mathrm{i}(\omega_{p,0}+m\Omega)t}\\\hat{s}_m(t)=\hat{s}_m\mathrm{e}^{-\mathrm{i}(\omega_{s,0}+m\Omega)t}\end{cases} \tag{8.23}$$

应用海森堡运动方程，并利用输入输出关系可以推出内腔泵浦光场和信号光场腔模振幅的量子朗之万运动方程为

$$\frac{\mathrm{d}\hat{s}_m}{\mathrm{d}t} = -\gamma_{\mathrm{s}}\hat{s}_m + \sqrt{2\gamma_{\mathrm{s}}}\,\hat{s}_{\mathrm{in},m} + \kappa\sum_q f_{m+q,q}\hat{p}_{m+q}\hat{s}_q^+ \tag{8.24}$$

$$\frac{\mathrm{d}\hat{p}_j}{\mathrm{d}t} = -\gamma_{\mathrm{p}}\hat{p}_j + \sqrt{2\gamma_{\mathrm{p}}}\,\hat{p}_{\mathrm{in},j} - \frac{\kappa}{2}\sum_q f_{j,q}\hat{s}_q\hat{s}_{j-q} \tag{8.25}$$

式中，γ_{p} 和 γ_{s} 分别为 SPOPO 对泵浦光场和信号光场的损耗因子，这里假设所有信号光场模式具有相同的 γ_{s}，所有泵浦光场模式具有相同的 γ_{p}；$\kappa = \chi l \dfrac{A_{\mathrm{I}}}{A_{\mathrm{s}}\sqrt{A_{\mathrm{p}}}}\left(\dfrac{\omega_0}{n_0 L}\right)^{3/2}\sqrt{\dfrac{2\hbar}{\varepsilon_0}}$ 为相互作用常数。通常 SPOPO 谐振腔的输入/输出耦合镜引入的损耗较腔内其他损耗大很多，损耗因子可由谐振腔的透射率 $T_{\mathrm{s(p)}}$ 表示，$\gamma_{\mathrm{s(p)}} = cT_{\mathrm{s(p)}}/2L$。为简化计算，假设 $\xi_{\mathrm{s},m} = \xi_{\mathrm{s},0}$，非线性电极化的色散影响可忽略(当泵浦光场带宽较小时，即在 10nm 以下时成立)。下标 in 表征通过耦合镜进入 SPOPO 的腔外光场，通常，信号输入场为真空场($\hat{s}_{\mathrm{in},m} = 0$)，泵浦输入场为明亮相干光场($\hat{p}_{\mathrm{in},j} = p_{\mathrm{ext},j} = \sqrt{\dfrac{n_0 A_{\mathrm{p}} P}{2\hbar\omega_0}}\alpha_j$，其中 P 为泵浦光场的单位面积平均功率，α_j 为泵浦光场的归一化频谱函数)。下面对阈值以下 SPOPO 的信号光场和泵浦光场的运动方程进行推导。

8.2.3　SPOPO 的阈值及超模定义

首先，做算符线性化，即任意一个算符可写为其平均值和噪声的叠加，则信号光场和泵浦光场的算符有如下形式：

$$\begin{aligned}\hat{p}_j &= p_j + \delta\hat{p}_j, \quad \hat{s}_m = s_m + \delta\hat{s}_m,\\ \hat{p}_j^+ &= p_j^* + \delta\hat{p}_j^+, \quad \hat{s}_m^+ = s_m^* + \delta\hat{s}_m^+\end{aligned} \tag{8.26}$$

将式(8.25)代入式(8.23)和式(8.24)，得到平均值的分立方程：

$$\frac{\mathrm{d}s_m}{\mathrm{d}t} = -\gamma_{\mathrm{s}}s_m + \kappa\sum_q f_{m+q,q}p_{m+q}s_q^* \tag{8.27}$$

$$\frac{\mathrm{d}p_j}{\mathrm{d}t} = -\gamma_{\mathrm{p}}p_j + \sqrt{2\gamma_{\mathrm{p}}}\,p_{\mathrm{ext},j} - \frac{\kappa}{2}\sum_q f_{j,q}s_q s_{j-q} \tag{8.28}$$

对于阈值以下的 SPOPO，有 $s_m = 0$，将其代入式(8.28)，并进行稳态求解，可以得到 $p_j = \sqrt{2/\gamma_{\mathrm{p}}}\,p_{\mathrm{ext},j}$。定义归一化的泵浦率为 $\sigma = \sqrt{P/P_0}$，其中 $P_0 = \dfrac{\varepsilon_0 c^3 n_0^2 T_{\mathrm{s}}^2 T_{\mathrm{p}}}{16(\omega_0\chi l)^2}\left(\dfrac{A_{\mathrm{I}}}{A_{\mathrm{s}}}\right)^2$ 为连续波(continuous wave, CW)泵浦条件下普通 OPO 的振荡阈

值，式(8.27)可以化简为

$$\frac{\mathrm{d}s_m}{\mathrm{d}t} = -\gamma_\mathrm{s}\left(s_m - \sigma\sum_q \mathcal{L}_{m,q}s_q^*\right) \tag{8.29}$$

其中，$\mathcal{L}_{m,q} = f_{m+q,q}\alpha_{m+q}$ 表示第 m 个信号光场模和第 q 个信号光场模之间的耦合系数，由泵浦光场的频谱函数和晶体的相位匹配系数之积决定。假设 SPOPO 中通过参量下转换过程产生的信号光场纵模数量为 n，定义矢量 $\vec{s} = (s_0, s_1, \cdots, s_n)^\mathrm{T}$ 和 $\vec{s}^* = (s_0^*,\ s_1^*, \cdots, s_n^*)^\mathrm{T}$，联立 n 个满足式(8.29)的方程，可以得到

$$\frac{\mathrm{d}}{\mathrm{d}t}\begin{pmatrix}\vec{s}\\\vec{s}^*\end{pmatrix} = -\gamma_\mathrm{s}\left(\vec{I} - \sigma\vec{\mathcal{L}}\right)\begin{pmatrix}\vec{s}\\\vec{s}^*\end{pmatrix} \tag{8.30}$$

式中，$\vec{\mathcal{L}} = \begin{pmatrix}0 & \mathcal{L}\\\mathcal{L} & 0\end{pmatrix}$，$\mathcal{L}$ 为描述信号光场模之间耦合系数的 $n\times n$ 矩阵，其中元素由 $\mathcal{L}_{m,q}, m,q\in\{1,n\}$ 构成。对于一般的飞秒激光而言，纵模数量 n 达到 $10^4\sim 10^5$ 量级，求解 n 元 1 次方程组的过程极为庞大复杂，但数学上可以对 $\mathcal{L}$ 进行对角化，求出它的本征值 Λ_k 和本征矢量 $\vec{\mathcal{L}}_k$，从而大大简化方程组的求解。为实现对角化，假设式(8.29)的本征解为 $s_m = \sum_k S_{k,m}\mathrm{e}^{\lambda_k t}$，代入式(8.29)得到

$$\lambda_k S_{k,m} = -\gamma_\mathrm{s}S_{k,m} + \gamma_\mathrm{s}\sigma\sum_q \mathcal{L}_{m,q}S_{k,q}^* \tag{8.31}$$

由于 $\vec{\mathcal{L}}$ 为自共轭矩阵，有 $\Lambda_k L_{k,m} = \sum_q \mathcal{L}_{m,q}L_{k,q}$。对式(8.31)求解，最终得到两组本征解，即 $\vec{S}_k^{(+)} = \vec{L}_k$，$\vec{S}_k^{(-)} = i\vec{L}_k$，其中 $\vec{L}_k$ 为耦合矩阵 $\vec{\mathcal{L}}$ 的第 k 个本征矢量，对应的本征值为 $\lambda_k^{(\pm)}$。$S = (\vec{S}_1, \vec{S}_2, \cdots, \vec{S}_{n'})^\mathrm{T}$ 为 SPOPO 产生的这些纵模对应的对角化后的新的完备基矢，n' 为基矢变换后不为零的本征值数量。这个完备基矢叫作"超模基矢"，$\vec{S}_k$ 为第 k 阶"超模"，矢量中各元素对应该超模在不同频率(波长)处的振幅，呈连续分布，可以用式(8.2)所示的厄米-高斯函数的傅里叶变换形式描述，类似于激光的不同空间模式，即 TEM$_{00}$、TEM$_{01}$、TEM$_{02}$ 等。假定 $\Lambda_0 \geqslant |\Lambda_k|$，$\lambda_0^{(+)}$ 是最大本征值，$\lambda_0^{(+)} = 0$ 对应 SPOPO 的振荡阈值 $P_\mathrm{thr} = P_0/\Lambda_0^2$。定义归一化的振幅泵浦率 $r = \sqrt{P/P_\mathrm{thr}}$，则 $\lambda_k^{(\pm)} = \gamma_\mathrm{s}\left(-1 \pm r\dfrac{\Lambda_k}{\Lambda_0}\right)$。

8.2.4　阈值以下 SPOPO 的量子起伏特性

在超模的形式下，SPOPO 就变成了上百个独立的、单模简并 OPO，每一个

OPO 是一个压缩器，都会产生正交压缩态。当 SPOPO 工作在阈值以下时，该系统的相互作用哈密顿量可表示为

$$\mathcal{H}_I = \sum_k i\hbar\gamma_s \sigma \Lambda_k (\hat{S}_k^+)^2 + \text{H.c.} \tag{8.32}$$

式中，k 表示超模中的第 k 个模式；$\hat{S}_k^+$ 表示内腔第 k 个超模的产生算符。根据海森堡运动方程，SPOPO 内超模的量子朗之万运动方程为

$$\frac{\mathrm{d}}{\mathrm{d}t}\hat{S}_k = -\gamma_s \hat{S}_k + \gamma_s \sigma \Lambda_k \hat{S}_k^+ + \sqrt{2\gamma_s}\hat{S}_{\text{in},k} \tag{8.33}$$

式中，γ_s 是腔内信号光场的总损耗；$\hat{S}_{\text{in},k}$ 为输入信号光场的湮灭算符，信号光场正交振幅分量和正交相位分量分别定义为

$$\begin{cases} \hat{S}_k^{(+)} = \hat{S}_k + \hat{S}_k^+ \\ \hat{S}_k^{(-)} = -i(\hat{S}_k - \hat{S}_k^+) \end{cases} \tag{8.34}$$

对正交分量的量子朗之万方程可以写为

$$\frac{\mathrm{d}\hat{S}_k^{(\pm)}}{\mathrm{d}t} = -\lambda_k^{(\pm)}\hat{S}_k^{(\pm)} + \sqrt{2\gamma_s}\hat{S}_{\text{in},k}^{(\pm)} \tag{8.35}$$

对于阈值以下情形，$\hat{S}_k^{(\pm)} = \delta\hat{S}_k^{(\pm)}$。对式(8.35)进行傅里叶变换，可以得到：

$$i\omega\hat{S}_k^{(\pm)}(\omega) = -\lambda_k^{(\pm)}\hat{S}_k^{(\pm)}(\omega) + \sqrt{2\gamma_s}\hat{S}_{\text{in},k}^{(\pm)}(\omega) \tag{8.36}$$

利用光场输入输出关系 $\hat{S}_{\text{out},k}(\omega) = -\hat{S}_{\text{in},k}(\omega) + \sqrt{2\gamma_s}\hat{S}_k(\omega)$，SPOPO 输出的各超模正交分量满足的关系式为

$$\begin{cases} \hat{S}_{\text{out},k}^{(\pm)}(\omega) = -\vartheta_k^{(\pm)}(\omega)\hat{S}_{\text{in},k}^{(\pm)}(\omega) \\ \vartheta_k^{(\pm)}(\omega) = \dfrac{\gamma_s\left(1 \pm r\dfrac{\Lambda_k}{\Lambda_0}\right) - i\omega}{\gamma_s\left(1 \pm r\dfrac{\Lambda_k}{\Lambda_0}\right) + i\omega} \end{cases} \tag{8.37}$$

由于注入信号光场为真空态光场，即 $\Delta^2\hat{S}_{\text{in},k}(\omega) = 1$，得到输出信号光场的噪声谱为

$$\begin{cases} \Delta^2\hat{S}_{\text{out},k}^{(+)}(\omega) = \left|\vartheta_k^{(+)}(\omega)\right|^2 = \dfrac{\left[\gamma_s\left(1 - r\dfrac{\Lambda_k}{\Lambda_0}\right)\right]^2 - \omega^2}{\left[\gamma_s\left(1 - r\dfrac{\Lambda_k}{\Lambda_0}\right)\right]^2 + \omega^2} \\ \Delta^2\hat{S}_{\text{out},k}^{(-)}(\omega) = \Delta^2\hat{S}_{\text{out},k}^{(+)}(\omega) \end{cases} \tag{8.38}$$

对于不同阶的超模，A_k 正负交替出现，因此相邻的模式属于不同的正交分量压缩态。同时，式(8.38)表明，随着分析频率的增大，光场的压缩度逐渐降低，因此信号光场的压缩理论上在零频处为最大。就泵浦光场强度而言，在近阈值 $r=1$ 获得较大压缩度。随着 k 的增大，非线性耦合系数 $|A_k|$ 逐渐减小，因此压缩度减小，通常 $k>100$ 的模式不再有压缩。

前面讨论了双共振即驻波腔条件下，SPOPO 输出信号光场的精度和量子特性。在只有信号光场共振或环形腔条件下，上述结果依然成立，唯一区别是单模阈值功率 P_0 不同。关于压缩超模的数量及各超模的压缩度与晶体长度间关系的详细分析参见 Patera 等(2009)文献。

8.3   本底参考脉冲光场的脉冲整形

在量子优化的时间同步实验系统中，本底参考脉冲激光的高保真度脉冲一阶微分整形是实现高灵敏时延测量的关键之一。Jian 等(2012)进一步指出，若飞行脉冲在大气环境中传播，对其进行平衡零拍探测时，利用零阶高斯脉冲和高斯脉冲二阶电场包络微分的组合作为参考脉冲，可以使测量灵敏度免受如湿度、压强、温度等大气参数变化的影响。上述高精度的时延测量方法在探测中均用到了时域微分脉冲，因此对本底参考脉冲进行精确时域微分整形的能力决定了目前量子优化时间传递技术可达到的精度。除了在高精度时间同步领域中的应用，脉冲微分技术还被广泛应用于超快计算、超高比特率远程通信等诸多领域。本节首先介绍脉冲微分技术研究进展，其次详细介绍基于双折射晶体的脉冲微分整形技术原理和基于 4-f 脉冲整形器的脉冲微分原理。

8.3.1   脉冲微分技术研究进展

目前，已有的脉冲微分技术主要包括基于光学横向滤波器(Liao et al., 2015; Ngo et al., 2004)、基于光纤光栅 (Preciado et al., 2008; Berger et al., 2007; Kulishov et al., 2005)和基于相消干涉的脉冲微分技术(Labroille et al., 2013; Park et al., 2007)。基于光纤光栅的脉冲微分器及基于光学横向滤波器的脉冲微分器都有着设备小巧，易于集成的优点，在用于超快计算的光器件等领域有着广泛的应用前景。此外，基于声光可编程色散滤波器也被用于实现超短脉冲的任意相位和振幅整形(Ohno et al., 2002; Verluise et al., 2000)。Sato 等(2002)提出了仅利用一根单模光纤实现超短脉冲的任意振幅和相位整形的自适应脉冲整形方法，验证了通过控制输入脉冲的频谱以补偿光纤传播引入的群延迟色散和自相位调制，各种对脉冲波包的时间微分可以在光纤输出端产生。然而，受器件固有的特性限制，上述方法只适用于有限的峰值功率(Preciado et al.,2008; Park et al., 2007; Li et al., 2002)。基于相消干涉的脉冲微分器的优势在于对输入脉冲的能量和光谱宽度没有限制，同一套脉冲微分器能够对任意的输入脉冲进行微分操作。2007 年，在 Park 等提出的利用干涉仪对脉冲进行一阶时域微分操作的基础上，2013 年，法国 Labroille 等对脉冲微分技术进行了改进，提出利用双折射晶体来代替两臂干涉仪，利用在双折射晶体中对 o 光和 e 光引入不同的时延来使二者发生相消干涉从而得到时域微分脉冲。此方法的实验装置与 Park 等(2007)的方法相比有了较大简化，也更容易精确地调整两路干涉脉冲之间的时间延迟，应用前景更广泛。但是由于相消干涉作用的存在，基于该方法的脉冲微分器能量转换效率低，限制了其实际应用。

1983 年，Froehly 等提出在光栅对之间放入一对焦距相同的透镜，并在两个透镜之间放入一个固定的掩膜来对皮秒脉冲进行整形。由于系统中各元件的距离均等于焦距 f，该系统被称为 4-f 系统。Weiner 等(1988)最早提出将上述 4-f 系统中的固定掩膜替换为液晶空间光调制器(liquid crystal spatial light modulator, LC-SLM)，对飞秒脉冲各光谱成分进行精确振幅和相位调制，能够得到任意形状的时域脉冲输出(Weiner, 2011, 2010; Wilson et al., 2007; Reitze et al., 1992)。该方法被广泛应用于脉冲的编解码(Weiner et al., 1988b)、分子动量的操控(Weiner et al., 1990)以及微纳光学系统(褚赛赛等, 2016)等领域中。2017 年，中国科学院国家授时中心研究团队采用 4-f 脉冲整形系统进行脉冲时域微分的工作(Zhou et al., 2017)。该团队基于 4-f 脉冲整形系统对脉冲的频域进行振幅和相位调制，实现了脉冲的时域微分，得到一阶电场微分脉冲的能量转换效率为 72.12%，一阶和二阶电场包络微分脉冲的能量转换效率分别为 11.10% 和 3.53%，电场保真度分别为99.53%、98.37% 和 97.32% (Zhou et al., 2017)。相比于目前的脉冲微分方法，该方法具有可承受的输入能量高且微分脉冲能量转换效率高的特点，可以产生较高功率的微分脉冲(周聪华等, 2017)。

8.3.2　基于双折射晶体的脉冲微分整形技术原理

研究表明，利用双折射晶体实现的脉冲整形具有实现简单、不受带宽限制等优点，目前已实现了近乎理想的一阶微分整形。对超短脉冲的一阶时域微分主要是基于光束经过双折射晶体后的相消干涉效应，基本原理如下：考虑脉冲的复电场可写为 $E(t) = A(t)\exp(-\mathrm{i}\omega_0 t)$，其中 $A(t)$ 为电场包络，ω_0 为脉冲中心频率。它的一阶电场微分和一阶电场包络微分可以表示为

$$E_1(t) = T_1 \frac{\mathrm{d}}{\mathrm{d}t} E(t) \tag{8.39}$$

$$E_{e1}(t) = T_2 \frac{\mathrm{d}}{\mathrm{d}t} A(t)\exp(-\mathrm{i}\omega_0 t) \tag{8.40}$$

式中，下标 e 表示对电场包络的微分操作；T_1 和 T_2 为时间常数。二者的频域表达式为

$$E_1(\omega) = -\mathrm{i}\omega T_1 E(\omega) \tag{8.41}$$

$$E_2(\omega) = -\mathrm{i}(\omega - \omega_0)T_2 E(\omega) \tag{8.42}$$

这样的微分脉冲可以通过频率响应分别为 $R_1(\omega) = -\mathrm{i}\omega T_1$ 和 $R_2(\omega) = -\mathrm{i}(\omega - \omega_0)T_2$ 的线性滤波器来实现，时间常数 T_1 和 T_2 将影响微分脉冲的能量转换效率。

图 8.4 所示为基于双折射晶体的飞秒光脉冲整形的实验方案示意图。假设输入脉冲为线偏振，经过半波片(half-wave plate, HWP)旋转，可使其电场偏振方向沿着 $\vec{x}$ 轴；入射在双折射晶体[如索累-巴比涅补偿器(Soleil-Babinet compensator, SBC)]的脉冲光被分成大小相等、偏振相互垂直的两束光。

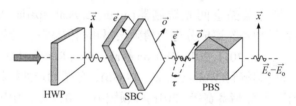

图 8.4　基于双折射晶体的飞秒光脉冲整形的实验方案示意图(Labroille et al.,2013)

这两束光分别沿双折射材料的寻常光轴($\vec{o}$)与非常光轴($\vec{e}$)传播。输入脉冲可以表示为 $\vec{E}_0(t) = E_0(t)\vec{x} = E_0(t)/\sqrt{2}\vec{o} + E_0(t)/\sqrt{2}\vec{e}$，在经过了厚度为 L 的 SBC 后，透射脉冲的电场可以表示为

$$\vec{E}'(\omega) = \frac{E_0(\omega)}{\sqrt{2}}\left\{\exp[\mathrm{i}k_o(\omega)L]\vec{o} + \exp[\mathrm{i}k_e(\omega)L]\vec{e}\right\} \tag{8.43}$$

该电场投影至 $\vec{x}$ 与 $\vec{y}$ 构成的坐标轴上，式(8.41)可写为

$$\vec{E}'(\omega) = E_0(\omega)\exp[\mathrm{i}\varphi(\omega)]\left\{\cos\left[\frac{\delta k(\omega)L}{2}\right]\vec{x} + \mathrm{i}\sin\left[\frac{\delta k(\omega)L}{2}\right]\vec{y}\right\} \tag{8.44}$$

式中，$\delta k(\omega) = k_e(\omega) - k_o(\omega)$；$\varphi(\omega) = [k_e(\omega) + k_o(\omega)]L/2$。假设 SBC 的厚度足够小，以至于 $\delta k(\omega)L$ 总是远小于 $\pi/2$，这样便能对式(8.42)进行一阶展开，得到：

$$\vec{E}'(\omega) = E_0(\omega)\exp[\mathrm{i}\varphi(\omega)]\left[\vec{x} + \mathrm{i}\frac{\delta k(\omega)L}{2}\vec{y}\right] \tag{8.45}$$

将 $\delta k(\omega)$ 在中心频率处展开，可写为

$$\delta k(\omega) = \delta k(\omega_0) + (\omega - \omega_0)\delta k'(\omega_0) = (\omega - \omega_1)\delta k'(\omega_0)$$

其中，

$$\omega_1 = \omega_0 - \frac{\delta k(\omega_0)}{\delta k'(\omega_0)} = \frac{\delta n_g(\omega_0) - \delta n(\omega_0)}{\delta n_g(\omega_0)} \omega_0 \tag{8.46}$$

式中，$\delta n(\omega_0)$ 和 $\delta n_g(\omega_0)$ 分别为双折射晶体中寻常光轴$(\bar{o})$与非常光轴$(\bar{e})$的折射率和一阶折射率之差。通常 $\omega_1 \ll \omega_0$，可以近似忽略，则式(8.43)可以写成：

$$\vec{E}'(\omega) = E_0(\omega)\exp[\mathrm{i}\varphi(\omega)]\left[\vec{x} + \mathrm{i}\frac{\omega\delta k'(\omega_0)L}{2}\vec{y}\right] \tag{8.47}$$

利用检偏器或偏振分束器将沿着$\bar{y}$方向偏振的光分离出来，得到脉冲的电场表达式为

$$\vec{E}'_y(\omega) = \mathrm{i}\frac{\omega\delta k'(\omega_0)L}{2}E_0(\omega)\exp[\mathrm{i}\varphi(\omega)]\vec{y} \tag{8.48}$$

式(8.48)具有式(8.39)的形式，即得到了脉冲电场的一阶微分。为了产生脉冲包络的一阶微分，可令两脉冲间的光程差为中心波长的整数倍，即 $\delta k(\omega_0)L/2 = n\pi, n \in \mathrm{Integer}$，式(8.45)可以写成：

$$\vec{E}'(\omega) = (-1)^n E_0(\omega)\exp[\mathrm{i}\varphi(\omega)]\left[\vec{x} + \mathrm{i}(\omega - \omega_0)\frac{\delta k'(\omega_0)L}{2}\vec{y}\right] \tag{8.49}$$

同样利用检偏器将沿着$\bar{y}$方向偏振的光分离出来，所得到脉冲的电场表达式为

$$\vec{E}'_y(\omega) = (-1)^n \mathrm{i}(\omega - \omega_0)\delta k'(\omega_0)\frac{L}{2}E_0(\omega)\exp[\mathrm{i}\varphi(\omega)]\vec{y} \tag{8.50}$$

式(8.50)具有式(8.40)的形式，表明得到了脉冲电场包络的一阶微分。对应的 $R_2(\omega) = -\mathrm{i}(\omega - \omega_0)T_2$，其中 $T_2 = \delta k'(\omega_0)\frac{L}{2}$。因此，通过调节 SBC 的厚度可以实现对传递函数的精确调节，以达到有效的一阶时域脉冲整形模式。经过整形后的脉冲模式送入傅里叶变换干涉测量系统检测光谱相位，配合积分球及光谱分析仪测量光谱振幅，可实现对脉冲模式的测量。

8.3.3 基于 4-*f* 脉冲整形器的脉冲微分原理

8.3.2 小节介绍了利用双折射晶体实现脉冲整形，本小节介绍脉冲整形的另一种方法是采用 4-*f* 脉冲整形系统。4-*f* 脉冲整形器的主要功能是对输入脉冲的频谱进行相应振幅和相位调制从而得到所需要的特定形状的输出脉冲，它的作用等同于一个线性滤波器。脉冲整形器的线性滤波过程分别在时域和频域中的描述如图 8.5 所示(Weiner, 1995)。假设输入是一个傅里叶变换极限的脉冲，那么脉冲的时域和频域有着一一对应关系，结合输出脉冲的光谱及电场相位，就能确定它的

时域形状。脉冲整形器在时域内的脉冲响应函数为 $h(t)$，滤波器的输出 $e_{\text{out}}(t)$ 可以表示为输入脉冲 $e_{\text{in}}(t)$ 与响应函数 $h(t)$ 之间的卷积：

$$e_{\text{out}}(t) = e_{\text{in}}(t) * h(t) = \int \mathrm{d}t' e_{\text{in}}(t') h(t-t') \tag{8.51}$$

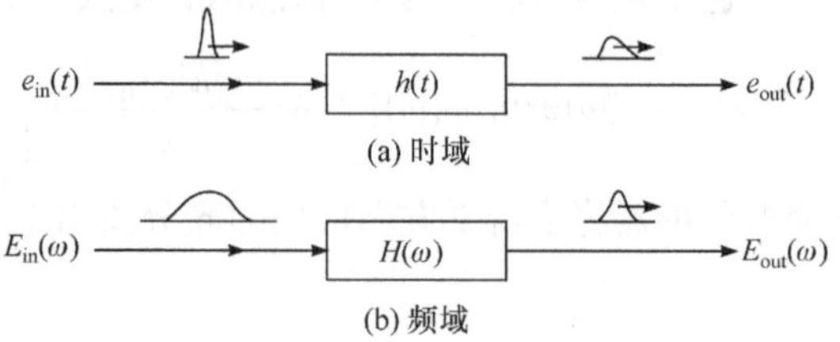

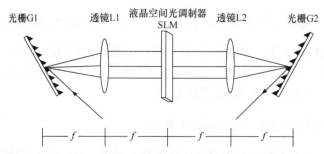

图 8.5　脉冲整形器的线性滤波过程分别在时域(a)和频域(b)中的描述(Weiner, 1995)

在频域内，脉冲整形器的作用可以用频率响应函数 $H(\omega)$ 来表征。脉冲整形器的输出 $E_{\text{out}}(\omega)$ 是输入信号 $E_{\text{in}}(\omega)$ 与其频率响应函数 $H(\omega)$ 的乘积：

$$E_{\text{out}}(\omega) = E_{\text{in}}(\omega) H(\omega) \tag{8.52}$$

式(8.51)和式(8.52)中，$e_{\text{in}}(t)$、$e_{\text{out}}(t)$、$h(t)$ 与 $E_{\text{in}}(\omega)$、$E_{\text{out}}(\omega)$、$H(\omega)$ 互为傅里叶变换的关系。由于傅里叶变换关系的存在，产生特定形状的输出脉冲往往可以通过使用具有特定频率响应的线性滤波器来实现。线性滤波器的作用主要是对输入脉冲的光谱进行调制，使调制后的光谱变成所需要的形状。

图 8.6 为一个基于液晶空间光调制器的 4-f 结构脉冲整形器示意图。该装置由一个液晶空间光调制器、按照 4-f 结构放置的一对衍射光栅和傅里叶变换透镜组成(Weiner et al., 1988a)。

图 8.6　基于液晶空间光调制器的 4-f 结构脉冲整形器示意图(Weiner et al., 1988a)

输入脉冲中不同的频率成分被入射光栅以不同的角度衍射，经过入射透镜准直后入射到振幅与相位调制掩膜上，不同的频率成分对应掩膜不同的位置，在确定了每一频率成分在掩膜的具体位置后，便能通过掩膜分别对其进行调制，得到所需要的光谱。输出透镜和光栅将在空间上散开的光谱成分重新合束后就能得到所需特定形状的脉冲。

这一脉冲整形系统能够良好工作的关键因素是要保证未经调制的输出脉冲与输入脉冲完全相同,因此光栅和透镜必须严格按照零色散的 $4\text{-}f$ 结构来放置。两个透镜之间的距离是 $2f$,构成了一个单位放大镜系统;两个光栅分别位于输入、输出透镜的前后傅里叶变换平面上,二者距离为 $4f$。在这种配置下,输入透镜在输入光栅平面和掩膜平面之间进行了空间傅里叶变换,输出透镜在掩膜和输出光栅之间进行了空间傅里叶变换。两次连续的傅里叶变换过程可以保证在未加脉冲整形掩膜的情况下,输出脉冲在经过该系统后仍然保持不变。

需要注意的是,上述零色散条件是基于几个近似条件的,如透镜厚度很小并且没有像差,光栅的光谱响应是平坦的,以及在脉冲穿过系统中的透镜等光学元件时的色散很小,以至可以忽略。当输入脉冲的宽度小于 30fs 时,由透镜引入的像差和色散将无法被忽略,输出脉冲将会有明显展宽,影响系统的正常工作。此时可以将透镜替换为球面镜,这样就能很好地规避透镜色散与像差的影响。实验中,为了节省空间,方便调节,可采用反射式的 $4\text{-}f$ 结构。

依据透镜的傅里叶变换手段,将本地飞秒脉冲的时域信息变换到空间频域中,再经空间滤波或光谱调制后还原到时域中,从而实现脉冲整形和控制。液晶空间光调制器由许多像素构成,利用电光效应原理,通过改变加在每个像素上的电压,控制液晶分子的偏转角度,可实现振幅或相位调制。目前,$4\text{-}f$ 结构的脉冲整形系统已发展为成熟的商用产品,易于调节,但由于其系统庞大,且较为昂贵,可实现的整形保真度受限于液晶空间光调制器的像素。因此,在实际应用中,需要根据具体情况比较两种脉冲整形方案,从而选取最佳手段。

8.4　载波包络相位噪声的抑制技术

8.1 节阐述了在没有额外的经典技术噪声条件下,该时延测量精度的散粒噪声极限和压缩条件下的理论噪声极限。然而,通常情况下,飞秒光频梳不可避免地具有额外的经典技术噪声。此时,基于平衡零拍探测技术可达到的最小时延测量精度如式(8.16)所示,其中,$\Delta\hat{Y}_0^2$ 表示 0 阶时域模式的正交相位噪声,也即飞秒光脉冲的载波包络相位噪声;$\Delta\hat{X}_1^2$ 表征 1 阶时域模式的正交振幅噪声,对应飞行时间(TOF)测量,也即重复频率的抖动噪声。这一理论结果可以用实验可测量的单边带(single sideband, SSB)噪声功率谱密度(power spectral density, PSD)来表示(Schmeissner et al., 2014)。

$$\Delta\hat{Y}_0^2(f) = \frac{S_{P_\text{ceo}}(f)}{S_\text{SQL}}, \Delta\hat{X}_1^2(f) = \frac{S_{Q_\text{rep}}(f)}{S_\text{SQL}} \tag{8.53}$$

式中，S_{SQL} 表示 PSD 的散粒噪声极限，$S_{SQL} = 2h\omega_0/(2\pi P)$，其中 P 为脉冲光场的平均功率。通常情况下相位噪声远大于振幅噪声，且实验研究表明，自由运转条件下飞秒脉冲光场的载波包络相位噪声比脉冲光场的重复频率噪声大60dB 以上，因此载波包络相位噪声抑制是实现量子优化的时间同步中关键技术之一(Schmeissner et al., 2014; Xu et al., 1996)。针对飞秒脉冲载波包络相位的抑制，主要基于载波包络相位锁定技术。该项研究从 20 世纪初刚实现光频梳时就受到了人们的重视，这也是光频梳实现的关键技术之一，并因此成为 2005 年诺贝尔物理学奖的重要技术组成内容。进一步地，对于载波包络相位锁定的飞秒光脉冲，法国研究小组还提出了可利用一个置于低真空环境中的宽带被动光学谐振腔对剩余的相位噪声进行过滤，从而实现散粒噪声极限的载波相位噪声(Schmeissner et al., 2014)。本节将对最常用的载波包络相位锁定技术和额外载波相位噪声抑制技术进行简述。

8.4.1　飞秒脉冲激光源的载波包络相位锁定技术

飞秒脉冲激光源的载波包络相位锁定技术从最初的利用脉冲相干直接探测相位锁定(Xu et al., 1996)，到后来利用相移引起频域上的频率漂移值来进行相位锁定技术的提出(Telle et al., 1999)，从频率后向反馈控制技术(Jones et al., 2000)到前向反馈技术的提出(Koke et al., 2010)，飞秒脉冲载波包络相移(carrier envelop offset, CEO)锁定的精度越来越高，对噪声抑制的水平也越来越高。本小节以中国科学院国家授时中心搭建的 815nm 百飞秒脉冲激光源的载波包络相位锁定实验系统为例，简要介绍基于频率后向反馈控制技术的飞秒激光脉冲载波包络相位锁定技术。

图 8.7 为基于 f-$2f$ 自参考法的 CEO 测量与锁定实验装置图，所用的钛宝石飞秒激光振荡器直接输出中心波长为 815nm、光谱半高宽约 6nm 的百飞秒激光脉冲序列。由于激光光谱宽度通常远小于一个倍频程(通常要求达到 500nm 的光谱宽度)，首先需要拓宽光谱，通常采用光子晶体光纤(photonic crystal fiber, PCF)来产生超连续光谱(super continuum, SC)。飞秒脉冲进入 PCF 后，由于自相位调制、四波混频、拉曼频移和自陡峭等非线性效应的共同作用，产生非常宽的超连续光谱。PCF 输出光随后通过一个截止波长为 700nm 的双色镜分成两路，短波长部分被反射，长波长部分被透射。长波长部分经透镜聚焦后与一块角度匹配的 BBO 晶体发生倍频作用，产生的倍频光经调节与短波长部分在时间和空间重合后干涉，该干涉装置又称为 f-$2f$ 干涉仪。为了提高拍频信号的信噪比，通常采用光栅与小孔光阑组合以滤除杂散光，最终选出某一个波长成分进入雪崩二极管(avalanche photo diode, APD)进行拍频探测。探测到的信号即 f_{ceo}，利用功率分束器(power splitter),分出的一部分用于环内测量,另一部分经过 PLL 反馈误差信号至 AOM,通过 AOM 的调制作用改变钛宝石激光器的泵浦光功率,从而实现对 f_{ceo} 的锁定和控制。CEO 信号的质量对后续可获得的锁定精度具有重要的影响,通常要求其信噪比达到 40dB 以上。

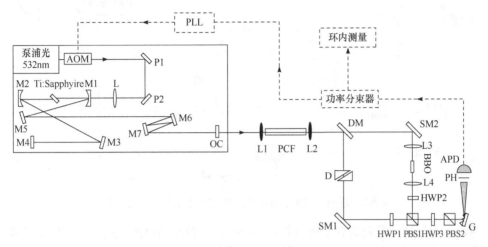

图 8.7　基于 f-$2f$ 自参考法的 CEO 测量与锁定实验装置图

8.4.2　超短脉冲额外载波相位噪声抑制技术

虽然现有 CEO 锁定系统具有较好的噪声抑制能力,但是受到锁定系统中电路和反馈元件响应速度的限制,其控制带宽一般只有 50kHz 左右,要想对 CEO 高频段的噪声进行抑制则需要采取其他的措施。共振无源腔相当于一个低通滤波器,可以有效地过滤激光高频的强度和相位噪声(Schmeissner et al., 2014; Hald et al., 2005)。对于载波包络相位锁定的飞秒脉冲,本小节以中国科学院国家授时中心设计搭建的低色散于宽带共振无源腔为例进行介绍(项晓等, 2016)。由于其自由光谱区须与飞秒激光源的重复频率相同,针对重复频率为 75MHz 的飞秒激光源,该无源腔总腔长为 4m。为实现较紧凑的结构,采用了由六个反射镜构成的环形腔结构,该谐振腔的几何结构如图 8.8 中虚框内所示。腔长采用 PDH 稳频技术实现锁定。利用被动光学谐振腔过滤 CEO 相位噪声的原理图如图 8.8 所示。其主要结构包括三个部分:首先,载波包络相位锁定的飞秒脉冲激光器作为光源,输出脉冲序列;其次是一个被动的、阻抗匹配的谐振腔,放置在类似 MZ 干涉仪的一臂,用来过滤激光的相位噪声;最后是平衡零拍探测系统,用来探测经过和未经过被动腔过滤的相位噪声。

共振无源腔对激光强度和相位的过滤作用可以通过两镜驻波腔的简化模型对飞秒脉冲单一梳齿频率的噪声转化模型进行分析获得,这里不再赘述。值得注意

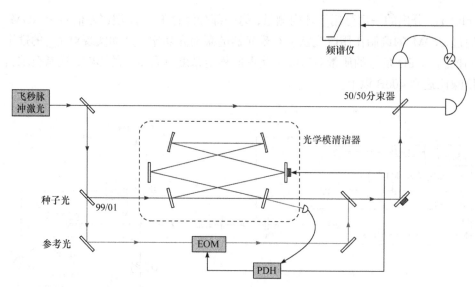

图 8.8　利用被动光学谐振腔过滤 CEO 相位噪声的原理图

的是，用于过滤多余的载波包络相移噪声的宽带被动锁模谐振腔，需采用零色散反射腔镜，以避免对进入腔内的脉冲波包的色散展宽。然而，理想的零色散反射腔镜是不存在的，需要通过调节大气色散来进行补偿。因此，实际情况下，该被动锁模谐振腔需放置于真空度可调节的低真空室，通过调节室内真空度来实现色散补偿。

第9章 结　　语

高精度时间频率是国家的战略资源，直接关系国家安全和社会发展。时间频率已经成为一个国家科技、经济、军事和社会生活中至关重要的参量，不仅广泛应用于导航定位、信息网络、空间飞行器测控、天文观测、大地测量等各个领域，还带动其他基本物理量定义、物理常数测量和物理定律检验精度的不断提高，在基础科学、工程技术和国防安全等领域发挥着越来越重要的作用。高精度时间频率技术和研发能力，是国家时间频率体系的基础。

时间与频率信号的传递是时间频率系统的重要组成部分。目前，TAI 的建立依赖于世界各地主要实验室原子钟之间的远程时间频率比对。当未来时间单位"秒"定义通过光钟来实现时，将需要更高性能的远距离时间频率传递手段。在基础科研领域，基本物理常数不变性检验、引力红移测量、爱因斯坦等效性原理检验等均需要在各实验室间进行高精度时间频率传递；一些大型科研设施，如大型粒子加速器、X 射线自由电子激光器、甚长基线干涉仪和射电天文相控阵天线等，需要在不同节点间进行高精度时间同步和频率传递；此外，包括导航定位在内的高技术应用领域也对现有时间频率传递技术提出了更高需求。鉴于此，提高时间频率传递和测距精度始终是科学家们关注的重大问题之一。

由于激光信号具有更高载波频率和带宽等优点，基于激光的高精度时间频率传递技术成为大幅提高现有时间频率传递精度的新一代技术，正在快速蓬勃发展。伴随光纤通信网络大范围普及，光纤时间频率传递技术飞速发展，成为高精度时间频率传递的主要研究方向，也是目前传递精度最高的授时手段之一。目前，光纤时间频率传递技术正朝着超远距离、超高精度网络化发展，将实现与卫星授时系统相对独立，精度高于现有任何授时手段的地基授时技术。利用激光脉冲也已实现星地间的高精度时间传递，准确度达到 100ps，天稳定度达到 10ps。由于其在频域的高相干性和时域的短脉冲特性，飞秒光频梳不仅在精密光谱学、时间频率计量等领域发挥着重要应用，还在高精度距离测量和时间频率传递等方面展现出了优势。量子时间同步技术利用具有频率纠缠特性的量子光脉冲及量子符合探测技术，将使现有时间同步精度突破经典散粒噪声极限；同时还能有效规避经典时间同步系统中固有的额外时延噪声，大幅提高同步精度。量子脉冲的频率纠缠所具有的非局域色散特性，还可用于消除传输介质色散对同步精度的不利影响。此外，频率纠缠双光子具有的量子特性——单光子传输的不定时性和双光子的强时间关联性——满足了物理层传递安全性的必要条件，进一步与量子保密通信技术相结合，即可保证安全的时间同步。因此，基于频率纠缠光源的量子时间同步技术将有望成为大幅提升授时精度，保障授时安全性的新一代时间同步技术。另外，基于平衡零拍探测和飞秒光频梳的量子优化时间传递技术可实现超高灵敏度的时延测量；通过调控平衡零拍探测系统中的本振光，还可使时延测量精度免受传输路径中温度、压强、湿度、色散等因素的影响，这些优势使得该技术研究具有巨大的应用潜力。

参 考 文 献

曹群, 2017. 基于光纤的光学频率比对与传递研究[D]. 西安: 中国科学院国家授时中心.

曹群, 邓雪, 臧琦, 等, 2017. 基于本地测量的双向光学相位比对方法[J]. 中国激光, 44(5): 152-157.

常乐, 董毅, 孙东宁, 等, 2012. 光纤稳相微波频率传输中相干瑞利噪声的影响与抑制[J]. 光学学报, 32(5): 0506004-1-0506004-6.

陈法喜, 赵侃, 周旭, 等, 2017. 长距离多站点高精度光纤时间同步[J]. 物理学报, 66(20): 200701-1-200701-9.

褚赛赛, 李洪云, 王树峰, 等, 2016. 激光脉冲整形在微纳光学系统中的应用研究进展[J]. 光学学报, 36(10): 343-353.

丛爽, 陈鼎, 宋媛媛, 等, 2018. 一种基于三颗量子卫星的定位与导航方法与系统[P]. 中国: CN108254760A.

邓雪, 2020. 高精度光纤光频率传递研究[D]. 西安: 中国科学院国家授时中心.

丁玮, 2010. 光纤网络中时间信息的传递技术[D].南京: 南京理工大学.

丁小玉, 卢麟, 张宝富, 等, 2010. 光纤 Round-Trip 法授时的误差分析[J].激光与光电子学进展, 47(4): 25-29.

董瑞芳, 张晓斐, 刘涛, 等, 2016. 高精度自由空间时间传递研究的新趋势[J]. 时间频率学报, 39(3): 162-169.

付永杰, 才滢, 2014. 光纤双向时间传递的误差分析[J]. 计量学报, 35(3): 276-280.

龚光华, 李鸿明, 2017. 基于光纤以太网的高精度分布式授时技术[J]. 导航定位与授时, 4(6): 68-74.

韩春好, 2017. 时空测量原理[M]. 北京: 科学出版社.

韩光宇, 瞿锋, 郭劲, 等, 2012. 卫星激光测距中白天测距的分析与实现[J]. 仪器仪表学报, 33 (4): 885-890.

胡永辉, 漆贯荣, 2000. 时间测量原理[M]. 香港: 香港亚太科学出版社.

焦东东, 2015. 通信波段窄线宽激光器研制及应用[D]. 西安: 中国科学院国家授时中心.

焦东东, 高静, 邓雪, 等, 2017. 窄线宽激光在光学谐振腔腔长精密测量中的应用[J]. 光学学报, 37(1): 0112007-1-0112007-8.

赖先主, 张宝富, 卢麟, 等, 2008. 高精度光链路授时时延估算[J]. 光学学报, 28(S2): 170-173.

李成, 2012. 大型物理实验装置高精度时间同步技术研究[D]. 合肥: 中国科学技术大学.

李得龙, 程清明, 张宝富, 等, 2014a. 光纤链路时延波动对频率传递稳定度的影响[J].激光与光电子学进展, 51(1): 62-68.

李得龙, 卢麟, 张宝富, 等, 2014b. 基于相位波动远端补偿的微波频率光纤传递新方法[J]. 光学学报, 34(7): 0706001-1-0706001-5.

李洪波, 彭军, 2013. SLR 技术及其在 GPS 卫星定轨中的应用[J]. 计测技术, 33(6): 11-15.

李鑫, 2003. 高精度激光时间传递技术的研究[D]. 上海: 中国科学院上海天文台.

李政凯, 2019. 基于受激布里渊散射的微波光子滤波器研究[D]. 成都: 电子科技大学.

李宗扬, 2002. 时间频率计量[M]. 北京:原子能出版社.

廖磊, 易旺民, 杨再华, 等, 2016. 基于合成波长法的飞秒激光外差干涉测距方法[J]. 物理学报, 65(14): 140601-1-140601-7.

刘德明, 向清, 黄德修, 1995. 光纤光学[M]. 北京: 国防工业出版社.

刘洪雨, 陈立, 刘灵, 等, 2013. 飞秒脉冲正交位相压缩光的产生[J]. 物理学报, 62(16): 164206-1-164206-4.

刘杰, 2016. 光纤光学频率传递研究[D]. 西安: 中国科学院国家授时中心.

刘杰, 高静, 许冠军, 等, 2015. 基于光纤的光学频率传递研究[J]. 物理学报, 64(12): 120602-1-120602-9.

刘琴, 陈炜, 徐丹, 等, 2016a. 采用级联方式在 230km 光纤链路中同时实现频率传递和时间同步[J]. 中国激光, 43(3): 137-143.

刘琴, 韩圣龙, 王家亮, 等, 2016b. 采用级联方式实现 430km 高精度频率传递[J]. 中国激光, 43(9): 0906001-1-0906001-5.

雒怡, 姜恩春, 2012. 基于二阶量子相干的定位与时钟同步方法[J]. 现代导航, (6): 456-461.

马超群, 2015. 光频标光纤远程精密传输关键技术的研究[D]. 上海: 华东师范大学.

孟飞, 曹士英, 蔡岳, 等, 2011. 光纤飞秒光学频率梳的研制及绝对光学频率测量[J]. 物理学报, 60(10): 100601-1-100601-7.

孟森, 郭文阁, 赵文宇, 等, 2015. 9.2GHz 频率信号 50km 光纤传递[J]. 光子学报, 44(7):95-99.

莫伟, 2008. 基于 PSD 的高速激光距离传感器的信号检测与处理[D]. 武汉: 华中科技大学.

漆贯荣, 2006. 时间科学基础[M]. 北京: 高等教育出版社.

秦显平, 2003. 基于 SLR 技术的卫星精密定轨[D]. 郑州: 中国人民解放军信息工程大学.

秦鹏, 陈伟, 宋有建, 等, 2012. 基于飞秒激光平衡光学互相关的任意长绝对距离测量[J]. 物理学报, 61(24): 240601-1-240601-7.

史云飞, 2007. 分布反馈式(DFB)光纤激光器温度特性研究[C]. 全国第十三次光纤通信暨第十四届集成光学学术会议, 南京, 中国: 235-240.

舒香, 2020. 基于脉冲位置调制的激光测距技术研究[D]. 北京: 中国科学院光电技术研究所.

唐朝伟, 梁锡昌, 邹昌平, 1994. 三维曲面激光精密测量技术[J]. 计量学报, 15(2): 99-103.

唐嘉, 高昕, 邢强林, 等, 2010. 异步应答激光测距技术[J]. 光电工程, 37(5): 25-31.

王国超, 谭立龙, 颜树华, 等, 2017. 基于光梳多波长干涉实时绝对测距的同步相位解调[J]. 光学学报, 37(1): 160-167.

王国超, 颜树华, 杨俊, 等, 2013. 一种双光梳多外差大尺寸高精度绝对测距新方法的理论分析[J]. 物理学报, 62(7): 070601.

王盟盟, 董瑞芳, 项晓, 等, 2016. 基于外差检测原理的绝对测距性能理论研究[J]. 仪器仪表学报, 37(8): 1861-1868.

王少锋, 2018. 基于量子光学频率梳的精密时延测量研究[D]. 西安: 中国科学院国家授时中心.

王少锋, 项晓, 董瑞芳, 等, 2018. 量子光频梳产生实验研究[J]. 光学学报, 38(10): 1027003-1-1027003-5.

王翔, 王荣, 卢麟, 等, 2015. 基于 SDH 网络的高精度授时研究[J]. 光电子·激光, 26(2): 251-258.

王元明, 杨福民, 黄佩诚, 等, 2008. 星地激光时间比对原理样机及地面模拟比对试验[J]. 中国科学 G 辑: 物理学 力学 天文学, 38(2): 217-224.

吴龟灵, 陈建平, 2016. 超长距离高精度光纤双向时间传递[J]. 科技导报, 34(16): 99-103.

吴守贤, 漆贯荣, 边玉敬, 1983. 时间测量[M]. 北京: 科学出版社.

项晓, 王少锋, 侯飞雁, 等, 2016. 利用共振无源腔分析和抑制飞秒脉冲激光噪声的理论和实验研究[J]. 物理学报, 65(13): 134203-1-134203-8.

徐俊峰, 2012. 激光三角法测距系统[D]. 长春: 长春理工大学.

薛文祥, 2020. POP 铷原子钟及光纤微波频率传递关键技术研究[D]. 西安: 中国科学院国家授时中心.

杨佩, 2010. 基于 TDC-GP2 的高精度脉冲激光测距系统研究[D]. 西安: 西安电子科技大学.

杨文哲, 王海峰, 张升康, 等, 2019. 光纤双向时间同步系统不确定度评定[J]. 光通信技术, 43(6): 30-33.

杨旭海, 翟惠生, 胡永辉, 等, 2005. 基于新校频算法的 GPS 可驯铷钟系统研究[J]. 仪器仪表学报, 26 (1): 42-44.

杨福民, 李鑫, 张忠萍, 等, 2004. 激光时间传递技术的进展[J]. 宇航计测技术, 22(1): 46-52.

杨福民, 庄奇祥, 苏锦源, 等, 1982. 高精度激光时间传递实验[J]. 应用激光, 12(4):19-21.

杨福民, 庄奇祥, 谭德同, 1984. 激光时间比对实验系统分析和相对论改正[J]. 计量学报, 5(3): 58-62.

姚渊博, 2018. 基于激光的高精度时频传递技术研究[D]. 西安: 中国航天科技集团公司第五研究院西安分院.

于龙强, 卢麟, 王荣, 等, 2013. Sagnac 效应对光纤时间传递精度的影响分析[J]. 光学学报, 33(3): 84-89.

苑立波, 1997. 温度和应变对光纤折射率的影响[J]. 光学学报, 17(12): 1713-1717.

臧琦, 2017. 基于光放大的光纤光频传递研究[D]. 西安: 中国科学院国家授时中心.

臧琦, 邓雪, 曹群, 等, 2017a. 基于 210km 实地通信链路的高稳定性光学频率信号传递[J]. 光学学报, 37(7): 0706004-1-0706004-8.

臧琦, 邓雪, 刘杰, 等, 2017b. 用于长距离光频传递链路的双向 EDFA 优化设计[J]. 光学学报, 37(3): 0306006.

张继荣, 2008. 基于 SDH 的时间传递方法研究[D]. 西安: 中国科学院国家授时中心.

张大元, 谢毅, 孟艾立, 等, 2006. 利用光纤数字同步传送网 2.048Mbit/s 支路传送高精度标准时间信号[J]. 现代电信技术, (12): 17-25.

张忠萍, 张海峰, 邓华荣, 等, 2016. 双望远镜的空间碎片激光测距试验研究[J]. 红外与激光工程, 45(1): 20-26.

赵文军, 周明翔, 2012. 光纤时间传递方法及误差分析[J]. 无线电工程, 42(12): 46-50.

周聪华, 李百宏, 项晓, 等, 2017. 飞秒光学脉冲电场包络一阶时域微分实验研究[J]. 光学学报, 37(7): 360-367.

朱玺, 2016. 光纤时间频率同步网络技术及应用[D]. 北京: 清华大学.

AGRAWAL G P, 2019. 非线性光纤光学[M]. 5 版. 贾东方, 葛春风, 王肇颖, 等, 译. 北京: 电子工业出版社.

RUBIOLA E, 2014. 振荡器的相位噪声与频率稳定度[M]. 华宇, 胡永辉, 李孝辉, 等, 译. 北京: 科学出版社.

AERTS S, KWIAT P, LARSSON J Å, et al., 1999. Two-photon Franson-type experiments and local realism[J]. Physical Review Letters, 83(15): 2872-2875.

AGRAWAL G P, 2001. Nonlinear Fiber Optics[M]. 3rd ed. San Diego: Academic Press.

AKIYAMA T, MATSUZAWA H, HARAGUCHI E, et al., 2012. Phase stabilized RF reference signal dissemination over optical fiber employing instantaneous frequency control by VCO[C]. IEEE 2012 IEEE/MTT-S International Microwave Symposium, Montreal, Canada: 1-3.

ALLAN D W, 1966. Statistics of atomic frequency standards[J]. Proceedings of the IEEE, 54(2): 221-230.

ALLAN D W, BARNES J A, 1981. A modified Allan variance with increased oscillator characterization ability[C]. 35th Annual Frequency Control Symposium, Philadelphia, USA: 470-475.

ALLEY C O, 1983. Proper time experiments in gravitational fields with atomic clocks, aircraft, and laser light pulses[M]//MEYSTRE P, SCULLY M O. Quantum Optics, Experimental Gravity, and Measurement Theory. NATO Advanced Science Institutes Series, Boston: Springer.

ALLEY C O, KIESS T E, SERGIENKO A V, et al., 1992. Plans to improve the experimental limit in the comparison of the east-west and west-east one-way propagation times on the rotating earth[C]. Proceedings of Precise Time and Time Interval Meeting (PTTI), Mclean, USA: 105-111.

AMEMIYA M, IMAE M, 2008. Simple time and frequency dissemination method using optical fiber network[J]. IEEE Transactions on Instrumentation and Measurement, 57(5): 878-883.

AMEMIYA M, IMAE M, FUJII Y, et al., 2006. Time and frequency transfer and dissemination methods using optical fiber network[J]. IEEE Transactions on Fundamentals and Materials, 126(6): 458-463.

ANDRÉ P S, PINTO A N, 2005. Chromatic dispersion fluctuations in optical fibers due to temperature and its effects in high-speed optical communication systems [J]. Optics Communications, 246(2): 303-311.

ANDRÉ P S, PINTO A N, PINTO J L, 2004. Effect of temperature on the single mode fibers chromatic dispersion[J]. Journal of Microwaves, Optoelectronics and Electromagnetic Applications, 3(5): 64-70.

APPLEBY G M, BIANCO G, NOLL C E, et al., 2016. Current trends and challenges in satellite laser ranging[C]. International VLBI Service for Geodesy and Astrometry 2016 General Meeting Proceedings: "New Horizons with VGOS", NASA/CP-2016-219016: 15-24.

ARMSTRONG J A, BLOEMBERGEN N, DUCUING J, et al., 1962. Interactions between light waves in a nonlinear dielectric[J]. Physical Review, 127(6): 1918-1939.

ARNAUT H H, BARBOSA G A, 2000. Orbital and intrinsic angular momentum of single photons and entangled pairs of photons generated by parametric down-conversion[J]. Physical Review Letters, 85(2): 286-289.

ASPECT A, DALIBARD J, ROGER G, 1982a. Experimental test of Bell's inequalities using time-varying analyzers[J]. Physical Review Letters, 49(25): 1804-1807.

ASPECT A, GRANGIER P, ROGER G, 1981. Experimental tests of realistic local theories via Bell's theorem[J]. Physical Review Letters, 47(7): 460-463.

ASPECT A, GRANGIER P, ROGER G, 1982b. Experimental realization of Einstein-Podolsky-Rosen-Bohm gedankenexperiment: a new violation of Bell's inequalities[J]. Physical Review Letters, 49(2): 91-94.

AVENHAUS M, CHEKHOVA M V, KRIVITSKY L A, et al., 2009a. Experimental verification of high spectral entanglement for pulsed waveguided spontaneous parametric down-conversion[J]. Physical Review A, 79(4): 043836.

AVENHAUS M, ECKSTEIN A, MOSLEY P J, et al., 2009b. Fiber-assisted single-photon spectrograph[J]. Optics Letters, 34(18): 2873-2875.

BAEK S Y, CHO Y W, KIM Y H, 2009. Nonlocal dispersion cancellation using entangled photons[J]. Optics Express, 17(21): 19241-19252.

BAHDER T B, GOLDING W M, 2004. Clock synchronization based on second-order quantum coherence of entangled photons[C]. AIP Conference Proceedings of 7th International Conference on Quantum Communication Measurement and Computing, Glasgow, U K, 734: 378-395.

BAHDER T B, 2008. Quantum Positioning systems and methods[P]. US Patent: 7359064.

BAI Y, WANG B, GAO C, et al., 2015. Fiber-based radio frequency dissemination for branching networks with passive phase-noise cancelation[J]. Chinese Optics Letters, 13(6):36-39.

BAI Y, WANG B, ZHU X, et al., 2013. Fiber-based multiple-access optical frequency dissemination[J]. Optics Letters, 38(17):3333-3335.

BALDI P, ASCHIERI P, NOUH S, et al., 2002. Modeling and experimental observation of parametric fluorescence in periodically poled lithium niobate waveguides[J]. IEEE Journal of Quantum Electronics, 31(6): 997-1008.

BALLING P, KŘEN P, MAŠIKA P, et al., 2009. Femtosecond frequency comb based distance measurement in Air[J]. Optics Express, 17(11): 9300-9313.

BAUMANN E, GIORGETTA F R, CODDINGTON I, et al., 2013. Comb-calibrated frequency-modulated continuous-wave ladar for absolute distance measurements[J]. Optics Letters, 38(12): 2026-2028.

BECKER M F, KUIZENGA D J, PHILLION D W, et al., 1974. Analytic expressions for ultrashort pulse generation in mode-locked optical parametric oscillators[J]. Journal of Applied Physics, 45(9): 3996-4005.

BEENAKKER C, SCHONENBERGER C, 2003. Quantum shot noise[J]. Physics Today, 56(5): 37-42.

BELL J S, 1964. On the Einstein-Podolsky-Rosen paradox[J]. Physics Physique Fizika, 1(3): 195-200.

BEN-AV R, EXMAN I, 2011. Optimized multiparty quantum clock synchronization[J]. Physical Review A, 84(1): 014301.

BENNETT C H, BRASSARD G, CRÉPEAU C, et al., 1993. Teleporting an unknown quantum state via dual classical, Einstein-Podolsky-Rosen channels[J]. Physical Review Letters, 70(13): 1895-1899.

BENNETT C, BESSETTE F, BRASSARD G, et al., 1992. Experimental quantum cryptography[J]. Theory and Application of Cryptographic Techniques, 5(1): 253-265.

BERCY A, CHARDONNET C, LOPEZ O, et al., 2014. In-line extraction of an ultra-stable frequency signal over an optical fiber link[J]. Journal of the Optical Society of America B, 31(4): 678-685.

BERGER N K, LEVIT B, FISCHER B, et al., 2007. Temporal differentiation of optical signals using a phase-shifted fiber Bragg grating[J]. Optics Express, 15(2): 371-381.

BERGQUIST J C, ITANO W M, WINELAND D J, 1992. Laser stabilization to a single ion[C]. International School of Physics "Enrico Fermi", Varenna, Italy: 359-376.

BLACK E D, 2001. An introduction to Pound-Drever-Hall laser frequency stabilization[J]. American Journal of Physics, 69(1): 79-87.

BLEULER E, BRADT H L, 1948. Correlation between the states of polarization of the two quanta of annihilation radiation[J]. Physical Review, 73(11): 1398.

BONATO C, TOMAELLO A, DA DEPPO V, et al., 2009. Feasibility of satellite quantum key distribution[J]. New Journal of Physics, 11(4): 045017.

BOTO A N, KOK P, ABRAMS D S, et al., 2000. Quantum interferometric optical lithography: exploiting entanglement to beat the diffraction limit[J]. Physical Review Letters, 85(13): 2733-2736.

BRENDEL J, GISIN N, TITTEL W, et al., 1999. Pulsed energy-time entangled twin-photon source for quantum communication[J]. Physical Review Letters, 82(12): 2594-2597.

BROWN R H, TWISS R Q, 1956. A test of a new type of stellar interferometer on Sirius[J]. Nature, 178(4541): 1046-1048.

CABELLO A, ROSSI A, VALLONE G, et al., 2009. Proposed Bell experiment with genuine energy-time entanglement[J]. Physical Review Letters, 102(4): 040401.

CALHOUN M, HUANG S, TJOELKER R L, 2007. Stable photonic links for frequency and time transfer in the deep-space network and antenna arrays[J]. Proceedings of the IEEE, 95(10): 1931-1946.

CALONICO D, BERTACCO E K, CALOSSO C E, et al., 2014. High-accuracy coherent optical frequency transfer over a doubled 642-km fiber link[J]. Applied Physics B, 117(3): 979-986.

CALOSSO C E, BERTACCO E, CALONICO D, et al., 2014. Frequency transfer via a two-way optical phase comparison on a multiplexed fiber network[J]. Optics Letters, 39(5): 1177-1180.

CHANG S, HSU C, HUANG T, et al., 2000. Heterodyne interferometric measurement of the thermo-optic coefficient of single mode fiber[J]. Chinese Journal of Physics, 38(78): 437-442.

CHEN X, LU J, CUI Y, et al., 2015. Simultaneously precise frequency transfer and time synchronization using feed-forward compensation technique via 120 km fiber link[J]. Scientific Reports, 5(1): 18343.

CHEUNG E C, LIU J M, 1990. Theory of a synchronously pumped optical parametric oscillator in steady-state operation[J]. Journal of the Optical Society of America B, 7(8): 1385-1401.

CHEUNG E C, LIU J M, 1991. Efficient generation of ultrashort, wavelength-tunable infrared pulses[J]. Journal of the Optical Society of America B, 8(7): 1491-1506.

CHIODO N, QUINTIN N, STEFANI F, et al., 2015. Cascaded optical fiber link using the internet network for remote clocks comparison[J]. Optics Express, 23(26): 33927-33937.

CHOU C W, HUME D B, KOELEMEIJ J C J, et al., 2010. Frequency comparison of two high-accuracy Al$^+$ optical clocks[J]. Physical Review Letters, 104(7): 070802.

CHRISTENSEN B G, MCCUSKER K T, ALTEPETER J B, et al., 2013. Detection-loophole-free test of quantum nonlocality, and applications[J]. Physical Review Letters, 111(13): 130406.

CHUANG I L, 2000. Quantum algorithm for distributed clock synchronization[J]. Physical Review Letters, 85(9): 2006.

CLARKE T A, GRATTAN K T V, LINDSEY N E, 1991. Laser-based triangulation techniques in optical inspection of industrial structures[C]. Proceedings of SPIE 1332, Optical Testing and Metrology III: Recent Advances in Industrial Optical Inspection, San Diego, USA: 474-486.

CLAUSER J F, HORNE M A, HOLT R A, et al., 1969. Proposed experiment to test local hidden-variable theories[J]. Physical Review Letters, 23 (15): 880-884.

CLAUSER J F, HORNE M A, 1974. Experimental consequences of objective local theories[J]. Physical Review D, 10(2): 526-535.

CODDINGTON I, SWANN WC, NENADOVIC L, et al., 2009. Rapid and precise absolute distance measurements at long range[J]. Nature Photonics, 3(6): 351-356.

CUI M, SCHOUTEN R N, BHATTACHARYA N, et al., 2008. Experimental demonstration of distance measurement with a femtosecond frequency comb laser[J]. Journal of the European Optical Society, 3: 08003.

CUI M, ZEITOUNY MG, BHATTACHARYA N, et al., 2009. High-accuracy long-distance measurement in air with a frequency comb laser[J]. Optics Letters, 34(13): 1982-1984.

CZUBLA A, ŚLIWCZYŃSKI Ł, KREHLIK P, et al., 2010. Stabilization of the Propagation Delay in Fiber Optics in a Frequency Distribution Link Using Electronic Delay Lines: First Measurement Results[R]. Central office of measures in Poland.

DAUSSY C, LOPEZ O, AMY-KLEIN A, et al., 2005. Long-distance frequency dissemination with a resolution of 10^{-17}[J]. Physical Review Letters, 94 (20): 203904.

D'ANGELO M, CHEKHOVA M V, SHIH Y, 2001. Two-photon diffraction and quantum lithograhy[J]. Physical Review Letters, 87(1): 013602.

DAYAN B, PE'ER A, FRIESEM A A, et al., 2005. Nonlinear interactions with an ultrahigh flux of broadband entangled photons[J]. Physical Review Letters, 94(4): 043602.

DE VALCARCEL G J, PATERA G, TREPS N, et al., 2006. Multimode squeezing of frequency combs[J]. Physical Review A, 74(6): 061801.

DEGNAN J J, 1996. Compact laser transponders for interplanetary ranging and time transfer[C]. Proceedings of 10th International Workshop on Laser Ranging, Shanghai, China: 24-31.

DENBERG S A, PERSIJN S T, KOK G, et al., 2012. Many-wavelength interferometry with thousands of lasers for absolute distance measurement[J]. Physical Review Letters, 108(18): 183901.

DENG X, LIU J, JIAO D D, et al., 2016. Coherent transfer of optical frequency over 112 km with Instability at the 10^{-20} level[J]. Chinese Physics Letters, 33(11):114202.

DENG X, JIAO D D, LIU J, et al., 2020. Cascaded optical frequency transfer over 500 km fiber link using a regenerative amplifier[J]. Chinese Physics B, 29(5): 054205.

DEREVIANKO A, POSPELOV M, 2014. Hunting for topological dark matter with atomic clocks[J]. Nature Physics,

10(12): 933-936.

DONG R, HEERSINK J, CORNEY J F, et al., 2008. Experimental evidence for Raman-induced limits to efficient squeezing in optical fibers[J]. Optics Letters, 33(2): 116-118.

DORRER C, KILPER D C, STUART H R, et al., 2003. Linear optical sampling[J]. IEEE photonics technology letters, 15(12): 1746-1748.

DROSTE S, OZIMEK F, UDEM T, et al., 2014. Optical-frequency transfer over a single-span 1840 km fiber link[J]. Physical Review Letters, 111(11):110801.

DUAN L M, GIEDKE G, CIRAC J I, et al., 2000. Inseparability criterion for continuous variable systems[J]. Physical Review Letters, 84(12): 2722-2725.

EBENHAG S C, 2008. Time transfer over a 560 km fiber link[C]. Proceedings of the 22nd European Frequency and Time Forum, Toulouse, France: 23.

EBENHAG S C, JALDEHAG K, RIECK C, et al., 2011. Time transfer between UTC (SP) and UTC (MIKE) using frame detection in fiber-optical communication networks[C]. Proceedings 43rd Precise Time and Time Interval Systems and Applications Meeting, Long Beach, USA: 431-441.

EDDINGTON A S, 1920. The Mathematical Theory of Relativity[M]. Cambridge: Cambridge University Press.

EINSTEIN A, 1905. Zur Elektrodynamik bewegter Körper[J]. Annalen der Physik, 17 (10): 891-921.

EINSTEIN A, PODOLSKY B, ROSEN N, 1935. Can quantum-mechanical description of physical reality be considered complete[J]. Physical Review, 47(10): 777-780.

EKERT A K, 1991. Quantum cryptography based on Bell's theorem[J]. Physical Review Letters, 67(6): 661-663.

EKERT A K, RARITY J G, TAPSTER P R, et al., 1992. Practical quantum cryptography based on two-photon interferometry[J]. Physical Review Letters, 69(9): 1293-1296.

EMANUELI S AND ARIE A, 2003. Temperature-dependent dispersion equations for $KTiOPO_4$ and $KTiOAsO_4$[J]. Applied Optics, 42(33): 6661-6665.

EXERTIER P, GUILLEMOT PH, LEON S, et al., 2008. Time transfer by laser link-T2L2: an opportunity to calibrate RF links[C]. Proceedings of the PTTI, Reston, USA: 95-106.

FAN T Y, HUANG C E, HU B Q, et al., 1987. Second harmonic generation and accurate index of refraction measurements in flux-grown $KTiOPO_4$[J]. Applied Optics 26(12): 2390-2394.

FARACI C, GUTKOWSKI D, NOTARRIGO S, et al., 1974. An experimental test of the EPR paradox[J]. Lettere Al Nuovo Cimento, 1974, 9(15): 607-611.

FEDOROV M V, EFREMOV M A, KAZAKOV A E, et al., 2004. Packet narrowing and quantum entanglement in photoionization and photodissociation[J]. Physical Review A, 69(5): 052117.

FEDOROV M V, EFREMOV M A, VOLKOV P A, et al., 2006. Short-pulse or strong-field breakup processes: a route to study entangled wave packets[J]. Journal of Physics B, 39(13): S467.

FENG Z, YANG F, ZHANG X, et al., 2018. Ultra-low noise optical injection locking amplifier with AOM-based coherent detection scheme[J]. Scientific Reports, 8(1): 13135.

FIURÁŠEK J, MAREK P, FILIP R, et al., 2007. Experimentally feasible purification of continuous-variable entanglement[J]. Physical Review A, 75(5): 050302.

FOREMA S M, HOLMAN K W, HUDSON D D, et al., 2007. Remote transfer of ultrastable frequency references via fiber networks[J]. Review of Scientific Instruments, 78(2): 021101.

FOREMAN S M, LUDLOW A D, DEMIRANDA M H, et al., 2007. Coherent optical phase transfer over a 32-km fiber with 1s instability at 10^{-17}[J]. Physical Review Letters, 99(15): 153601.

FRADKIN K, ARIE A, SKLIAR A, et al., 1999. Tunable midinfrared source by difference frequency generation in bulk periodically poled $KTiOPO_4$[J]. Applied Physics Letters, 74(7): 914-916.

FRANASZEK P A, WIDMER A X, 1984. Byte oriented DC balanced (0, 4) 8B/10B partitioned block transmission code[P]. U S Patent: 4486739.

FRANKE-ARNOLD S, BARNETT S M, PADGETT M J, et al., 2002. Two-photon entanglement of orbital angular momentum states[J]. Physical Review A, 65(3): 033823.

FRANSON J D, 1989. Bell inequality for position and time[J]. Physical Review Letters, 62(19): 2205-2208.

FRANSON J D, 1992. Nonlocal cancellation of dispersion[J]. Physical Review A, 45(5): 3126-3132.

FRANSON J D, 2009. Nonclassical nature of dispersion cancellation and nonlocal interferometry[J]. Physical Review A, 80(3): 032119.

FRANSON J D, 2010. Lack of dispersion cancellation with classical phase-sensitive light[J]. Physical Review A, 81(2): 023825.

FRANZEN A, HAGE B, DIGUGLIELMO J, et al., 2006. Experimental demonstration of continuous variable purification of squeezed states[J]. Physical Review Letters, 97(15): 150505.

FREEDMAN S J, CLAUSER J F, 1972. Experimental test of local hidden-variable theories[J]. Physical Review Letters, 28 (14): 938-941.

FRIDELANCE P, VEILLET C, 1995. Operation and data analysis in the LASSO experiment[J]. Metrologia, 32(1): 27-33.

FRIDELANCE P, SAMAIN E, VEILLET C, 1997. Time transfer by laser link: a new optical time transfer generation[J]. Experimental Astronomy, 7(3): 191-201.

FROEHLY C, COLOMBEAU B, AND VAMPOUILLE M, 1983. II Shaping and analysis of picosecond light pulse[J]. Progress in Optics, 20: 65-153.

FUJIEDA M, KUMAGAI M, GOTOH T, et al., 2009. Ultrastable frequency dissemination via optical fiber an NICT[J]. IEEE Transactions on Instrumentation and Measurement, 58(4): 1223-1228.

FUJIEDA M, KUMAGAI M, NAGANO S, et al., 2010. Coherent microwave transfer over a 204-km telecom fiber link by a cascaded system[J]. IEEE Transactions on Ultrasonics Ferroelectrics and Frequency Control, 57(1): 168-174.

GAO C, WANG B, ZHU X, et al., 2015. Dissemination stability and phase noise characteristics in a cascaded, fiber-based long-haul radio frequency dissemination network[J]. Review of Scientific Instruments, 86(9): 093111.

GAO Y, WEN A, ZHANG H, et al., 2014. An efficient photonic mixer with frequency doubling based on a dual-parallel MZM[J]. Optics Communications, 321:11-15.

GLAUBER R J, 1963. The quantum theory of optical coherence[J]. Physical Review, 130(6): 2529-2539.

GHOSH G, ENDO M, IWASAKI T, 1994. Temperature-dependent Sellmeier coefficients and chromatic dispersions for some optical fiber glasses[J]. Journal of Lightwave Technology, 12(8): 1338-1342.

GIORGETTA F R, SWANN W C, SINCLAIR L C, et al., 2013. Optical two-way time and frequency transfer over free space[J]. Nature Photonics, 7(6): 434-438.

GIOVANNETTI V, LLOYD S, MACCONE L, 2001a. Quantum-enhanced positioning and clock synchronization[J]. Nature, 412(6845): 417-419.

GIOVANNETTI V, LLOYD S, MACCONE L, 2001b. Clock synchronization with dispersion cancellation[J]. Physical Review Letters, 87(11): 117902.

GIOVANNETTI V, LLOYD S, MACCONE L, 2002a. Quantum cryptographic ranging[J]. Journal of Optics B-quantum and Semiclassical Optics, 4(4): 413-414.

GIOVANNETTI V, LLOYD S, MACCONE L, et al., 2004. Conveyor-belt clock synchronization[J]. Physical Review A,

70(4): 043808.

GIOVANNETTI V, LLOYD S, MACCONE L, 2011. Advances in quantum metrology[J]. Nature Photonics, 5(4): 222-229.

GIOVANNETTI V, MACCONE L, SHAPIRO J H, et al., 2002b. Generating entangled two-photon states with coincident frequencies[J]. Physical Review Letters, 88(18): 183602.

GIOVANNETTI V, MACCONE L, SHAPIRO J H, et al., 2002c. Extended phase-matching conditions for improved entanglement generation[J]. Physical Review A, 66(4): 043813.

GIUSTINA M, VERSTEEGH M A M, WENGEROWSKY S, et al., 2015. Significant-loophole-free test of Bell's theorem with entangled photons[J]. Physical Review Letters, 115(25): 250401.

GRICE W P, U'REN A B, WALMSLEY I A, 2001. Eliminating frequency and space-time correlations in multiphoton states[J]. Physical Review A, 64(6): 063815.

GROBE R, RZAZEWSKI K, EBERLY J H, 1994. Measure of electron-electron correlation in atomic physics[J]. Journal of Physics B: Atomic, Molecular, Optical Physics, 27(16): L503.

HAGE B, SAMBLOWSKI A, DIGUGLIELMO J, et al., 2008. Preparation of distilled and purified continuous-variable entangled states[J]. Nature Physics, 4(12): 915-918.

HAGEN K M, MEYER T, MILDNER J, et al., 2017. SI-traceable absolute distance measurement over more than 800 meters with sub-nanometer interferometry by two-color inline refractivity compensation[J]. Applied Physics Letters, 111(19): 191104.

HALD J, RUSEVA V, 2005. Efficient suppression of diode-laser phase noise by optical filtering[J]. Journal of the Optical Society of America B, 22(11): 2338-2344.

HAMP M J, WRIGHT J, HUBBARD M, et al., 2002. Investigation into the temperature dependence of chromatic dispersion in optical fiber[J]. IEEE Photonics Technology Letters, 14(11): 1524-1526.

HAN S, KIM Y J, KIM S W, 2015. Parallel determination of absolute distances to multiple targets by time-of-flight measurement using femtosecond light pulses[J]. Optics Express, 23(20): 25874-25882.

HANCOCK J A, 1999. Laser intensity-based obstacle detection and tracking[D]. Pittsburgh: Carnegie Mellon University.

HANSCH T W, 2006. Nobel lecture: passion for precision[J]. Reviews of Modern Physics, 78(4):1297-1309.

HARTOG A H, CONDUIT A J, PAYNE D N, 1979. Variation of pulse delay with stress and temperature in jacketed and unjacketed optical fibres[J]. Optical & Quantum Electronics, 11(3): 265-273.

HARTOG A H, GOLD M P, 1984. On the theory of backscattering in single-mode optical fibers[J]. Journal of Lightwave Technology, 2(2):76-82.

HEDEKVIST P O, EBENHAG S C, 2012. Time and frequency transfer in optical fibers[R]//YASIN M, HARUN S W, AROF H. Recent Progress in Optical Fiber Research. IntechOpen Book Series.

HEERSINK J, MARQUARDT C, DONG R, et al., 2006. Distillation of squeezing from non-Gaussian quantum states[J]. Physical Review Letters, 96(25): 253601.

HIRANO T, KOTANI K, KUWAMOTO T, et al., 2005. 3 dB squeezing by single pass parametric amplification in a periodically poled KTiOPO$_4$ crystal[J]. Optics Letters, 30(13):1722-1724.

HO C, LAMAS-LINARES A, KURTSIEFER C, 2009. Clock synchronization by remote detection of correlated photon pairs[J]. New Journal of Physics, 11(4): 045011.

HOLMAN K W, JONES D J, HUDSON D D, et al. 2004. Precise frequency transfer through a fiber network by use of 1.5-μm mode-locked sources[J]. Optics Letters, 29(13): 1554-1556.

HONG C K, MANDEL L, OU Z Y, 1987. Measurement of subpicosecond time intervals between two photons by interference[J]. Physical Review Letters, 59(18): 2044-2046.

HORODECKI R, HORODECKI P, HORODECKI M, et al., 2009. Quantum entanglement[J]. Reviews of Modern Physics, 81(2): 865-942.

HOU F Y, DONG R F, LIU T, et al., 2017. Quantum-enhanced two-way time transfer[C]. Quantum Information and Measurement, Paris, France: QF3A. 4.

HOU F Y, QUAN R A, DONG R F, et al., 2019. Fiber-optic two-way quantum time transfer with frequency-entangled pulses[J]. Physical Review A, 100(2): 023849.

HOU F Y, DONG R F, QUAN R A, et al., 2012. Dispersion-free quantum clock synchronization via fiber link[J]. Advances in Space Research, 50(11): 1489-1494.

HOU F Y, XIANG X, QUAN R A, et al., 2016. An efficient source of frequency anti-correlated entanglement at telecom wavelength[J]. Applied Physics B, 122(5): 128.

HOWE D A, ALLAN D W, BARNES J A, 1981. Properties of signal sources and measurement methods[C]. 35th Annual Frequency Control Symposium, Philadelphia, USA: 669-716.

HUANG H, EBERLY J H, 1993. Correlations and one-quantum pulse shapes in photon pair generation[J]. Journal of Modern Optics, 40(5): 915-930.

HUANG L, LI R, CHEN D, et al., 2016. Photonic downconversion of RF signals with improved conversion efficiency and SFDR[J]. IEEE Photonics Technology Letters, 28(8):880-883.

HUANG S, TU M, YAO S, et al., 2000. A "turnkey" optoelectronic oscillator with low acceleration sensitivity[C]. Proceedings of the 2000 IEEE/EIA International Frequency Control Symposium and Exhibition, Kansas City, USA: 269-279.

HUNTEMANN N, LIPPHARDT B, TAMM C, et al., 2014. Improved limit on a temporal variation of m_p/m_e from comparisons of Yb$^+$ and Cs atomic clocks[J]. Physical Review Letters, 113(21): 210802.

HYUN S, KIM Y J, KIM Y, et al., 2009. Absolute length measurement with the frequency comb of a femtosecond laser[J]. Measurement Science and Technology, 20(9):095302.

IMAE M, 2006. Review of two-way satellite time and frequency transfer[J]. Journal of Metrology Society of India, 21: 243-248.

IMAOKA A, KIHARA M, 1992. Long term propagation delay characteristics of telecommunication lines[J]. IEEE Transactions on Instrumentation and Measurement, 41(5): 653-656.

IMAOKA A, KIHARA M, 1997. Time signal distribution in communication networks based on synchronous digital hierarchy[J]. IEEE Transactions on Communications, 45(2): 247-253.

IMAOKA A, KIHARA M, 1998. Accurate time/frequency transfer method using bidirectional WDM transmission[J]. IEEE Transactions on Instrumentation and Measurement, 47(2): 537-542.

JAUNART E, CRAHAY P, 1994. Chromatic dispersion modeling of single-mode optical fibers: a detailed analysis[J]. Journal of Lightwave Technology, 12(11): 1910-1915.

JEFFERTS S R, WEISS M A, LEVINES J, et al., 1996. Two-way time transfer through SDH and SONET systems[C]. Proceedings of 10th European Frequency and Time Forum(EFTF), Brighton, UK: 461-464.

JEFFERTS S R, WEISS M A, LEVINE J, et al., 1997. Two-way time and frequency transfer using optical fibers[J]. IEEE Transactions on Instrumentation and Measurement, 46(2): 209-211.

JIAN P, PINEL O, FABRE C, et al., 2012. Real-time distance measurement immune from atmospheric parameters using optical frequency combs[J]. Optics Express, 20 (24): 27133-27146.

JIANG H F, 2010. Development of ultra-stable laser sources and long-distance optical link via telecommunication networks[D]. Paris: Université Paris 13.

JIANG Z, HUAN Y, ZHANG V, et al., 2017. BIPM 2017 TWSTFT SATRE/SDR calibrations for UTC and Non-UTC links[R]. BIPM Technical Memorandum, TM268 V2a.

JIN J, KIM Y J, KIM Y, et al., 2007. Absolute distance measurements using the optical comb of a femtosecond pulse laser[J]. International Journal of Precision Engineering and Manufacturing, 8(4): 22-26.

JONES D J, DIDDAMS S A, RANKA J K, et al., 2000. Carrier envelope phase control of femtosecond mode-locked lasers and direct optical frequency synthesis[J]. Science, 288(5466): 635-639.

JOO K N, KIM S W, 2006. Absolute distance measurement by dispersive interferometry using a femtosecond pulse laser[J]. Optics Letters, 14(13):5954-5960.

JOO K N, KIM Y, KIM S M, 2008. Distance measurements by combined method based on a femtosecond pulse laser[J]. Optics Express, 16(24): 19799-19806.

JOONYOUNG K, HARALD S, DAVID S, et al., 2015. Optical injection locking-based amplification in phase coherent transfer of optical frequencies[J]. Optics Letters, 40(18): 4198-4201.

JOZSA R, ABRAMS D S, DOWLING J P, et al., 2000. Quantum clock synchronization based on shared prior entanglement[J]. Physical Review Letters, 85(9): 2010-2013.

JUNDT D, 1997. Temperature-dependent Sellmeier equation for the index of refraction, ne, in congruent lithium niobate[J]. Optics Letters, 22(20): 1553-1555.

KALTENBAEK R, LAVOIE J, BIGGERSTAFF D N, et al., 2008. Quantum-inspired interferometry with chirped laser pulses[J]. Nature Physics, 4(11): 864-868.

KALTENBAEK R, LAVOIE J, RESCH K J, 2009. Classical analogues of two-photon quantum interference[J]. Physical Review Letters, 102(24): 243601.

KASDAY L R, ULLMAN J, WU C S, 1970. Einstein-Podolsky-Rosen argument-positron annihilation experiment[J]. Bulletin of the American Physical Society, 15: 586.

KELLER T E, RUBIN M H, 1997. Theory of two-photon entanglement for spontaneous parametric down-conversion driven by a narrow pump pulse[J]. Physical Review A, 56(2): 1534-1541.

KEMPE J, 2006. Approaches to quantum error correction[R]//DUPLANTIER B, RAIMOND J M, RIVASSEAU V. Quantum Decoherence. Progress in Mathematical Physics. Birkhäuser Basel.

KIHARA M, IMAOKA A, 1996. System configuration for standardizing SDH-based time and frequency transfer[C]. Proceedings of Tenth European Frequency and Time Forum EFTF 96, Brighton, UK: 465-470.

KIHARA M, IMAOKA M, 2001. Two-way time transfer through 2.4Gb/s optical SDH system[J]. IEEE Transactions on Instrumentation and Measurement, 50 (3): 709-715.

KIM Y H, KULIK S P, SHIH Y H, 2001. Quantum teleportation of a polarization state with a complete Bell state measurement[J]. Physical Review Letters, 86(7): 1370-1373.

KIRCHNER G, KOIDL F, FRIEDERICH F, et al., 2013. Laser measurements to space debris from Graz SLR station[J]. Advances in Space Research, 51(1):21-24.

KOCH K, CHEUNG E C, MOORE G T, et al., 1995. Hot spots in parametric fluorescence with a pump beam of finite cross section[J]. IEEE Journal of Quantum Electronics, 31(5): 769-781.

KOKE S, GREBING C, FREI H, et al., 2010. Direct frequency comb synthesis with arbitrary offset and shot-noise-limited phase noise[J]. Nature Photonics, 4(7): 462-465.

KONG X Y, XIN T, WEI S J, et al., 2018. Demonstration of multiparty quantum clock synchronization[J]. Quantum Information Processing, 17(11): 297.

KRČO M, PAUL P, 2002. Quantum clock synchronization: multiparty protocol[J]. Physical Review A, 66(2): 024305.

KREHLIK P, ŚLIWCZYŃSKI Ł, BUCZEK L, et al., 2012. Fiber-optic joint time and frequency transfer with active stabilization of the propagation delay[J]. IEEE Transactions on Instrumentation & Measurement, 61(10): 2844-2851.

KULISHOV M, AZAÑA J, 2005. Long-period fiber gratings as ultrafast optical differentiators [J]. Optics Letters, 30(20): 2700-2702.

KUZUCU O, FIORENTINO M, ALBOTA M A, et al., 2005. Two-photon coincident-frequency entanglement via extended phase matching[J]. Physical Review Letters, 94(8): 083601.

KWIAT P G, STEINBERG A M, CHIAO R Y, 1993. High-visibility interference in a Bell-inequality experiment for energy, time[J]. Physical Review A, 47(4): R2472-R2475.

LA PORTA A, SLUSHER R E, 1991. Squeezing limits at high parametric gains[J]. Physical Review A, 44(3): 2013-2022.

LABROILLE G, PINEL O, TREPS N, et al., 2013. Pulse shaping with birefringent crystals: a tool for quantum metrology[J]. Optics Express, 21 (19): 21889-21896.

LAMAS-LINARES A, TROUPE J, 2018. Secure quantum clock synchronization[C]. Advances in Photonics of Quantum Computing, Memory, and Communication XI. International Society for Optics and Photonics, San Francisco, USA: 10547.

LAMEHI-RACHTI M, MITTIG W, 1976. Quantum mechanics and hidden variables: a test of Bell's inequality by measurement of the spin correlation in low-energy proton-proton scattering[J]. Physical Review D, 14(23): 2543-2555.

LAMINE B, FABRE C, TREPS N, 2008. Quantum improvement of time transfer between remote clocks[J]. Physical Review Letters, 101(12): 23601.

LANGE R, 2000. 3D time-of-flight distance measurement with custom solid-state image sensors in CMOS/CCD-technology[D]. Siegen: Universität of Siegen.

LAVOIE J, KALTENBAEK R, RESCH K J, 2009. Quantum-optical coherence tomography with classical light[J]. Optics Express, 17(5): 3818-3826.

LAW C K, WALMSLEY I A, EBERLY J H, 2000. Continuous frequency entanglement: Effective finite hilbert space and entropy control[J]. Physical Review Letters, 84(23): 5304-5307.

LAW C K, WALMSLEY I A, EBERLY J H, 2004. Analysis and interpretation of high transverse entanglement in optical parametric down conversion[J]. Physical Review Letters, 92(12): 127903.

LEE C, ZHANG Z, STEINBRECHER G R, et al., 2014. Entanglement-based quantum communication secured by nonlocal dispersion cancellation[J]. Physical Review A, 90(6): 062331.

LEE J, HAN S, LEE K, et al., 2013. Absolute distance measurement by dual-comb interferometry with adjustable synthetic wavelength[J]. Measurement Science and Technology, 24(4): 045201.

LEE J, KIM Y J, LEE K, et al., 2010. Time-of-flight measurement with femtosecond light pulses[J]. Nature Photonics, 4(10): 716-720.

LEVENSON J A, GRANGIER P, ABRAM I, et al., 1993. Reduction of quantum noise in optical parametric amplification[J]. Journal of the Optical Society of America B,10(11): 2233-2238.

LI B, HOU F, QUAN R, et al., 2019. Nonlocality test of energy-time entanglement via nonlocal dispersion cancellation with nonlocal detection[J]. Physical Review A, 100(5): 053803

LI H, WU G, ZHANG J, et al., 2016. Multi-access fiber-optic radio frequency transfer with passive phase noise compensation[J]. Optics Letters, 41(24): 5672-5674.

LI T, ARGENCE B, HABOUCHA A, et al., 2011. Low vibration sensitivity fiber spools for laser stabilization[C]. European Frequency and Time Forum, San Francisco, USA: 1-3.

LI W, WANG L X, LI M, et al., 2013. Photonic generation of binary phase-coded microwave signals with large frequency tunability using a dual-parallel mach-zehnder modulator[J]. IEEE Photonics Journal, 5(4): 5501507.

LI X, PAN Q, JING J, et al., 2002. Quantum dense coding exploiting a bright Einstein-Podolsky-Rosen beam[J]. Physical Review Letters, 88(4): 047904.

LIAO S, DING Y, DONG J, et al., 2015. Arbitrary waveform generator and differentiator employing an integrated optical pulse shaper[J]. Optics Express, 23(9): 12161-12173.

LIAO S K, CAI W Q, HANDSTEINER J, et al., 2018. Satellite-relayed intercontinental quantum network[J]. Physical Review Letters, 120(3): 030501.

LISDAT C, GROSCHE G, QUINTIN N, et al., 2016. A clock network for geodesy and fundamental science[J]. Nature Communications, 7(1): 12443.

LIU L, HAN C H, 2004. Two way satellite time transfer and its error analysis[J]. Progress in Astronomy, 22(3): 219-226.

LIU T A, NEWBURY N R, CODDINGTON I, 2011. Sub-micron absolute distance measurements in sub-millisecond times with dual free-running femtosecond Er fiber-lasers[J]. Optics Express, 19(19): 18501-18509.

LOGAN R T, LUTES G F, MALEKI L, et al., 1989. Impact of semiconductor laser frequency deviations on fiber optic frequency reference distribution systems [C]. Proceedings of the 43rd Annual Symposium on Frequency Control: 212-217.

LOGAN R T, LUTES G F, 1992. High stability microwave fiber optic systems: demonstrations and applications[C]. Proceedings of the 1992 IEEE Frequency Control Symposium, Hershey, USA: 310-316.

LOPEZ C, RIONDET B, 1999. Ultra precise time dissemination system[C]. Proceedings of the 1999 Joint Meeting of the European Frequency and Time Forum and the IEEE International Frequency Control Symposium, Besancon, France: 296-299.

LOPEZ O, DAUSSY C, CHARDONNET C, et al., 2007. Frequency dissemination with a 86-km optical fibre for fundamental tests of physics[J]. Annales de Physique, 32: 187-189.

LOPEZ O, AMY-KLEIN A, DAUSSY C, et al., 2008. 86-km optical link with a resolution of 2×10^{-18} for RF frequency transfer[J]. The European Physical Journal D, 48(1): 35-41.

LOPEZ O, AMY-KLEIN A, LOURS M, et al., 2010a. High-resolution microwave frequency dissemination on an 86-km urban optical link[J]. Applied Physics B, 98(4): 723-727.

LOPEZ O, HABOUCHA A, CHANTEAU B, et al., 2012. Ultra-stable long distance optical frequency distribution using the internet fiber network[J]. Optics Express, 20(21):23518-23526.

LOPEZ O, HABOUCHA A, KÉFÉLIAN F, et al., 2010b. Cascaded multiplexed optical link on a telecommunication network for frequency dissemination[J]. Optics Express, 18(16):16849-16857.

LOPEZ O, KANJ A, POTTIE P E, et al., 2013. Simultaneous remote transfer of accurate timing and optical frequency over a public fiber network[J]. Applied Physics B, 110(1): 3-6.

LOPEZ O, KÉFÉLIAN F, JIANG H, et al., 2015. Frequency and time transfer for metrology and beyond using telecommunication network fibres[J]. Comptes Rendus Physique, 16(5): 531-539.

LU C, LIU G, LIU B, et al.,2016. Absolute distance measurement system with micron-grade measurement uncertainty and 24 m range using frequency scanning interferometry with compensation of environmental vibration[J]. Optics Express, 24(26): 30215-30224.

LUDLOW A D, 2008. The strontium optical lattice clock: optical spectroscopy with sub-Hertz accuracy[D]. Boulder: University of Colorado Boulder.

LUKENS J M, DEZFOOLIYAN A, LANGROCK C, et al., 2013. Demonstration of high-order dispersion cancellation with an ultrahigh-efficiency sum-frequency correlator[J]. Physical Review Letters, 111(19): 193603.

LUTES G F, 1981. Optical fibers for the distribution of frequency and timing references[C]. Proceedings of 12th Annual Precise Time and Time Interval Applications and Planning Meeting, Pasadena, USA: 663-680.

LUTES G F, 1987. Reference frequency distribution over optical fibers: a progress report[C]. Proceedings of the 41st Annual Frequency Control Symposium, New York, USA: 161-166.

MALITSON I H, 1965. Interspecimen comparison of the refractive index of fused silica[J]. Journal of the Optical Society of America, 55(10): 1205-1209.

MA C Q, WU L F, JIANG Y Y, et al., 2015. Coherence transfer of sub hertz-linewidth laser light via an 82 km fiber link[J]. Applied Physics Letters, 107(26): 261109.

MA L S, BI Z Y, BARTELS A, et al., 2004. Optical frequency synthesis comparison with uncertainty at the 10^{-19} level[J]. Science, 303 (5665): 1843-1845.

MA L S, JUNGNER P, YE J, et al., 1994. Delivering the same optical frequency at two places: accurate cancellation of phase noise introduced by an optical fiber or other time-varying path[J]. Optics Letters, 19(21): 1777-1779.

MA X S, HERBST T, SCHEIDL T, et al., 2012. Quantum teleportation over 143 kilometres using active feed-forward[J]. Nature, 489(7415): 269-273.

MACLEAN J P W, DONOHUE J M, RESCH K J, 2018. Direct characterization of ultrafast energy-time entangled photon pairs[J]. Physical Review Letters, 120(5): 053601.

MAGDE D, MAHR H, 1967. Study in ammonium dihydrogen phosphate of spontaneous parametric interaction tunable from 4400 to 16000Å[J]. Physical Review Letters, 18(21): 905-907.

MAIR A, VAZIRI A, WEIHS G, et al., 2001. Entanglement of the orbital angular momentum states of photons[J]. Nature, 412 (6844): 313-316.

MAK G, FU Q, VAN DRIEL H M, 1992. Externally pumped high repetition rate femtosecond infrared optical parametric oscillator[J]. Applied Physics Letters, 60(5): 542-544.

MAKER G T, FERGUSON A I, 1990. Doubly resonant optical parametric oscillator synchronously pumped by a frequency-doubled, mode-locked, and Q-switched diode laser pumped neodymium yttrium lithium fluoride laser[J]. Applied Physics Letters, 56(17): 1614-1616.

MANDEL L, WOLF E, 1995. Optical Coherence, Quantum Optics[M]. Cambridge: Cambridge University Press.

MATTLE K, WEINFURTER H, KWIAT P G, et al., 1996. Dense coding in experimental quantum communication[J]. Physical Review Letters, 76(25): 4656-1659.

MATVEEV A, PARTHEY C G, PREDEHL K, et al., 2013. Precision measurement of the hydrogen 1S-2S frequency via a 920-km fiber link[J]. Physical Review Letters, 110(23): 230801.

MCCARTHY M J, HANNA D C, 1993. All-solid-state synchronously pumped optical parametric oscillator[J]. Journal of the Optical Society of America B, 10(11): 2180-2190.

MEHMET M, AST S, EBERLE T, et al., 2011. Squeezed light at 1550 nm with a quantum noise reduction of 12.3 dB[J]. Optics Express, 19(25): 25763-25772.

MENG W, ZHANG H, HUANG P, et al., 2013a. Design and experiment of onboard laser time transfer in Chinese Beidou navigation satellites[J]. Advances in Space Research, 51(6): 951-958.

MENG W, ZHANG H, ZHANG Z, et al., 2013b. The application of single photon detector technique in laser time transfer for Chinese navigation satellites[C]. Proceedings of SPIE, SPIE OPTIC+ OPTOELECTRONICS, Prague, Czech Republic: 8773.

MIKHAILOVA Y M, VOLKOV P A, FEDOROV M V, 2008. Biphoton wave packets in parametric down-conversion: spectral, temporal structure, degree of entanglement[J]. Physical Review A, 78(6): 062327.

MILLO J, MAGALHÃES D V, MANDACHE C, et al., 2009. Ultrastable lasers based on vibration insensitive cavities[J]. Physical Review A, 79(5): 053829.

MINOSHIMA K, MATSUMOTO H, 2000. High-accuracy measurement of 240-m distance in an optical tunnel by use of a compact femtosecond laser[J]. Applied Optics, 39(30): 5512-5517.

MOHL D S, 2003. IEEE 1588-Precise Time Synchronization as the Basis for Real Time Applications in Automation[R]. Industrial Networking Solution.

MOREIRA P, SERRANO J, WLOSTOWSKI T, et al., 2009. White rabbit: sub-nanosecond timing distribution over ethernet[C]. 2009 International Symposium on Precision Clock Synchronization for Measurement, Control and Communication, Brescia, Italy: 58-62.

MOWER J, ZHANG Z, DESJARDINS P, et al., 2013. High-dimensional quantum key distribution using dispersive optics[J]. Physical Review A, 87(6): 062322.

MUELLER H, 1938. The theory of photoelasticity[J]. Journal of the American Ceramic Society, 21(1): 27-33.

NAGANO S, YOSHINO T, KUNIMORI H, et al., 2004. Displacement measuring technique for satellite-to-satellite laser interferometer to determine earth's gravity field[J]. Measurement Science and Technology, 15(12): 2406-2411.

NAGASAKO E, BENTLEY S, BOYD R, et al., 2001. Nonclassical two-photon interferometry, lithography with high-gain parametric amplifiers[J]. Physical Review A, 64(4): 043802.

NARBONNEAU F, LOURS M, BIZE S, et al., 2006. High resolution frequency standard dissemination via optical fiber metropolitan network[J]. Review of Scientific Instruments, 77(6): 064701.

NASR M B, SALEH B E A, SERGIENKO A V, et al., 2003. Demonstration of dispersion-canceled quantum-optical coherence tomography[J]. Physical Review Letters, 91(8): 083601.

NAZAROVA T, RIEHLE F, STERR U, 2006. Vibration-insensitive reference cavity for an ultra-narrow-linewidth laser[J]. Applied Physics B, 83(4): 531-536.

NEWBURY N R, WILLIAMS P A, AND SWANN W C, 2007. Coherent transfer of an optical carrier over 251km[J]. Optics Letters, 32(21): 3056-3058.

NEWBURY N R, 2011. Searching for applications with a fine-tooth comb[J]. Nature Photonics, 5(4): 186-188.

NGO N Q, YU S F, TJIN S C, et al., 2004. A new theoretical basis of higher-derivative optical differentiators[J]. Optics Communications, 230(1): 115-129.

O'BRIEN J L, 2007. Optical quantum computing[J]. Science ,318(5856):1567-1570.

O'DONNELL K A, 2011. Observations of dispersion cancellation of entangled photon pairs[J]. Physical Review Letters, 106(6): 063601.

O'DONNELL K A, U'REN A B, 2009. Time-resolved up-conversion of entangled photon pairs[J]. Physical Review Letters, 103(12): 123602.

OHNO K, TANABE T, KANNARI F, 2002. Adaptive pulse shaping of phase, amplitude of an amplified femtosecond pulse laser by direct reference to frequency-resolved optical gating traces[J]. Journal of the Optical Society of America B, 19(11): 2781-2790.

OKOSHI T, KIKUCHI K, 1988. Coherent Optical Fiber Communications[M]. Berlin: Springer-Verlag.

OU Z Y, PEREIRA S F, KIMBLE H J, et al., 1992. Realization of the Einstein-Podolsky-Rosen paradox for continuous variables[J]. Physical Review Letters, 68(25): 3663-3666.

OURJOUMTSEV A, DANTAN A, TUALLE-BROURI R, et al., 2007. Increasing entanglement between Gaussian states by coherent photon subtraction[J]. Physical Review Letters, 98(3): 030502.

PARK J, JIN J, KIM J A, et al., 2016. Absolute distance measurement method without a non-measurable range and directional ambiguity based on the spectral-domain interferometer using the optical comb of the femtosecond pulse laser[J]. Applied Physics Letters, 109(24): 244103-1-24403-5.

PARK Y, AZAÑA J, SLAVÍK R, 2007. Ultrafast all-optical first-and higher-order differentiators based on interferometers[J]. Optics Letters, 32(6): 710-712.

PATERA G, TREPS N, FABRE C, et al., 2009. Quantum theory of synchronously pumped type I optical parametric oscillators: characterization of the squeezed supermodes[J]. The European Physical Journal D, 56(1): 123-140.

PIERCE R, LEITCH L, STEPHENS M, et al., 2008. Intersatellite range monitoring using optical Inteferometry[J]. Applied Optics, 47(27): 5007-5019.

PIESTER D, FUJIEDA M, ROST M, et al., 2009. Time transfer through optical fibers(TTTOF): first results of calibrated clock comparisons[C]. 41st Annual Precise Time and Time Interval (PTTI) Systems and Applications Meeting, Santa Ana, America: 16.

PINEL O, JIAN P, ARAUJO R M DE, et al., 2012. Generation and characterization of multimode quantum frequency combs[J]. Physical Review Letters, 108(8): 083601.

PRECIADO M A, MURIEL M A, 2008. Design of an ultrafast all-optical differentiator based on a fiber Bragg grating in transmission[J]. Optics Letters, 33(21): 2458-2460.

PREDEHL K, GROSCHE G, RAUPACH S M F, et al., 2012. A 920-kilometer optical fiber link for frequency metrology at the 19th decimal place[J]. Science, 336(6080): 441-444.

PREVEDEL R, SCHREITER K M, LAVOIE J, et al., 2011. Classical analog for dispersion cancellation of entangled photons with local detection[J]. Physical Review A, 84(5): 051803.

PRIMAS L, LUTES G, SYDNOR R, 1988. Fiber optic frequency transfer link[C]. Proceedings of the 42nd Annual Frequency Control Symposium, Baltimore, USA: 478-484.

PRIMAS L E, LOGAN R T, LUTES G F, et al., 1989. Applications of ultra-stable fiber optic distribution systems[C]. Proceedings of the 43rd Annual Symposium on Frequency Control, Denver, USA: 202-211.

PUNEET S, 2004. Hardware assisted IEEE 1588 implementation in a next generation intel network processor[C]. 2004 Conference on IEEE 1588, Standard for a Precision Clock Synchronization Protocol for Networked Measurement and Control Systems, Gaithersburg, USA: 157-161.

QUAN R, WANG M, HOU F, et al., 2015. Characterization of frequency entanglement under extended phase-matching conditions[J]. Applied Physics B, 118(3): 431-437.

QUAN R, DONG R, ZHAI Y, et al., 2019. Simulation and realization of a second-order quantum- interference-based quantum clock synchronization at the femtosecond level[J]. Optics Letters, 44(3): 614-617.

QUAN R, ZHAI Y, WANG M, et al., 2016. Demonstration of quantum synchronization based on second-order quantum coherence of entangled photons[J]. Scientific Reports, 6(1): 30453.

RARITY J G, TAPSTER P R, 1990. Two-photon interference in a Mach-Zehnder interferometer[J]. Physical Review Letters, 64(11): 2495-2498.

RAUPACH S M F, KOCZWARA A. GROSCHE G, 2014. Optical frequency transfer via a 660 km underground fiber link using a remote Brillouin amplifier[J]. Optics Express, 22(22): 26537-26547.

REIBEL R, GREENFIELD N, BERG T, et al., 2010. Ultra-compact lidar systems for next generation space missions[C]. 24th Annual AIAA/USU Conference on Small Satellites Utah, USA: SSC10-1-9, 1-11.

REITZE D H, WEINER A M, LEAIRD D E, 1992. Shaping of wide bandwidth 20 femtosecond optical pulses[J]. Applied Physics Letters, 61(11):1260-1262.

REN C, HOFMANN H F, 2012. Clock synchronization using maximal multipartite entanglement [J]. Physical Review A, 86(1): 014301.

RILEY W J, 2008. Handbook of Frequency Stability Analysis[R]. NIST Special Publication-1065.

ROMAN S, VALERIAN T, CLÉMENT J, et al., 2014. Analysis and filtering of phase noise in an optical frequency comb at the quantum limit to improve timing measurements[J]. Optics Letters, 39(12): 3603-3606.

ROST M, PIESTER D, YANG W, et al., 2012. Time transfer through optical fibres over a distance of 73 km with an uncertainty below 100 ps[J]. Metrologia, 49(6): 772-778.

RUBIN M H, KLYSHKO D N, SHIH Y H, et al., 1994. Theory of two-photon entanglement in type- II optical parametric down-conversion[J]. Physical Review A, 50(6): 5122-5133.

RUBIOLA E, SALIK E, HUANG S, et al., 2005. Photonic-delay technique for phase-noise measurement of microwave oscillators[J]. Journal of the Optical Society of America B, 22(5): 987-997.

RUBIOLA E, 2008. Phase Noise and Frequency Stability in Oscillators[M]. Cambridge: Cambridge University Press.

SALVADÉ Y, SCHUHLER N, LÉVÊQUE S, et al., 2008. High-accuracy absolute distance measurement using frequency comb referenced multiwavelength source[J]. Applied Optics, 47(14): 2715-2720.

SAMAIN E, FRIDELANCE P, 1998. Time transfer by laser link(T2L2)experiment on mir[J]. Metrologia, 35(3): 151-159.

SAMAIN E, 2002. One way laser ranging in the solar system: tipo[C]. EGS General Assembly Conference, Nice, France: 5808.

SAMAIN E, DALLA R, 2002. Time transfer by laser link T2L2: microSatellite-galiléo[C]. 13th International Laster Ranging Workshop, in Proceedings from the Science Session and Full Proceedings CD-ROM, Washington D C, USA: NASA/CP-2003-212248.

SAMAIN E, GUILLEMOT P, EXERTIER P, et al., 2010. Time transfer by laser link-T2L2: current status of the validation program[C]. EFTF 2010-24th European Frequency and Time Forum, Noordwijk, Netherlands: 1-8.

SAMAIN E, EXERTIER P, GUILLEMOT P, et al., 2011. Time transfer by laser link-T2L2: current status and future experiments[C]. EFTF 2011-25th European Frequency and Time Forum, San Francisco, USA: 1-6.

SASCHA W, DAVID G, KENNETH G, et al., 2013. High-precision optical-frequency dissemination on branching optical-fiber networks[J]. Optics Letters, 38(15):2893-2896.

SATO K, HARA T, KUJI S, et al., 2000. Development of an ultrastable fiber optic frequency distribution system using an optical delay control module for frequency standard and VLBI[J]. IEEE Transactions on Instrumentation and Measurement, 49(1): 19-24.

SATO M, SUZUKI M, SHIOZAWA M, et al., 2002. Adaptive pulse shaping of femtosecond laser pulses in amplitude and phase through a single-mode fiber by referring to frequency-resolved optical gating patterns[J]. Japanese Journal of Applied Physics, 41(6R): 3704.

SCHMEISSNER R, THIEL V, JACQUARD C, et al., 2014. Analysis, filtering of phase noise in an optical frequency comb at the quantum limit to improve timing measurements[J]. Optics Letters, 39(12): 3603-3606.

SCHNATZ H, 2012. Accurate Time/frequency comparison and dissemination through optical telecommunication networks[C]. 2012 Conference on Precision Electromagnetic Measurement, Washington D C, USA: 185-186.

SCHEDIWY S W, GOZZARD D, BALDWIN K G H, et al., 2013. High-precision optical-frequency dissemination on branching optical-fiber networks[J]. Optics Letters, 38(15): 2893-2896.

SCHEDIWY S W, GOZZARD D R, SIMON S, et al., 2017. Stabilized microwave-frequency transfer using optical phase sensing and actuation[J]. Optics Letters, 42(9):1648-1651.

SCHMITT-MANDERBACH T, WEIER H, FÜRST M, et al., 2007. Experimental demonstration of free-space decoy-state quantum key distribution over 144 km[J]. Physical Review Letters, 98(1): 010504.

SCHREIBER K U, PROCHAZKA I, LAUBER P, et al., 2010. Ground-based demonstration of the European Laser Timing (ELT)experiment[J]. IEEE Transactions on Ultrasonics, Ferroelectrics, and Frequency Control, 57(3):728-737.

SCHRÖDINGER E, 1935. Die gegenwärtige situation in der quantenmechanik[J]. Naturwissenschaften 23(50): 844-849.

SCHUHLER N, SALVADÉ Y, LÉVÊQUE S, et al., 2006. Frequency-comb-referenced two- wavelength source for absolute distance measurement[J]. Optics Letters, 31(21): 3101-3103.

SCULLY M O, ZUBAIRY M S, 1997. Quantum Optics[M]. Cambridge: Cambridge University Press.

SEDZIAK K, LASOTA M, KOLENDERSKI P, 2017. Reducing detection noise of a photon pair in a dispersive medium by controlling its spectral entanglement[J]. Optica, 4(1): 84-89.

SERENE B, ALBERTINOLI P, 1981. The lasso experiment on the Sirio-2 spacecraft[C]. Proceedings of the 12th Annual Precise Time and Time Interval (PTTI) Applications and Planning Meeting, Reston, USA: 307-327.

SERGIENKO A V, ATATURE M, WALTON Z, et al., 1999. Quantum cryptography using femtosecond-pulsed parametric down-conversion[J]. Physical Review A, 60(4): R2622.

SERIZAWA Y, 1999. Additive time synchronous system in existing SDH networks[J]. IEEE AES Systems Magazine, 27(2):19-22.

SERRANO J, ALVAREZ P, CATTIN M, et al., 2009. The white rabbit project[C]. Proceedings of ICALEPCS, Kobe, Japan: CERN-ATS-2009-096.

SHALM L K, MEYER-SCOTT E, CHRISTENSEN B G, et al., 2015. Strong loophole-free test of local realism[J]. Physical Review Letters, 115(25): 250402.

SHAPIRO J H, 2010. Dispersion cancellation with phase-sensitive Gaussian-state light[J]. Physical Review A, 81(2): 023824.

SHARMA P, 2004. Hardware assisted IEEE 1588 implementation in a next generation intel network processor[C]. 2004 Conference on IEEE 1588, Standard for Precision Clock Synchronization Protocol for Networked Measurement and Control Systems, Gaithersburg, USA, 7192: 158-162.

SHEARD B, GRAY M B, MCCLELLAND D E, et al., 2006. High-bandwidth laser frequency stabilization to a fiber-optic delay line[J]. Applied Optics, 45(33): 8491-8499.

SHEN J G, WU G L, HU L, et al., 2014. Active phase drift cancellation for optic-fiber frequency transfer using a photonic radio-frequency[J]. Optics Letters, 39(8): 2346-2349.

SHEN Y R, 1984. The Principles of Nonlinear Optics[M]. New York: Wiley-Interscience.

SILBERHORN CH, LAM P K, WEISS O, et al., 2001. Generation of continuous variable Einstein-Podolsky-Rosen entanglement via the Kerr nonlinearity in an optical fiber[J]. Physical Review Letters 86(19): 4267-4270.

ŚLIWCZYŃSKI Ł, KREHLIK P, BUCZEK Ł, et al., 2010a. Active propagation delay stabilization for fiber-optic frequency distribution using controlled electronic delay lines[J]. IEEE Transactions on Instrumentation and Measurement, 60(4): 1480-1488.

ŚLIWCZYŃSKI Ł, KREHLIK P, CZUBLA A, et al., 2013. Dissemination of time and RF frequency via a stabilized fibre optic link over a distance of 420 km[J]. Metrologia, 50(2):133-145.

ŚLIWCZYŃSKI Ł, KREHLIK P, LIPIŃSKI M, 2010b. Optical fibers in time and frequency transfer[J]. Measurement Science & Technology, 21(7): 075302.

SMITH D E, ZUBER M T, SUN X, et al., 2006. Two-way laser link over interplanetary distance[J]. Science, 311(5757): 53.

SMITH R G, 1972. Optical power handling capacity of low loss optical fibers as determined by stimulated Raman and brillouin scattering[J]. Applied Optics, 11(11): 2489-2494.

SMOTALACHA V, KUNA A, MACHE W, 2010. Time transfer using fiber links[C]. Proceedings of the 42nd Annual Precise Time and Time Interval Meeting, Reston, USA: 427.

STEINBERG A M, KWIAT P G, CHIAO R Y, 1992. Dispersion cancellation in a measurement of the single-photon propagation velocity in glass[J]. Physical Review Letters, 68(16): 2421-2424.

TAKAHASHI H, NEERGAARD-NIELSEN J S, TAKEUCHI M, et al., 2010. Entanglement distillation from Gaussian input states[J]. Nature Photonics, 4(3): 178-181.

TAKEUCHI N, SUGIMOTO N, BABA H, et al., 1983. Random modulation CW lidar[J]. Applied Optics, 22(9): 1382-1386.

TAO L, LIU Z G, ZHANG W B, et al., 2014. Frequency-scanning interferometry for dynamic absolute distance measurement using Kalman filter[J]. Optics Letters, 39(24): 6997-7000.

TARGAT R L, LORINI L, COQ Y L, et al., 2013. Experimental realization of an optical second with strontium lattice clocks[J]. Nature Communications, 4(1): 2109.

TASCA D S, GOMES R M, TOSCANO F, et al., 2011. Continuous-variable quantum computation with spatial degrees of freedom of photons[J]. Physical Review A, 83(5): 052325.

TAVAKOLI A, CABELLO A, ŻUKOWSKI M, et al., 2015. Quantum clock synchronization with a single qudit[J]. Scientific Reports, 5: 7982.

TEISSEYRE R, MINORU T, MAJEWSKI E, 2004. Earthquake Source Asymmetry, Structural Media and Rotation Effects[M]. Berlin: Springer-Verlag.

TELLE H R, STEINMEYER G, DUNLOP A E, et al., 1999. Carrier-envelope offset phase control: a novel concept for absolute optical frequency measurement and ultrashort pulse generation[J]. Applied Physics B, 69(4): 327-332.

TERRA O, 2010. Dissemination of ultra-stable optical frequencies over commercial fiber networks[D]. Hannover: University of Hannover.

TERRA O, GROSCHE G AND SCHNATZ H, 2010. Brillouin amplification in phase-coherent transfer of optical frequencies over 480 km fiber[J]. Optics Express, 18 (15): 16102-16111.

THEARLE O, JANOUSEK J, ARMSTRONG S, et al., 2018. Violation of Bell's inequality using continuous variable measurements[J]. Physical Review Letters, 120(4): 040406.

TONKS D, 2004. IEEE 1588 in telecommunications applications[C]. 2004 Conference on IEEE 1588, Standard for a Precision Clock Synchronization Protocol for Networked Measurement and Control Systems, Gaithersburg, USA: 184-189.

URSIN R, TIEFENBACHER F, SCHMITT-MANDERBACH T, et al., 2007. Entanglement-based quantum communication over 144 km[J]. Nature Physics, 3(7): 481-486.

VALENCIA A, SCARCELLI G, SHIH Y, 2004. Distant clock synchronization using entangled photon pairs[J]. Applied Physics Letters, 85(13): 2655-2657.

VAN DEN BERG S A, PERSIJN S T, KOK G J, et al., 2012. Many-wavelength interferometry with thousands of lasers for absolute distance measurement[J]. Physical Review Letters, 108(18): 183901.

VEILLET C, FERAUDY D, TORRE J M, et al., 1990. LASSO, two-way and GPS time comparisons: a (very) preliminary status report[C]. Proceedings of 22nd Annual Precise Time and Time Interval Meeting (PTTI), Vienna, USA: 575-582.

VERLUISE F, LAUDE V, CHENG Z, et al., 2000. Amplitude and phase control of ultrashort pulses by use of an acousto-optic programmable dispersive filter: pulse compression and shaping[J]. Optics Letters, 25(8): 575-577.

VESSOT R F C, LEVINE M W, MATTISON E M, et al., 1981. Test of relativistic gravitation with a space-borne hydrogen maser[J]. Physical Review Letters, 45(26): 2081-2084.

VILLORESI P, JENNEWEIN T, TAMBURINI F, et al., 2008. Experimental verification of the feasibility of a quantum channel between space and Earth[J]. New Journal of Physics, 10(3): 033038.

VRANCKEN P, 2008. Characterization of T2L2 (Time Transfer by Laser Link) on the Jason 2 ocean altimetry satellite and micrometric laser ranging[D]. Nice: Université de Nice-Sophia Antipolis.

WALLS D F, MILBURN G, 2008. Quantum Optics[M]. Berlin: Springer-Verlag.

WALTHER P, RESCH K J, RUDOLPH T, et al., 2005. Experimental one-way quantum computing[J]. Nature, 434(7030): 169-176.

WANG B, GAO C, CHEN W L, et al., 2012. Precise and continuous time and frequency synchronisation at the 5×10^{-19} accuracy level[J]. Scientific Reports, 2(1): 556.

WANG B, GAO C, CHEN W, et al., 2013. Fiber Based Time and Frequency Synchronization System[M]//SUN J, JIAO W, WU H, et al. China Satellite Navigation Conference(CSNC) 2013 Proceedings. Lecture Notes in Electrical Engineering. Berlin: Springer.

WANG B, ZHU X, GAO C, et al., 2015. Square kilometer array telescope - precision reference frequency synchronisation via 1f-2f dissemination[J]. Scientific Reports, 5: 13851.

WANG J, TIAN Z, JING J, et al., 2016. Influence of relativistic effects on satellite-based clock synchronization[J]. Physics Review D, 93(6): 065008.

WANG S F, XIANG X, TREPS N, et al., 2018. Sub-shot-noise interferometric timing measurement with a squeezed frequency comb[J]. Physical Review A, 98:053821

WANG S F, XIANG X, ZHOU C H, et al., 2017. Simulation of high SNR photodetector with transimpedance amplification circuit and its verification[J]. Review of Scientific Instruments, 88(1): 013107.

WANSER K, 1992. Fundamental phase noise limit in optical fibres due to temperature fluctuations[J]. Electronics Letters, 28(1): 53-54.

WASAK T, SZAŃKOWSKI P, WASILEWSKI W, et al., 2010. Entanglement-based signature of nonlocal dispersion cancellation[J]. Physical Review A, 82(5): 052120.

WEBSTER S A, OXBORROW M, GILL P, 2007. Vibration insensitive optical cavity[J]. Physical Review A, 75(1): 011801.

WEI D, TAKAHASHI S, TAKAMASU K, et al., 2011. Time-of-flight method using multiple pulse train interference as a time recorder[J]. Optics Express, 19(6): 4881-4889.

WEINER A M, 1995. Femtosecond optical pulse shaping and processing[J]. Progress in Quantum Electronics, 19(3):161-237.

WEINER A M, HERITAGE J P, KIRSCHNER E M, 1988a. High-resolution femtosecond pulse shaping [J]. Journal of the Optical Society of America B, 5(8): 1563-1572.

WEINER A M, HERITAGE J P, SALEHI J A, 1988b. Encoding and decoding of femtosecond pulses[J]. Optics Letters, 13(4): 300-302.

WEINER A M, NELSON K A, 1990. Femtosecond pulse sequences used for optical manipulation of molecular motion[J]. Science, 247(4948):1317-1319.

WEINER A M, 2000. Femtosecond pulse shaping using spatial light modulators[J]. Review of Scientific Instruments, 71(5): 1929-1960.

WEINER A M, 2011. Ultrafast optical pulse shaping: a tutorial review[J]. Optics Communications, 284(15): 3669-3692.

WEISS M A, JEFFERTS S R, LEVINE J, et al., 1996. Two-way time and frequency transfer in SONET[C]. Proceedings of 1996 IEEE International Frequency Control Symposium, Honolulu,USA: 1163-1168.

WILSON J W, SCHLUP P, BARTELS R A, 2007. Ultrafast phase and amplitude pulse shaping with a single, one-dimensional, high-resolution phase mask[J]. Optics Express,15 (14): 8979 -8987.

WOJTKOWSKI M, KOWALCZYK A, LEITGEB R, et al., 2002. Full range complex spectral optical coherence tomography technique in eye imaging[J]. Optics Letters, 27(16): 1415-1417.

WU H Z, ZHANG F M, CAO S Y, et al., 2014. Absolute distance measurement by intensity detection using a mode-locked femtosecond pulse laser[J]. Optics Letters, 22(9): 10380-10397.

WU H Z, ZHANG F M, LIU T Y, et al., 2015. Absolute distance measurement by chirped pulse interferometry using a femtosecond pulse laser[J]. Optics Letters, 23(24): 31582-31593.

WU H, ZHANG F, LIU T, et al., 2016. Absolute distance measurement by multi-heterodyne interferometry using a frequency comb and a cavity-stabilized tunable laser[J]. Applied Optics, 55(15): 4210-4218.

WU L A, KIMBLE H J, HALL J L, et al., 1986. Generation of squeezed states by parametric down conversion[J]. Physical Review Letters, 57(20): 2520-2523.

WU X J, WEI H Y, ZHANG H Y, et al., 2013. Absolute distance measurement using frequency sweeping heterodyne interferometer calibrated by an optical frequency comb[J]. Applied Optics, 52(10): 2042-2048.

XIA H Y, ZHANG C X, 2009. Ultrafast ranging lidar based on real-time Fourier transformation[J]. Optics Letters, 34(14): 2108-2110.

XIANG X, DONG R, LI B, et al., 2020a. Quantification of nonlocal dispersion cancellation for finite frequency entanglement[J]. Optics Express, 28(12): 17697-17707.

XIANG X, DONG R, QUAN R, et al., 2020b. Hybrid frequency-time spectrograph for the spectral measurement of the two-photon state[J]. Optics Letters, 45(11): 2993-2996.

XIANG X, ZHANG Z Y, WANG S F, et al., 2018, Carrier-envelope offset frequency stabilization of a 100 fs-scale Ti: sapphire mode-locked laser for quantum frequency comb generation[J]. Journal of Physics Communications, 2(5): 055031.

XIE D, PENG J Y, 2012a. Effects of quantum noise on quantum clock synchronization[J]. Communications in Theoretical Physics, 58(2): 213.

XIE D, ZHAO J, PENG J Y, et al., 2012b. Quantum clock synchronization in noisy channel[C]. 2012 International Conference on Industrial Control and Electronics Engineering. Xi'an, China: 140-143.

XU L, HÄNSCH T W, SPIELMANN C, et al., 1996. Route to phase control of ultrashort light pulses[J]. Optics Letters, 21(24): 2008-2010.

XU Y, ZHOU W H, LIU D W, et al., 2011. The SRI method based on the optical frequency comb on absolute distance measurement[C]. International Conference on Optical Instruments and Technology: Optoelectronic Measurement Technology and Systems, Beijing, China: 82011L-1-82011L-6.

XUE W X, ZHAO W Y, QUAN H L, et al., 2020. Microwave frequency transfer over a 112 km urban fiber link based on electronic phase compensation[J]. Chinese Physics B, 29(6): 064209.

YANG J, BAO X H, ZHANG H, et al., 2009. Experimental quantum teleportation and multiphoton entanglement via interfering narrowband photon sources[J]. Physical Review A, 80(4): 042321.

YANG L, NIE J S, DUAN L Z, 2013. Dynamic optical sampling by cavity tuning and its application in lidar[J]. Optics Express, 21(3): 3850-3860.

YE J, 2004. Absolute measurement of a long, arbitrary distance to less than an optical fringe[J]. Optics Letters, 29(10): 1153-1155.

YIN J, CAO Y, LI Y H, et al., 2017. Satellite-based entanglement distribution over 1200 kilometers[J]. Science, 356(6343): 1140-1144.

YIN J, CAO Y, LIU S B, et al., 2013. Experimental quasi-single-photon transmission from satellite to earth[J]. Optics Express, 21(17): 20032-20040.

YIN J, REN J G, LU H, et al. 2012. Quantum teleportation and entanglement distribution over 100-kilometre free-space channels[J]. Nature, 488(7410): 185-188.

YUAN Y B, WANG B, GAO C, et al., 2017. Fiber-based multiple access timing signal synchronization technique[J]. Chinese Physics B, 26(4): 040601.

ZEILINGER A, 1999. Experiment and the foundations of quantum physics[J]. Reviews of Modern Physics, 71(2): 482-498.

ZHANG H Y, WEI H Y, WU X J, et al., 2014a. Absolute distance measurement by dual-comb nonlinear asynchronous optical sampling[J]. Optics Letters, 22(6): 6597-6604.

ZHANG H Y, WEI H Y, WU X J, et al., 2014b. Reliable non-ambiguity range extension with dual-comb simultaneous operation in absolute distance measurement[J]. Measurement Science and Technology, 25(12): 125201.

ZHANG J, LONG G L, DENG Z, et al., 2004. Nuclear magnetic resonance implementation of a quantum clock synchronization algorithm[J]. Physical Review A, 70(6): 062322.

ZHANG J P, WU G L, LIN T C, et al., 2017. Fiber-optic radio frequency transfer based on active phase noise compensation using a carrier suppressed double-sideband signal[J]. Optics Letters, 42(23):5042.

ZHANG L, CHANG L, DONG Y, et al., 2011. Phase drift cancellation of remote radio frequency transfer using an optoelectronic delay-locked loop[J]. Optics Letters, 36(6): 873-875.

ZHANG Q, TAKESUE H, NAM S W, et al., 2008. Distribution of time-energy entanglement over 100 km fiber using superconducting single-photon detectors[J]. Optics Express, 16(8): 5776-5781.

ZHANG Y L, ZHANG Y R, MU L Z, et al., 2013. Criterion for remote clock synchronization with heisenberg-scaling accuracy[J]. Physical Review A, 88(5): 052314.

ZHONG T, WONG F N C, 2013. Nonlocal cancellation of dispersion in Franson interferometry[J]. Physical Review A, 88(2): 020103.

ZHOU C, LI B, XIANG X, et al., 2017. Realization of multiform time derivatives of pulses using a Fourier pulse shaping system[J]. Optics Express, 25(4): 4038-4045.

ZHU J G, CUI P F, GUO Y, et al., 2015. Pulse-to-pulse alignment based on interference fringes and the second-order temporal coherence function of optical frequency combs for distance measurement[J]. Optics Letters, 23(10): 13069-13081.